創見文化，智慧的銳眼
www.book4u.com.tw　　www.silkbook.com

創見文化，智慧的銳眼
www.book4u.com.tw   www.silkbook.com

當責力

提升你的職場能見度

Accountability

全球八大名師亞洲首席

王晴天 ——著

使命必達
Get Results

做一個不辜負期望的送信人

「為把明天的工作做好，最好的準備是把今天的工作做好。」
（The best preparation for good work tomorrow is to do good work today.）
美國作家阿爾伯特・哈伯德（Elbert Hubbard）如此說。

「把信送給加西亞」這個故事在全世界已廣為流傳逾百年，是講述如何把信送給加西亞將軍的歷程，關於信使羅文「送信」已成為一種忠於職守，一種承諾，一種永不放棄，一種敬業、服從與榮譽的象徵。一百多年後的今日，羅文上尉被世人肯定為企業優秀員工的典範，這個故事也被翻譯成各國語言出版流傳。在美國政界，這本書也成為培養公務員敬業守則的必讀書之一。前美國總統小布希（George Walker Bush）更是深受其影響，他就曾在這本小書裡簽名，把它贈送給了自己的助手，並標注上：「你是一個信使！」

到哪裡能找到把信送給加西亞的人？管理者們常常發出這樣的感嘆。近年來我開辦了各種培訓課程，深知許多年輕朋友們想去實行、去達成一件自己想做的事並非所想的那麼簡單，因為在過程當中我們總會遭遇到諸多困難，碰到問題時不知該如何解決、甚至是自己沒有足夠的能力與執行力去解決，最後往往導致目標與夢想的無疾而終，因此萌生了要寫一本透過「把信送給加西亞」的故事來啟發與培養執行力與責任感的書。

一般人普遍都缺乏對於「發現問題」與「解決問題」的執行力。

因此書中Chapter 6特邀《TSE絕對執行力》一書作者杜云安老師執筆，闡述了各種可以在小如職場、大如人生的高度均能無往不利的執行力方法：舉凡如何找回熱情與初衷、如何做到超出期望、如何做出有效成果等等，最後有效逆轉現狀，邁向成功之路，順利達成自己的人生目標。

優秀員工在老闆心裡應是「能解決問題的人」，讀者們透過本書的引導與學習，能做到「解決問題，報告成果」，而不是「報告問題，解釋原因」。期待讀者們都能有這樣的成長與改變。

也許你會說，在這個彰顯個性、崇尚自由的年代，重提「敬業」、「忠誠」、「服從」、「勤奮」的話題未免顯得有些過時、老調重彈。然而，我要說的是，時代在發展，送信者羅文身上所展現出的精神卻「永不過時」，因為這正是代表了推動文明進步與穩固人類社會的古老又美好的價值觀。看看新聞、看看我們的周遭，你不難發現，這個時代員工敬業和忠誠的精神正在消失當中，而這些風險無時無刻不在困擾著企業老闆和管理者。

思考一下，我們都不清楚自己現在所處的公司、企業或者是政府單位裡，到底有多少人可以像羅文上尉這樣使命必達地將信送到加西亞將軍的手中？管理者們不一定要求他們得具備所有的專業知識，但是羅文身上所流露出的那種高度責任感的道德品行與強大的執行力，卻是所有工作者都需要具備的。而在我看來，忠誠和敬業並不僅僅有益於公司和老闆，最大的受益者是我們自己，一種職業的責任感和對事業高度的尊敬一旦養成，會讓你成為一個值得信賴的人，一個可以被委以重任的人。這種人永遠會被老闆所看重，永遠不會失業。而那些懶惰的、終日抱怨和四處誹謗的人，即使獨立創業，為自己的公司而工作，也無法改

變這些惡習而獲得成功。

送信人羅文能夠順利完成任務，除了他永不放棄的精神之外，也不能忽視的是羅文的背後的幾名隊員和助手，他們為羅文安排連絡人、安排路線；他們掩護羅文，擊退敵軍，功不可沒。倘若企業具備了這樣的人才，企業是否能提供最佳的後援？這也是用人單位應該思考的問題。

想達成夢想，不僅需要有「膽」，要有「識」，「識」指的是辨識和知識，如此才能謹慎行事，在充滿未知的未來做出各種正確的抉擇與判斷，更要有「執行力」，追求的永遠是結果，而非過程。學習本書的羅文精神，進一步將「忠誠」、「永不放棄」、「勤奮」、「超出期望」的企業精神，確實地落實到我們的本職工作中。我衷心地期待每一個人都可以做到「自我要求高一些，苛求少一些，做好自己，不要求別人，盡力不辜負所有人對你的期望」！

本書歷史文化背景

🧭 美西戰爭始末

日期：一八九八年四月二十五日至八月十二日

地點：古巴、加勒比海及太平洋

參戰方：美國、古巴、菲律賓、西班牙

結果：❶ 簽訂巴黎和約

❷ 古巴獨立（實際上淪為美國的保護國）

❸ 西班牙割讓關島和波多黎各予美國

❹ 西班牙以兩千萬美元的代價，將菲律賓賣給美國

❺ 引發美菲戰爭

上圖圓圈處為美西戰爭相關地區

美國西班牙戰爭，稱為美西戰爭，又稱為西美戰爭（英語：Spanish-American War，西班牙語：Guerra hispano-estadounidense），是一八九八年美國為奪取西班牙屬地古巴、波多黎各和菲律賓而發動的戰爭，也是列強重新瓜分殖民地的第一次帝國主義戰爭。

美國進入帝國主義時期

十九世紀末，新興的美國進入帝國主義時期，擁有強大的經濟、軍事實力，並已建立起一支龐大的海軍。當時，美國急於開發新的投資場所和原料產地、發展各種新興產業，然而美國的土地並不足以建設能大量生產熱帶原料與進行加工的場所。

當美國準備向海外擴張時，全世界卻已經被諸多殖民大國所瓜分，只有將目標放在已日薄西山的西班牙，當時西班牙的殖民地只剩下古巴、波多黎各和菲律賓。並且古巴與菲律賓兩地的人民都反對西班牙的殖民統治，各種武裝獨立運動都制衡著西班牙軍隊。

在古巴，多年來對西班牙人暴政的反抗，最終導致了一八九五年的古巴獨立戰爭。起義者的殘暴並不亞於西班牙的殖民統治，他們制定了一條蓄意掠奪的政策，政策規定如果美國人不交保護金，他們的財產就不受保護，而這些保護金用來支援暴亂和進行宣傳。

事實上，美國參戰的主要原因之一是要保護美國人所擁有的甘蔗園和糖廠，這些大甘蔗園、糖廠的利潤是不容忽視的，只要投資五千萬美元，每年貿易額即可高達數億美元。日後，西班牙軍隊對古巴反抗者的殘酷鎮壓波及了美國僑民，並嚴重危及了美國資本家在古巴的經濟利益。

於是，美國決定奪取西班牙殖民地，以控制南美洲、加勒比海地

區與亞洲的發展勢力。此時，菲律賓和古巴的反抗軍先後爆發了反對西班牙殖民統治的武裝起義。菲律賓反抗軍已解放了大部分地區；古巴反抗軍則牽制了西班牙的二十萬大軍。

美國軍艦「緬因號」爆炸事件

美國政府派軍艦「緬因號」（USS Maine ACR-1）前往古巴保護僑民，然而「緬因號」卻在一八九八年二月十五日於哈瓦那港爆炸沉沒，爆炸的威力相當大，炸掉了前側三分之一的船體，其餘的殘骸迅速地沉入海中。「緬因號」爆炸事件造成了美國兩百六十六人死亡，其中多數為士兵，此次事件激起美國報刊雜誌與民眾的強烈憤怒。

美國遂以「緬因號」爆炸事件為藉口，開始對西班牙採取軍事行動。

兩國宣戰

一八九八年三月二十七日，美國透過駐西班牙公使，提出要求西班牙在古巴停火和取消集中營等條件。西班牙為了避免對美作戰，於四月九日宣布休戰。但美國國會發布決議：「承認古巴獨立，要求西班牙軍隊撤出古巴。同時授予總統使用武力的權利，並宣告美國無意兼併古巴。」

四月二十二日，美國海軍封鎖古巴港口，美國的諾希維爾號軍艦虜獲一艘西班牙商船。

四月二十四日，西班牙向美國宣戰，美國於次日二十五日宣戰。

各地戰況

戰爭主要在古巴、波多黎各和菲律賓同時進行。

古巴是美西戰爭的主戰場，開戰之後，美國海軍部副部長西奧多‧羅斯福（Theodore Roosevelt，第二十六任美國總統，人稱「老羅斯福」）辭去職位，組建志願軍第一志願騎兵團前往古巴參戰。西奧多‧羅斯福率領第一志願騎兵團節節獲勝，擊敗了西班牙於古巴的陸軍一部，使得戰爭的陸上形勢對美國有利。

在戰爭爆發前夕，指揮美國海軍的老羅斯福即命令亞洲分艦隊司令喬治‧杜威將軍（George Dewey）率艦隊集結香港待命。開戰之後，喬治‧杜威將軍接到羅斯福的命令，四月三十日即率領四艘巡洋艦、兩艘炮艇和一艘後勤供應船從中國海駛向菲律賓。

隔日五月一日深夜，軍艦駛入馬尼拉灣，美西艦數對比為六比七，然而美國艦隊在總噸位、航速、炮火、戰備訓練上均占極大優勢。上午時分便在馬尼拉灣海戰中打敗西班牙艦隊，占領了菲律賓馬尼拉。

在加勒比海地區，西班牙原先在古巴等地駐軍二十餘萬人。「緬因號」爆炸事件後，西班牙政府派出艦隊前去防守波多黎各，西班牙艦隊成功地避開了美國艦隊的封鎖，於五月十九日進入古巴聖地亞哥港。

五月二十八日，美國北大西洋分艦隊抵達聖地亞哥港外，幾天後與另一支美國艦隊會合，形成嚴密的封鎖狀態。美軍隨後出動陸軍開往古巴，陸軍本想攻擊哈瓦那，因海軍請求，便同意與海軍合攻聖地亞哥港。

六月二十二日，美國陸軍第五軍近一萬七千人在海軍炮火的掩護之下，於聖地亞哥港以東登陸。此時，古巴反抗軍也已解放大部分國

土，並包圍了聖地亞哥。在美軍與古巴反抗軍協商之後，開始協同作戰。

六月二十九日，美軍抵達關達那摩郊外。七月一日，向城東制高點埃爾卡內和聖胡安山發起猛攻。西奧多·羅斯福指揮的軍隊經激戰之後，攻占了聖胡安山與埃爾卡內。西班牙軍隊於七月二、三日展開反攻，雙方展開拉鋸戰，美軍最後擊敗西班牙軍隊。

在陸軍激戰的同時，西班牙艦隊於七月三日企圖突圍，美國北大西洋分艦隊立即封鎖聖地亞哥港，並要求陸軍配合殲滅港內的西班牙艦隊。雙方在聖地亞哥灣展開激烈的海戰，最後，美軍以猛烈的炮火殲滅了西班牙艦隊，並會同古巴反抗軍圍攻聖地亞哥城。

七月十六日，聖地亞哥城在美軍和古巴反抗軍的包圍之下，西班牙軍隊彈盡糧絕，城內外西班牙軍約有兩萬三千人投降。

七月二十五日，美國陸軍在波多黎各登陸。西班牙政府求和。

八月十二日，兩國同意停止軍事行動。

至此，歷時三個多月的美西戰爭以美國實現其擴張計劃而告終。

其他方面

菲律賓方面：在廢除西班牙殖民統治以後，美國政府卻背棄支持菲律賓獨立的承諾，宣布對菲律賓進行軍事占領，引起菲律賓人民的強烈反抗。此後三年，美國對菲律賓反抗美國統治的人民進行了殘酷的軍事鎮壓。

古巴方面：和菲律賓一樣的結局，美國政府禁止反抗軍入城，在排除古巴反抗軍的情況下，單方面與西班牙談判與簽訂和約。

在美西戰爭期間，美軍還奪取了其他戰略要地：

六月二十日，美軍攻占太平洋上的重要戰略島嶼關島；七月四日，占領威克島；七月二十五日，美軍登陸波多黎各建立了軍事基地。八月，美軍增兵圍攻波多黎各的首府聖胡安，在犧牲五十人的傷亡之後，占領了波多黎各。

簽訂和約

一八九八年十月一日，美國以勝利者姿態與西班牙政府進行談判。

十二月十日，在古巴人民與菲律賓人民被蒙蔽的情況下，美國與西班牙在法國巴黎簽訂了重新分割殖民地的《巴黎和約》（Treaty of Paris）。

根據和約內容：

❶ 西班牙放棄對古巴主權的一切要求和權利（實際上古巴淪為美國的保護國）。

❷ 西班牙將其管轄的波多黎各島、西印度群島中的其它島嶼，以及馬里亞納群島中的關島割讓給美國。

❸ 西班牙將菲律賓群島割讓給美國，但美國須付給西班牙兩千萬美元。

歷史意義

發生於一八九八年的美西戰爭，顯露出了美國以一個世界主要軍事力量的崛起。

美國於整個戰爭期間，美軍的死亡人數約為五千人（戰死的人數不到四百人，其餘多是病死）。美國等同於利用了古巴、菲律賓人民

的武裝起義，以極小的代價從西班牙手中奪取了重要的海外殖民地，導致西班牙因和約而喪失諸多海外領土，美國則因此擴大在太平洋的影響力，逐漸取得與歐洲列強相同的地位。

美西戰爭時間表

1898年	
2月15日	「緬因號」於古巴哈瓦那港爆炸沉沒。
3月27日	美國透過駐西公使，要求西班牙在古巴停火和取消集中營等條件。
4月9日	西班牙為了避免對美作戰，宣布休戰。
4月22日	美國海軍封鎖古巴港口。
4月24日	西班牙向美國宣戰。
4月25日	美國向西班牙宣戰。
4月30日	杜威將軍接到羅斯福的命令，率領艦隊駛向菲律賓。
5月1日	美國艦隊於馬尼拉灣海戰中打敗西班牙艦隊。
5月19日	西班牙政府派出艦隊進入古巴聖地亞哥港。
5月28日	美國北大西洋分艦隊與陸軍合攻聖地亞哥港。
6月22日	美軍於聖地亞哥港以東登陸，與古巴反抗軍合作對戰西班牙。
6月29日	美軍抵達關達那摩郊外。
7月1日	美軍攻占古巴聖胡安山與埃爾卡內。
7月2日	西班牙軍反攻失敗。

7月3日	美軍殲滅企圖突圍的西班牙艦隊，並與古巴反抗軍圍攻聖地亞哥城。
7月16日	西班牙軍彈盡糧絕，約有兩萬三千人投降。
7月25日	美國陸軍在波多黎各登陸。西班牙政府求和。
8月12日	兩國同意停止軍事行動。
12月10日	兩國簽訂重新分割殖民地的《巴黎和約》。

美西戰爭後的殖民文化遺產

　　一五二一年，當麥哲倫（Fernando de Magallanes）率領西班牙探險隊試圖環繞地球一周而航海時，抵達了菲律賓群島，自此於一五六五年至一五七一年年間，西班牙人陸續占領了菲律賓群島，展開其長達三百多年的統治。十九世紀末期，菲律賓經歷了對西班牙革命、美西戰爭及美菲戰爭之後，成為美國殖民地。第二次世界大戰期間被日本占領，二次世界大戰後獨立。

　　一八九八年，美西戰爭之後，美國從西班牙手中取得菲律賓統治權。一九〇一年，英語被美國頒布為是所有菲律賓公立學校的使用語言。此外，美國更在菲律賓普設大學，其在菲律賓留下了英文的主導地位以及對西方文化的民族認同。

　　有許多臺灣雇主都偏好雇用菲律賓勞工，勝於來自越南、印尼、泰國的勞工，正是因為菲律賓勞工在全球勞動力市場中的優勢主要在於他們流利的英文能力與高等教育上，而兩者都是美國殖民的文化遺產。

現代的臺灣父母若經濟能力許可，多半不惜投資大把金錢在孩子英語能力的培養上。較富裕的家庭會雇用英語家教，或者讓孩子出國遊學或留學；中產階級的家庭則將孩子從小送去雙語、全英語的幼稚園或英語營隊加強語言能力。

然而，平常走到街上，也不時會見到有外傭帶著小主人上學或購物，仔細聆聽的話，有許多外傭都會使用英語與小主人溝通。這很容易理解，想必是雇主向外傭交代的額外要求，好讓孩子在小時候就開始練習英語的聽說能力。

很明顯地，英語已經成為在全球經濟上追求向上流動的一種重要工具，因此，雇用一個受過良好教育且會說英語的菲律賓女傭對雇主來說，是一箭雙鵰的安排。相對來說，印尼與越南籍的幫傭多數一定要學中文或是台語，才能和雇主進行溝通。

然而像印度英語、東南亞英語、加勒比海地區英語和非洲某些新興國家的英語，其實都各自受到了當地語言影響，具有語音和詞彙上的地區腔調特色。舉例來說，印度自一七五七年至一九四七年受英國殖民統治長達近兩百年之久，在英國統治印度的過程當中，對印度的現代化發展具有極大的影響，印度英語的口音重、速度快則為其特色。

從歷史的角度上來看，美式與英式英文發生差異的原因在於，當十七世紀早期新移民從英國到達美洲之後，大西洋兩岸的英語便開始往不同方向發展。再加上後來獨立的美國是民族的大熔爐，許多歐洲國家的人紛紛移民美國，如德國、荷蘭、西班牙等語言，都分別將一些元素注入了「美式英文」當中。

因發展區域與文化差異所衍生的兩種語言分枝，可分為使用美式

英語和使用英式英語的國家，例如，使用英式英語的有：英國、愛爾蘭、澳大利亞、紐西蘭、印度、香港等國家；使用美式英語的有：關島、波多黎各、菲律賓、塞班島、臺灣、中國、日本、韓國、南美洲等國家。

美國的政治與經濟霸權，使英文（其實是美語）成為最具支配性的「全球語言」，也使得被殖民地菲律賓今日在全球勞力市場上具備更有利的競爭優勢，這也是當初所始料未及的。

從冷戰到破冰之路──美國與古巴

現代人多數只看到了美國與古巴過去關係的緊張，然而，在兩國彼此的獨立運動之前，雙方曾有過共同的利害關係，可以說雙方曾經是世界上關係最好的國家，直到共產主義的紅色浪潮抵達。

再度踏上古巴的美國總統

自一九五九年古巴革命成功以來，美國與古巴經過半世紀的冷戰之後，二〇一六年三月二十日，美國第四十四任總統巴拉克・歐巴馬（Barack Obama）正式訪問古巴，歐巴馬成為繼一九二八年卡爾文・柯立芝總統（John Calvin Coolidge, Jr.）之後，時隔八十八年，再度踏上古巴的美國總統。

二〇一五年，美國與古巴的外交關係開始破冰之後，掀起了一波古巴的旅遊與投資熱潮，歐巴馬以和解與接觸為雙方關係開啟一個全新的象徵與實質意義。

美國租借關達那摩灣至今

一八九八年，美西戰爭後，古巴名義上是獨立的國家，然而實際上卻是美國的附庸國，當時被稱為「美國人的後院」。

古巴在一九○二年獨立建國，然而第一任總統艾斯特拉達·帕瑪（Tomás Estrada Palma）擁有美國國籍，在美國的支持下當上古巴總統。而依照兩國所簽訂的普拉特修正案（The Platt Amendment），美國有權干涉古巴內政，古巴並接受美國企業大量的投資。

一九○三年，美國據此租借關達那摩省（Guantanamo）的海灣一百一十六平方公里，並在其上設置海軍基地至今。美國租借關達那摩灣的租金從每年兩千美元（一九○三年至一九三四年，以金幣支付）到每年四千零八十五美元（一九三八年至今）。雖然古巴革命之後曾多次要求索回國土，甚至告上國際法庭，但美國始終都置之不理。

二○○二年，美軍在關達那摩基地內建立了一座監獄，也就是現在的關達那摩灣拘押中心（Guantanamo Bay detention camp）。此監獄最初的目的是臨時關押囚犯，但美國軍方逐漸將這個臨時關押囚犯的場所改建成一個可長期使用的監獄。

阿富汗戰爭之後，在此囚禁阿富汗與伊拉克戰爭嫌疑犯。美國將大批「蓋達組織」（已被聯合國安全理事會列為世界恐怖組織之一）和塔利班（發源於阿富汗坎達哈地區的伊斯蘭主義運動組織成員）關押於此，拒絕給予他們《日內瓦公約》所規定的戰俘權利。

一九三四年，第三十二任美國總統富蘭克林·羅斯福（Franklin Delano Roosevelt）出於改善與拉美各國的關係而推行睦鄰政策，放棄不得民心的軍事干預方式，轉而透過扶持當地政府，加以經濟、文化

的影響，保持美國在拉丁美洲的實權。富蘭克林‧羅斯福因而廢除了普拉特修正案，但繼續保留在古巴的關達那摩灣海軍基地的權利。

菲德爾‧卡斯楚的勝利

富爾亨西奧‧巴蒂斯塔（Rubén Fulgencio Batistay Zaldívar）於一九四〇至一九四四年出任古巴總統。巴蒂斯塔所頒布的一九四〇年憲法阻止他連任總統，然而在美國支持下，巴蒂斯塔於一九五二年透過軍事政變再次上台，並實行軍事獨裁。在統治期間，他解散議會，制定憲法條例和反罷工法，禁止政黨活動和群眾集會和罷工，與美國簽定軍事互助條約等。巴蒂斯塔更從國庫竊取四千萬美元，將國家土地出賣給外國資本家，美國黑幫在哈瓦那掌控色情、賭博、毒品事業，巴蒂斯塔也分一杯羹，反對者多被處死，使古巴成了毒梟、皮條客和資本家的天堂。

古巴人民的貧富差距越來越大，日益高漲的人民憤怒情緒最後終於推翻了親美的政權。一九五九年，古巴革命改變了古巴政局，這是一場推翻古巴獨裁者富爾亨西奧‧巴蒂斯塔的武裝革命，最後由革命方菲德爾‧卡斯楚（Fidel Alejandro Castro Ruz）取得勝利。菲德爾‧卡斯楚他具有強烈的獨立自主意識，並不聽於美國指揮，因此與美國的關係急凍。

卡斯楚認為關達那摩灣海軍基地是非法的，因此從未將美國付給的租金支票兌現，僅於一九五九年失誤兌現四千零八十五美元。此外，古巴人對於美國占領自己的領土極為不滿，因此古巴政府切斷基地的水源，使美國必須從牙買加運水，後來得建立自己的海水淡化設備。而美國在冷戰期間擔心古巴襲擊基地，便在周圍布滿地雷，此地

區的地雷帶長達幾十公里，是世界上最危險的雷區之一。

美國與古巴的斷交

　　一九六〇年，卡斯楚推動土地改革，將美國企業在古巴的資產充公，並對美國進口貨物施加高額的懲罰性關稅。美國艾森豪總統（Dwight David Eisenhower）因此於一九六一年與古巴斷交，祭出禁運報復，僅允許食物與醫療物資運往古巴，古巴蔗糖往美國銷售受限，又無法從美國獲得急需的石油。

　　卡斯楚為了打破貧富階級與此種膠著狀態，便與蘇聯擴大貿易，更差一點釀成日後美蘇開戰的古巴飛彈危機。古巴當時很快就公開投向共產主義陣營，美國因此與古巴斷交，於一九六三年頒布禁令，禁止平民匯款與到古巴旅遊。並實施經濟制裁，讓古巴此後五十年來幾乎無法進口任何美國商品，哈瓦那在缺乏發展的情況下幾乎保持革命前的模樣，路上的美國老車一路使用至今，整個城市街景「彷彿時光凍結在一九五〇年代」。

　　當古巴經濟陷入困境時，有上萬人跑去祕魯大使館尋求政治庇護，卡斯楚在國內壓力之下，一度宣布讓古巴人出國，導致古巴出現流亡潮，民眾紛紛搭船赴美。光是在一九八〇年就有近十三萬至十五萬人渡海赴美尋求庇護。美國因此下令佛羅里達州進入緊急狀態，廣設難民營收容古巴人，渡海而來的除了經濟困難的貧民，還有精神病患、前科罪犯等，也引發美國的輿論表示反彈。此外，還有一九六五年與一九九四年的兩波難民潮，後來，美國與古巴交涉限制難民數量，美國每年只向兩萬古巴移民發放簽證。

歐巴馬與勞爾‧卡斯楚的破冰契機

二〇〇六年，高齡八十歲的卡斯楚突因接受腸出血手術，宣布將總統大權和古巴共產黨領導人職務，全權交接給弟弟勞爾‧卡斯楚（Raul Castro）；二〇〇八年二月，菲德爾‧卡斯楚正式交棒給勞爾‧卡斯楚，勞爾‧卡斯楚上台後實施開放政策。

二〇〇九年，美國總統歐巴馬大幅放寬到古巴的旅遊限制，過去古巴裔美國人每三年僅能赴古巴探親一次，每三個月只能匯款三百美元，現已開放為可無限次數赴古巴探親，匯款額度也不再限制。此外，美國政府也開放電信業務，允許美國電信業者在美國與古巴之間建立光纖及衛星通訊、電視公司等，可對古巴人民播放節目。

二〇一三年，歐巴馬赴南非出席南非著名反種族隔離革命家曼德拉（Nelson Rolihlahla Mandela）葬禮，首度與勞爾‧卡斯楚握手寒暄，這成了美國古巴兩國破冰的契機。之後，天主教教宗方濟各扮演推手，分別致函美國、古巴兩國領袖，邀請雙方共同商討人權問題。

二〇一四年，梵蒂岡曾接待美國與古巴代表團，提供雙方對話場所。美國總統歐巴馬與古巴總統勞爾‧卡斯楚，兩人都曾公開感謝方濟各的諸多協助。

同年，在梵蒂岡協調之下，古巴同意釋放因間諜罪名而入獄的美國公民艾倫‧葛洛斯（Alan Grossm，葛洛斯於二〇〇九年在古巴遭指控非法進口衛星通信設備，可能從事間諜活動而被捕）；美國則同意釋放「古巴五人幫」之中的三人（五名在美國從事諜報活動的古巴人宣稱在美收集情報是為了防止美國對古巴採取恐怖攻擊，五人以古巴間諜為名被逮捕，五人中有兩人先刑滿回國，剩餘三人直到此時才獲釋）。

美國與古巴正式復交，冷戰畫下句點

二〇一五年，歐巴馬與勞爾・卡斯楚在巴拿馬美洲國家高峰會聚首，與其他三十多個美洲國家領袖同桌。這是美國、古巴兩國於一九六一年斷交之後，雙方元首超過半世紀來的首次會談，會談歷時逾一小時，兩度握手，這也是雙方自宣布外交關係解凍後，具指標意義的時刻。

歐巴馬與勞爾・卡斯楚會談不久之後，歐巴馬便推動外交程序，美國國務院隨即將古巴從支持恐怖主義國家名單除名，美國對古巴釋出善意。同年，歐巴馬宣布美國與古巴訂於七月二十日正式復交，雙方重開大使館，這是美古關係重要里程碑，也為美古冷戰畫下了句點。

二〇一六年，美國總統歐巴馬的任期進入最後一年，美古復交被他視為最重要的外交政績，因此歐巴馬決定在三月二十一日訪問古巴，成為繼一九二八年卡爾文・柯立芝總統之後，第一個訪問古巴的美國總統。

美國古巴冷戰至破冰時間表

1898年	美西戰爭後，簽訂《巴黎和約》。
1902年	古巴獨立建國。
1903年	美國租借關達那摩省設置海軍基地至今。
2002年	美軍於關達那摩基地內建立監獄。
1934年	美國總統富蘭克林・羅斯福廢除普拉特修正案，但保留關達那摩灣海軍基地權利。

1959年	古巴革命。
1960年	菲德爾‧卡斯楚將美國企業於古巴的資產充公，並對美國進口貨物施加高額關稅。
1961年	美國總統艾森豪宣布與古巴斷交。
1963年	美國禁止平民匯款與到古巴旅遊。並實施經濟制裁。
1965年	古巴移民潮，多為經濟富裕者。
1980年	古巴移民潮，使得美國佛羅里達州進入緊急狀態。
1994年	古巴移民潮，使得美國與古巴交涉限制難民數量為每年開放兩萬名古巴移民。
2006年	菲德爾‧卡斯楚宣布將總統大權與共產黨領導人職務，交接給弟弟勞爾‧卡斯楚。
2008年	菲德爾‧卡斯楚正式交棒給勞爾‧卡斯楚。
2009年	美國總統歐巴馬放寬古巴的旅遊限制與匯款額度，並開放電信業務。
2013年	歐巴馬與勞爾‧卡斯楚於曼德拉葬禮上握手寒暄。
2014年	梵蒂岡接待美國與古巴代表團，提供雙方對話場所。雙方釋放間諜罪名罪犯。
2015年 7月20日	美國將古巴從支持恐怖主義國家名單除名；歐巴馬宣布美國與古巴正式復交，雙方重開大使館，為冷戰畫下句點。
2016年 3月20日	歐巴馬正式訪問古巴。

🧭 本書中心人物簡介

阿爾伯特 · 哈伯德
（Elbert Green Hubbard, 1856 — 1915）

　　阿爾伯特·哈伯德是著名的哲學家、作家、藝術家和演說家。除了這些，他其實還是行銷的天才，甚至有許多人視他為行銷學之父。十八歲時，哈伯德成為一家肥皂公司的業務員，當時他挨家挨戶寄送推銷信的手法可謂一大創新，帶來極大的成功，他很快就成為頂尖業務員。之後，哈伯德進入廣告業，推出許多成功的廣告，替公司及自己帶來了龐大的收益。

　　在商場上的成功，並未澆熄哈伯德對文學的熱情，他投身於文字創作，一八九五年創立了羅伊克羅夫特出版社（Roycroft Press），發行《The Philistine》（菲利士人）和《The Fra》（修道士）兩本雜誌，其後甚至成立印刷廠和裝訂廠，包辦所有的出書流程。

　　哈伯德所有的創作中，最出名的作品當屬《把信送給加西亞》（A Message To Garcia），刊載這篇文章的雜誌受到空前絕後的歡迎，哈伯德甚至決定，只要有人需要印製，他就無條件免費授權，因為他公司

所生產的數量，根本來不及供應市場的需求。當然，Roycroft的名字，並非只在出版業獲得成功，其後更擴展至工藝和藝術的領域，工廠的數量不計其數，甚至還創立了傢俱店，出售自己公司設計和製作的傢俱。

　　一九一五年，為了報導第一次世界大戰的實況，哈伯德與其妻搭乘盧西塔尼亞號（Lusitania）前往英國，卻在途中被德軍的魚雷擊中，因而沉沒。

加西亞
（Calixto García Iñiguez, 1839 — 1898）

　　在古巴三大反抗戰爭中，加西亞一直扮演著重要的角色。十八歲時，加西亞參與了第一次的古巴獨立戰爭，後被捕。出獄後也投身於反抗西班牙的行動中，他的軍隊於戰役中取得一連串的勝利，甚至從西班牙手中取得一部分的領地。

　　在《把信送給加西亞》一文中，羅文費盡周折也要傳送訊息的對象，正是這位藏身於叢林的加西亞將軍。在羅文準備返回美國時，加西亞甚至派出他的親信，護送羅文回美國。

一八九八年，為了軍事合作與外交事宜，加西亞前往美國華盛頓
D.C.，相關事宜尚未討論完畢，加西亞就因肺炎過世，死後暫埋於阿靈
頓國家公墓，之後才運回古巴。

加西亞一生為了古巴獨立而奮鬥，他的子女多半也在戰爭中發揮
了很大的作用。加西亞對古巴的重要性，從「古巴的五十元披索幣印
著他的肖像」這件事，就看得出來。

安德魯・薩姆斯・羅文
（Andrew Summers Rowan, 1857 — 1943）

一八五七年，羅文生於美國維吉尼亞州，之後就讀於美國西點軍
事學校，並於一八八一年畢業。畢業後首先被指派至美國第十五軍
團，擔任少尉。之後被指派到各處執行任務，時間都不超過幾個月，
但這段時間的經驗，讓羅文對於各地的民情、地理、甚至是地形都有
了深度的瞭解。

一八九八年，美國軍艦緬因號（U.S.S Maine）在西班牙殖民的
古巴哈瓦那港因一場爆炸而沉沒，美西之間的緊張情勢升高，眼看戰
爭已不可避免，麥金利總統因而想派遣一名軍人，傳達訊息給古巴反

抗軍的領袖加西亞將軍，最後，羅文被選中擔任此一要職。被選中之因，是因為他在軍中向來以「勇敢」、「慎重」以及「執行力」聞名，更重要的是，羅文對於古巴的地理資訊很了解，而且他還會西班牙文。

加西亞身為反抗軍領袖，身分敏感，所以藏身之處也非常隱密，羅文接受命令時，根本沒有人知道加西亞身在何方，但「任務不僅困難重重，還危險萬分」的事實，是顯而易見的。即便如此，羅文當下卻毫不猶豫地接下任務，在前往加西亞根據地的途中，經歷好幾次驚險的暗殺，但羅文最終還是忠實地完成任務，並帶回加西亞要給美國總統的信件，從中促成美國與古巴的合作，可謂古巴獨立最重要的關鍵人物。

回國後，羅文不僅從上尉晉升至中校，美國總統甚至邀請羅文參與內閣會議，在會議上，由總統親自表達對羅文的感激之情。除了美國對羅文敬重有加以外，古巴也特別寫了一封感謝信，並贈予羅文代表古巴最高榮譽的勛章：the Order Carlos Manuel de Cespedes。不僅如此，古巴甚至還建造了羅文的半身雕像，置於哈瓦那。

羅文於軍中服役三十年，退休後與家人居於加州，逝世時，國家以隆重的軍禮厚葬於阿靈頓國家公墓。對美國以及古巴的年輕人而言，羅文在軍中的貢獻，是他們的精神表徵，WWI和WWII時期，軍人們都閱讀《把信送給加西亞》，所有人都以羅文為表率，向他深入骨髓的「軍人之魂」致敬。

阿爾伯特‧哈伯德 原作者 序

一八九九年二月二十二日，也就是華盛頓生日的那天，晚飯之後，我花了一個小時的時間，完成《把信送給加西亞》這篇文章，以應付我們三月份《菲利士人》雜誌的正常出版。

這篇文章的誕生，源於我在晚餐時與家人的討論。我兒子認為，古巴戰爭中真正的英雄是羅文，因為是他獨自一人完成了給加西亞將軍送信的任務。

聽了這句話之後，我腦海中就像是有一道火花閃過！我確定兒子是正確的，給加西亞送信的那個軍官是真正的英雄。於是我從飯桌邊走開，開始寫《把信送給加西亞》這篇文章。

老實說，當時我並不是很重視它，當文章刊登在《菲利士》雜誌上的時候甚至沒有加上標題。然而這一期的雜誌很快就銷售一空，要求增訂的訂單迅速地回饋回來。當美國新聞公司訂一千份的時候，我好奇地問助手到底是哪一篇文章引起這樣的轟動，他回答說：「是關於送信給加西亞的那一篇。」

隔天，我收到來自紐約中央鐵路局的喬治‧丹尼爾發來的電報，內容是要求將有關羅文的文章，以小冊子的形式印製十萬份，並且要在封底印上帝國快遞的廣告，請我發出報價與船運到貨的時間給他。

我在回覆中報價，並說十萬份需要花兩年的時間才能完成，因為我們的印刷設備相當簡陋，如此龐大的印量對我們來說恐怕難以短時間完成。

最後，我只好授權給丹尼爾先生，讓他按照自己的方式重印這篇文章。他印製了一批小冊子，發行了五十萬份，他還自己親手發送了

兩、三成的貨。此外還有兩百多家報紙和雜誌轉載了這篇文章，並且也被翻譯成了不同的國家語言。

在丹尼爾先生印發《把信送給加西亞》時，當時的俄國鐵路局總長西拉柯夫也正好在美國。他對這本小冊子產生了興趣，當然可能只是因為它那巨大的發行量吧！但是不管怎麼說，他回到俄國之後，就讓人翻譯這本小冊子，並四處發送，當時俄國鐵路局的員工都人手一冊。因為其他國家也紛紛翻譯了這篇文章，於是《把信送給加西亞》又流傳到了德國、法國、土耳其、印度等國家。

日俄戰爭時，這本小冊子被發給前線的每一個俄國士兵。在被俘的士兵身上，日本人搜出了這本書，於是它又被譯成日文。後來，日本天皇頒了詔令，將這本書分發給每一個日本政府官員和士兵。迄今為止，這本書在全世界範圍內已經印製了超過數億冊。

也就是說，這是有史以來作者在世時發行量最大的一本書──導致這一切的結果，是一系列的偶然和幸運，筆者銘記於心。

阿爾伯特·哈伯德

1913年12月1日

Chapter 1 《把信送給加西亞》

Chapter 2 我如何把信送給叢林中的加西亞？

Contents

Chapter 3　超出期望，就能從A到A＋

Chapter 4　潛力人才的特質

Chapter 5 　從改變價值觀開始

Contents

Chapter 8　消除恐懼，為你的工作找樂趣

Chapter 9　它說明了一切

Chapter 1

《把信送給加西亞》

《把信送給加西亞》的誕生緣由

始料未及

捨我其誰

職場中常見的普遍現象

誰能把信送給加西亞？

世上不缺的是自視甚高的窮人

它並非是年輕人能從書本上學來的，也並非是各級教育機構所擬訂的政策，而是　種能讓人們的意志變得更堅強、信念更堅定、行動更敏捷、精力更為集中的精神，那就是──「把信送給加西亞」。

⚓ 《把信送給加西亞》的**誕生緣由**

那天是一八九九年二月二十二日，吃晚飯時，美國作家阿爾伯特·哈伯德（Elbert Green Hubbard）與他的家人討論起了美西戰爭（Spanish-American War）。他的兒子波特認為：美西戰爭時的真正英雄，應該是為了送信給抵抗西班牙統治的加西亞將軍（Calixto Garcia）而冒著極大的生命危險順利完成任務的羅文上尉（Andrew Summers Rowan）。因為他隻身一人出發前往古巴叢林，尋找不知身在何處的加西亞將軍，他歷經險難地將信送到將軍的手中，並帶回了加西亞將軍的口信。他活著走出了古巴，回到美國，漂亮地完成了這項艱鉅的任務。

註 發生於一八九八年的美西戰爭為美國為奪取西班牙屬地古巴、波多黎各與菲律賓所發動的戰爭。當時西班牙已衰落，在國際上為孤立狀態。古巴與菲律賓人民皆出現反對西班牙殖民統治的武裝組織，然而西班牙軍隊對古巴起義者的殘酷鎮壓激怒了美國政府，並危及美國資本家於古巴的經濟利益。一八九八年二月十五日，美國派往古巴護僑的緬因號（USS Maine ACR-1）軍艦在哈瓦那港發生爆炸，造成二百六十六人死亡，美國遂以此事件為藉口，於四月二十五日對西班牙宣戰，隨即採取了軍事行動。

當時，波特說的話一直在哈伯德的腦海中迴盪著，他想：「兒子說的是對的，真正的英雄應該是送信給加西亞將軍的那個軍官。」

大約在晚飯過後的一個小時，哈伯德寫下了他傳世百年的經典作品——《把信送給加西亞》（A Message To Garcia），而那一天正好是

515034

一八九九年二月二十二日，也是美國國父喬治‧華盛頓（George Washington）的誕辰日，他們正忙著準備出版三月份的雜誌《菲利士人》（The Philistine）。

⚓ 始料未及

最初，這篇文章只發表在哈伯德所發行的《菲利士人》雜誌上，內文甚至連標題都沒有。然而當期的雜誌卻迅速地銷售一空，要求加印的訂單很快就來了。

十二份、五十份、一百份……當美國新聞公司訂了一千份時，哈伯德忍不住詢問助手：「究竟是哪一篇文章引起了這麼大的反應？」他回答：「是加西亞將軍的那一篇文章。」

後來，紐約中央鐵路局的喬治‧丹尼爾發來這樣一份電報：「請將關於羅文上尉的文章，印刷成小冊子，封底並刊登『帝國快遞』的廣告，單位欲訂購十萬冊，請予以報價，並告知最快的船期。」

哈伯德給了他報價，並且確定自己能在兩年的時間內將那些小冊子順利交貨。因為當時的印刷設備十分地簡陋，十萬冊的書實際上是一件相當具有挑戰性的任務。

哈伯德答應丹尼爾按照他的方式來印刷那本冊子，最後的結果是，丹尼爾居然銷售和發送出將近五十萬本冊子，其中的二至三成都是由丹尼爾直接發送的。

在丹尼爾發送《把信送給加西亞》時，時任俄國鐵路局總長的西拉柯夫親王正好在美國，他是美國中央鐵路局的貴賓，由丹尼爾先生親自陪同遊覽了美國。這本小冊子當時也引起了親王的興趣，可能就

是因為發行的數量相當龐大，在讀了這篇文章之後，當親王返回俄國，就找人將這本小冊子翻譯出來，並重新印刷，發放給俄國鐵路局的員工，讓他們一人一冊。

後來，其他國家也陸續引進、翻譯了這篇文章，從俄羅斯到德國、法國、土耳其、印度和中國等國家都有其譯文版本。

在日俄戰爭期間，甚至每一位上前線的俄羅斯士兵都有一本《把信送給加西亞》。當時，日本士兵在俄羅斯戰俘身上發現了這本小冊子，便將它翻譯成日文。之後，日本天皇下令：每一位日本政府官員、士兵，都要人手一本《把信送給加西亞》。

迄今為止，《把信送給加西亞》已被兩百多家雜誌、報紙等轉載刊登，各國語言版本的譯文在全世界流傳著。《把信送給加西亞》已出版發行了數億冊。

可以說，在一位作家的有生之年、在所有作家的文學生涯當中，少有人可以獲得如此的成就，也少有一本書的銷量可以達到這樣的天文數字！

哈伯德只是自謙地說：「整個過程，就是由一系列的偶然與幸運構成的。」

⚓ 捨我其誰

在古巴的所有事件當中，有一個人就像近日點的火星一樣，讓人難以忘記，那就是加西亞將軍。

當美國與西班牙的關係一觸即發時，美國必須立即與西班牙的對立勢力領袖，也就是加西亞將軍取得聯繫。加西亞將軍的游擊隊就躲

藏在古巴叢林的某處，沒有人知道他的確切地點，也沒有任何郵件或
電報能確定聯繫得到他。

然而，當時的美國總統威廉・麥金利（William McKinley）必須盡
快取得加西亞將軍的合作，這可怎麼辦？

軍事情報局（BMI）的上校亞瑟・瓦格納（Arthur Lockwood
Wagner）報告總統：「如果有人能做到的話，那一定是一名叫羅文的
上尉，他能幫您把信送給加西亞將軍。」

就這樣，羅文上尉帶著美國總統致加西亞將軍的信出發了。

關於這一位名為「羅文」的上尉如何拿到信，如何用油紙袋將它
封好、收在胸口前，接著搭上了輪船航行之後，經由牙買加，趁著夜
幕在古巴海岸登陸，然後消失在叢林中。三周之後來到了古巴的另一
端，他步行、騎馬穿過西班牙軍隊控制的領土，最終將信送達給加西
亞將軍的全部過程──這些細節，並不是本書的重點。

本書的關鍵在於：當上級交付羅文上尉「將信交給古巴叢林裡的
加西亞將軍」這個任務的時候，羅文接過信，卻連一聲「他在哪
裡？」都沒問，便準備出發了。

像羅文上尉這樣的人，他的形象應當被雕塑成永垂不朽的銅像，
矗立在每一所大學的門前──它並非是年輕人能從書本上學來的，也
並非是各級教育機構所擬訂的政策，而是一種能讓人們的意志變得更
堅強、信念更堅定、行動更敏捷、精力更為集中的精神，那就是──
「把信送給加西亞」。

⚓ 職場中常見的普遍現象

加西亞將軍已不在人間，然而現在還有其他的加西亞們。

沒有領導者能經營好這樣的企業——在企業最需要幫助的時候，沒有人願意站出來，只有一些普通員工在旁邊驚呼他的愚蠢，他們並非沒有能力給予幫助，而是不能或不願意專注於一件事上，並決心做好它。他們總是落井下石、愚蠢粗心、懶散、漠不關心，從不想認真對待工作。

現今，懶懶散散、漠不關心、馬馬虎虎的做事態度，似乎已經變成一種常態。沒有人能夠成功經營好這樣的企業，除非領導者苦口婆心、威逼利誘地請下屬幫忙，或者，上帝大發慈悲創造了奇蹟，派了一位天使來幫助他。

作為讀者，或者作為領導者，你如果不相信，就來做個實驗吧！

此時此刻，你正坐在辦公室裡，周圍坐著六名員工。

你把其中一位叫來，對他說：「請幫我查詢一下百科全書，把科雷吉歐的生平做成一篇摘要。」

他會平靜地說：「好的，瞭解了。」然後立刻去執行嗎？

我保證他絕對不會。

他一定會一臉茫然地盯著你，然後滿臉疑惑地提出如同下述的一個或是數個問題：

「科雷吉歐……是誰？」

「用哪一套百科全書查？」

「百科全書放在哪裡？」

「這是我的工作嗎？」

「為什麼不是小劉去做呢？」

「科雷吉歐他還活著嗎？」

「這件事很緊急嗎？」

「需要我把百科全書拿來，給您看是哪一位嗎？」

「摘要的字數是多少呢？」

「您查這個要做什麼呢？」

我敢用十倍的賭注和你打賭，在你回答了上述的問題，並向他解釋如何查詢科雷吉歐的資料，以及你要求查詢這份資料的原因之後，那一個員工就會離開，默默地去請求另一個同事替他查詢。過一陣子，他會回來對你說：「查不到科雷吉歐這個人的生平資料……」

當然，我也可能會賭輸，但是根據機率，我的贏面較大一些！

現在，如果你是一個聰明人，就不必費心地對你的「助理」解釋：「科雷吉歐應該在『C』字母的索引中搜尋，而不是在『K』的索引。」你應該輕鬆地微笑著說：「沒關係。」然後，你親自去查詢。

註　科雷吉歐〔Antonio Correggio〕為義大利畫家，大半生都在帕爾馬〔Parma〕工作，他的畫風醞釀了巴洛克〔Barpque〕，其優美的風格影響了十八世紀的法國。從早期的作品可以看出畫風受到曼帖那〔Andrea Mantegna〕和達文西〔Leonardo da Vinci〕的影響至深。科雷吉歐留下約四十幅畫作，全都表現宗教及神話的題材。

像這樣自主行動的無能，這樣道德上的後知後覺，這樣姑息原諒的作風，將會把整個社會帶到崩潰的邊緣。因為如果一個人連為自己做事都不能主動，你又怎麼能期望他為別人主動做事呢？

⚓ 誰能把信送給加西亞？

很多時候，乍看所有的企業都應該可以在公司裡找到能委以重任的人選，然而事實上真的有這麼簡單嗎？

你刊登了一則招募速記員的徵人廣告，但是前來應徵的人卻有十之八九是既不會拼寫、也不會使用標點符號的，這些應徵者甚至不認為那是速記員的必要條件。

這樣的人能幫忙把信帶給加西亞嗎？

「你看那個員工。」一家大工廠的主管對我說。

「哦，我看到了，他怎麼了？」

「他是個很好的會計，不過，如果我讓他去市區辦件小事，他也許可以完成任務，但是他有可能在途中就走進了酒吧，等到了市區，更可能就忘記了此行的工作目的是什麼。」

這樣的人，你相信他能把信帶給加西亞嗎？

前一陣子，我們聽到了許多人對「在血汗工廠中被壓榨的工人」與「無家可歸的找工作的人們」表示同情的言論，同時也將那些身居高位的人批評得體無完膚。

然而，關於那些雇主盡其一生的努力都無法讓某些懶散的人們開始做有意義的事情，卻沒有人幫忙說一句話。更沒有人提及他長期嘗試著以耐心、努力去規勸那些只要他一轉身就會投機取巧或者游手好

閒的員工。

每一間商店和工廠都會有一個常規性的整頓方式，雇主會定期對員工進行考核，解雇那些碌碌無為的人，並接納一些積極的新人。無論時代如何改變，這個規律終將不會改變：當工作繁重、人員短缺的時候，雇主對員工的工作總是相當滿意；但是隨著公司規模的擴大，將會出現僧多粥少的現象，此時，只有最出色的人才能被保留下來。

而個人利益（而非公司利益或公眾利益）將能激發每一個員工盡力做到最好——在現代的當下，也只有這種人才有可能完成把信送給加西亞的使命。

⚓ 世上**不缺**的是**自視甚高的窮人**

我曾經認識一個非常聰明的人，他自己並沒有獨立創業、經營企業的能力，同時他對別人也不能再產生絲毫的價值，因為他老是懷疑他的雇主在壓榨自己或者是存心找他麻煩。他無法對誰下達命令，他也不想接受命令。如果你要他帶封信給加西亞將軍，他極有可能會回答：「您自己去吧！」

也許今晚，這個人還會穿著破舊的衣服，頂著凜冽的寒風走在街頭，四處尋找工作。但是沒有一個認識他的人願意雇用他，因為他對所有的一切都心存不滿。

當然，像這樣自視甚高的人，並不會比一個四肢不健全的人更值得同情。我們更應該同情那些用畢生精力去經營一個企業的人，他們並不會因為下班的鈴聲響起就放下工作，他們也經常因為努力去使那些漠不關心工作、偷懶、被動、甚至沒有良心的員工不要太離譜而口

增白髮。然而那樣的員工卻從來不願想想，如果沒有老闆們付出這些努力和心血，他們將會面臨到挨餓和無家可歸。

我是否說得過於嚴重了？也許是吧。

但是，即使全世界都變成了貧民窟，我也必須要為領導者說幾句同情的話——他們承受著極為龐大的壓力，帶領著許多人邁向成功之道，但是他從成功當中得到了什麼呢？除了衣食無虞，剩下的便是極度的疲累了。

我一直在當老闆，我很明白當老闆的酸甜苦辣。

貧窮從來都不是一件好事情，不值得讚美，衣衫襤褸也不值得驕傲，但是並非所有的領導者都是採取高壓手段來壓榨員工的。

我最敬佩的是那種不論老闆在或不在，都一樣勤奮工作的人。

當你交給他一封致加西亞將軍的信時，他會欣然地表示接受，並不會問太多多餘的問題，更不會隨手將信扔進路邊的水溝，而是全力以赴地將信送達目的地。這樣的人永遠不會被解雇，也永遠會有其他老闆來爭取他。

文明，就是為了焦心地尋找這種人才的一段漫長過程，而這種人不論想要任何事物，最終，他都能夠得到。

他在每一個城市、鄉鎮、村莊，在每一個辦公室、商店、工廠、企業，都會受到極大的歡迎。因為世上非常需要這種人——這種能將信送給加西亞的人。

王博士
演講或企業內訓邀約

王博士身為亞洲八大名師之首，多年來巡迴兩岸、星馬、香港演講，其知性與理性的各領域獨到之見解，已在北京、上海、吉隆坡、台北、台中……等華人地區講演數百場，想一聽王博士分享精采絕倫的成功之道嗎？

歡迎各大學術機構、企業、組織團體邀約演講＆企業內訓！

意者請洽

◆ 電話：（02）2248-7896 ext.306馬小姐
◆ 傳真：（02）2248-7758
◆ E-mail：chialingma@mail.book4u.com.tw

Chapter 2

我如何把信送給
叢林中的加西亞？

我認為，我完成了一個軍人應完成的任務，正好也是我職責之內的任務。而一個軍人的天職就是——「不要問為什麼，就是服從命令。」我已經把信送給了加西亞將軍。

⚓ 被欽點的**特使**

「告訴我，哪裡可以找到一位幫我把信送給加西亞將軍的人？」威廉·麥金利總統對著負責軍事情報的亞瑟·瓦格納上校詢問。

上校幾乎是分秒不遲地回答：「據我所知，華盛頓那裡有一位年輕軍官，名叫羅文，是上尉軍銜，這個人一定能幫您完成送信的任務！」

「好，立刻派他前去！」總統命令道。

麥金利總統下令的速度，正如瓦格納上校推薦送信人選時一樣地快速、果斷。

當時，美國與西班牙已處於一觸即發的戰爭邊緣，總統急需各種相關情報。他很明白戰役取勝的關鍵在於「美國與古巴的反抗軍協同作戰」。然而，在此之前必須先釐清幾個問題，諸如在古巴島上，西班牙的兵力有多少？士兵們的士氣、戰鬥力如何？他們指揮官的性格又是什麼樣子？

此外，古巴一年四季的天氣、路況是如何？西班牙軍、古巴反抗軍，甚至整個國家的醫療狀況是如何？雙方的裝備以及在美軍動員集結的期間，古巴反抗軍如果想要拖住敵人的時間，他們又需要什麼樣的援助？……麥金利總統想深入了解古巴的人事地形與各種重要情報。

⚓ 玩笑般的**臨危受命**

大約經過了一個小時，剛好是正午時分，瓦格納上校通知我，讓我在中午一點鐘時去陸海軍俱樂部和他一起共進午餐。

每個人都知道，瓦格納上校是出了名愛開玩笑的人。就在我們吃飯時，他突然問我：「開往牙買加的下一班船是什麼時候？」

我心裡想著上校又在和我開什麼玩笑，也就沒將他的問話當真。但我還是讓他等一會兒，因為我得出去打聽一下船啟程的時間。回來之後，我告訴他：「一艘叫做『艾迪羅德克』的英國輪船，明天中午將會從紐約起航。」

「你能趕得上這班船嗎？」上校的表情相當嚴肅。

我一直認為他在開玩笑，因此我非常肯定地回答：「是的！當然可以！」

「好！那就準備出發吧！」上校篤定地對我說。

「年輕人，」他接著說，「總統先生已經決定派你去完成一項神聖的任務，就是送一封信給加西亞將軍。將軍目前藏身在古巴東部的某處，你必須將我們需要的情報及時並安全地帶回來，因為這封信上有我們想了解的一連串問題。」

「務必當心，不要攜帶任何可能暴露你真實身分的物品。歷史上有許多悲劇都是這樣發生的，但是現實不允許我們冒這種險。想想美國獨立時的南森・黑爾，他就是因為身上帶著情報，最終為國捐軀，而且機密情報也被敵人破譯成功。因此，你絕對不能失敗，絕對不能出現這樣的失敗！」

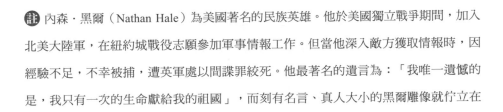

註　內森・黑爾（Nathan Hale）為美國著名的民族英雄。他於美國獨立戰爭期間，加入北美大陸軍，在紐約城戰役志願參加軍事情報工作。但當他深入敵方獲取情報時，因經驗不足，不幸被捕，遭英軍處以間諜罪絞死。他最著名的遺言為：「我唯一遺憾的是，我只有一次的生命獻給我的祖國」，而刻有名言、真人大小的黑爾雕像就佇立在

美國中央情報局總部。

此時，我才真的意識到瓦格納上校並不是在開玩笑。

他接著說：「你到了牙買加之後，會有人有辦法識別你的真實身分。等你到了古巴，所有的事情就得靠你一個人完成，你所能得到的指示只有我現在告訴你的這麼多。」

雖然如此，但就像已經描繪出了一個完整的輪廓似的。

「下午就開始準備，軍需官哈姆‧菲里斯將送你到京斯頓上岸。之後，如果美國要向西班牙宣戰，將會根據你所發回的密電做出進一步的指示。這一切都必須在極機密的情況下進行，你必須自己做好計劃，然後親自行動。你必須要獨立完成這項任務，因為這任務只交付給你一個人，你必須將最重要的情報送達給加西亞將軍。你的火車將在今晚午夜出發。再見，祝你好運！」

我們鄭重地握手道別。

⚓ 未知的命運

後來，我忙著準備隨身物品，耳裡卻不斷迴盪著瓦格納上校的叮囑：「一定要將信安全送達給加西亞將軍！」

我開始意識到，這項任務的背後責任是多麼地重大。

正如我所察覺到的，這是項艱鉅的任務，並具有高度危險性。戰爭還沒有爆發，或許在我離開之後也不會爆發，再或許，我到了牙買加之後，仍然不會爆發。然而如果我在哪一個環節稍微出錯，就會帶

來無法計量的龐大損失和影響；如果雙方已經宣戰，反倒能使我的任務簡單化，儘管任務的危險性並不會因此而降低……

正所謂受命於危難之際，榮譽和生命繫於一髮。在這種關鍵時刻，一個人的聲譽，連同他的生命，都將被置於生死邊緣。一般情況下，人們會理所當然地尋求上級書面的指示，因為一個穿上軍裝的人，他的生命便是由他的國家所支配，而他的榮譽則是掌握在自己手中，不應該被置於任何有權者之手，任其詆毀。

然而，我所面臨到的情況卻無法和他人一樣，能獲得一份鉅細靡遺的書面指示，告訴我應該如何妥善地行動，以求更順利地履行這項任務。

我只知道，我得一個人設法將信送到不知身在何處的加西亞將軍的手裡。

當時我內心的唯一想法只有：「我一定要將信順利送給加西亞將軍，並從他那裡帶回最有幫助的寶貴情報。我責無旁貸。」我對自己發誓：「我，一定得完成這對我的國家極為關鍵的任務！」

我不確定瓦格納上校是否將我們的談話內容記錄在案，但是在即將結束的這一天，軍情緊迫，這算不上是什麼重要的事，我已無暇顧及這些。

⚓ 星期五的**啟程**

我乘坐的是午夜十二點零一分出發的火車，這不禁讓我想起一個古老的迷信，它說的是「星期五，不宜旅行」。火車發車時已經是星期六，然而我出發時卻仍是星期五。

我猜想這有可能是命運的安排，但是一想到自己肩負的重任，也就無暇顧及那麼多了。直到後來，我也沒有再想起這件事，因為這些已經沒有什麼意義了，我已經完成我的使命了。

艾迪羅德克號準時起航，一路上並沒有遭遇特殊狀況。我盡量和其他乘客保持距離，沿途上只認識了一位電器工程師，他教會了我許多有趣的東西。他告訴我，因為我很少和其他乘客交談，他們便善意地為我取了一個綽號——「冷漠的人」。

當輪船進入古巴海域的時候，我開始意識到自己正處於極度危險的狀況之中，因為我身上藏有美國政府提供給牙買加官方的證明我個人身分的文件。如果在艾迪羅德克號進入古巴海域之前，美國就與西班牙開戰的話，那麼一個非法送信的人——也就是我，身分一旦暴露，就會立刻被補，並被作為戰犯來處置。當然，他們會讓我遠離任何西班牙的船隻，而這艘戰前懸掛著中立國國旗的英國輪船，也將會被扣押，甚至在違反了某條規定之後，被瞬間擊沉。

此時，這艘輪船正從一個和平的港口駛向一個中立國的港口，全然不知戰爭一觸即發。

一想到事情背後的嚴重性，我便不動聲色地將文件藏進特等艙的救生衣裡，直到輪船順利通過海角，我才吐了一口極長的氣，感到如釋重負。

 ## 勇闖牙買加

次日早上九點，我終於上岸，成為牙買加的一名訪客。

不久之後，我就和古巴游擊隊的領袖萊恩生聯絡上了，有了他的

幫助，我打算盡可能地早點找到加西亞將軍。

四月八號至九號，我離開了華盛頓；四月二十號，我得到消息，美國要求西班牙於四月二十三日之前，同意將古巴政權交還給古巴人民，並撤出其布署在島上和沿海的一切陸、海軍。我用密碼發了一份電報給瓦格納上校，告訴他我已經到達了目的地。

四月二十三號，我收到了一封密電——「盡快聯繫上加西亞將軍。」

隨後，我立刻前往古巴反抗軍的聯絡處，我發現一些流亡的古巴人正在那裡等著我，這些人在我印象當中一個也沒見過。就在我們研究行動方案的時候，有一輛馬車奔馳了過來。

「是時候了！」有人用西班牙語對這邊喊道。

緊接著，我還沒來得及說些什麼，就被帶上馬車，坐了下來。

我就這樣開始了一個軍人服役以來最為驚險且奇特的旅程。

車夫是一個沉默寡言的人，他不主動和我說話，即使我試著開口和他聊聊，他也絲毫不理會。從我上車的那一刻開始，馬車便開始在迷宮一般的京斯敦大街上奔馳，絲毫沒有減速的跡象。

很快地，我們便穿越了郊區，將這個城市遠遠地拋在後頭。

因為不明白究竟是什麼情況，我忍不住拍了拍車門，甚至踢了幾下、喊了幾聲，但是車夫依舊專心趕車，對我的舉動置之不理。他像是知道我急著送信給加西亞將軍，而他的責任就是盡可能地快馬加鞭跑完他所負責的這段路程。

在嘗試了幾次搭話的努力之後，徒勞無功的我只好坐回原先的位置，任憑他將馬車急速地駛向遠方。

大約又奔馳了四英里，我們進入一片茂密的熱帶森林，接著穿過

有著西班牙式建築平坦的城鎮公路。不知又跑了多遠，我們停在一座林地旁邊。突然，馬車的門從外面被打開了，我對上了一張陌生的臉孔，這個人請我換乘另一輛在此等候已久的馬車。

「太奇怪了！這一切似乎都被安排得天衣無縫！我一句多餘的話也不用說，甚至連一秒鐘也沒被耽擱著。」我心裡想著。

⚓ 黑色幻影

一分鐘之後，我又繼續上路了。

第二個車夫和第一個一樣，都是沉默寡言的類型。我試著和他聊天，但是他對我說的話就是充耳不聞，只是專注地坐在駕駛座上，一心一意地奮力趕著馬車向前飛奔。

我們奔馳過了一個西班牙城鎮，順著科布里河谷朝著目的地前進。

我們走的那條路的盡頭，就是著名的加勒比海碧藍的水域。

車夫依然沉默不語，儘管我想讓他和我說上幾句話，好了解狀況。但他似乎不懂我的意思，甚至連我做的手勢也不明白。似乎他只管穩妥地駕好行駛中的馬車，使其往前飛奔即可，其他一律不用管。

馬車越跑越快，我在車上呼吸著自由的新鮮空氣，直到夕陽西下，我們才在一個陌生的車站旁邊停了下來。

這時，我看到一團黑影從山坡上出現。

「等一下、那個從山坡上移動下來的黑色形體是什麼？」

「不會是西班牙當局料到有人會來，就在我們的必經之路上安排牙買加軍隊攔截吧？」

　　一看到這幽靈般的形體突然出現，我不禁神經緊繃起來，內心充滿著極大不安。

　　結果是虛驚一場。

　　原來是有一位黑人長者一瘸一拐地走到馬車前面，他推開了車門，送來美味的炸雞和兩瓶巴斯啤酒。他對我說著當地的方言，我只能隱約聽懂幾個單字，但我知道他是在向我表示敬意，因為我正在幫助古巴人民獲得自由。他辛苦前來只為了送我吃的喝的，以聊表自己的一份心意。

　　我的車夫此時就像一個局外人，他對於炸雞、啤酒、我與長者簡單的談話完全不感興趣。過一會兒，我坐的那輛馬車被替換上了兩匹新馬，車夫用力揮舞著馬鞭，使馬車再度飛快地奔馳起來。

　　我沒有足夠的時間向那位黑人長者道謝，只得坐在馬車上向他喊道：「再見、老人家！」轉眼之間，我們已與他拉開一大段距離，馬車以極快的速度繼續前進，我們消失在茫茫的夜幕當中。

　　儘管我完全理解當時嚴峻的形勢，以及我的使命有多麼地重要。但在那一刻，我仍不自覺地沉浸在對熱帶森林的讚嘆之中，將一切都暫時置之度外。

　　因為，森林裡的黑夜就像白天一樣地迷人、美麗。

　　不同的是，陽光照射下的白天，各種熱帶植物花香四溢、爭奇鬥艷；到了夜晚，就變成了繽紛的昆蟲世界，處處引人入勝。當黃昏轉換成漆黑之夜，螢火蟲便成群帶著獨特的亮光，在森林中四處飛舞，為森林點綴了無限的美麗，讓身在其中的我就像進入了仙境。

　　然而，一想到自己正在執行的危險任務，就算是身處這樣的夢幻景色當中，也會瞬間驚醒。馬車仍然以飛快的速度向前疾駛。

突然，一聲刺耳的哨音劃破了森林中的靜謐！

馬車立刻停了下來，有一群人突然出現在我們面前，一下子就包圍了我們，他們的速度快得就像是直接從地底下冒出來的。

身負重任的我此時竟然被一群全副武裝的人包圍住了！

在英國管轄的地盤上遭受到西班牙士兵的攔截，我並不害怕，只是這一切都發生得太快，使我格外地緊張。牙買加當局的行動可能使這次的任務失敗，如果牙買加當局事先獲得了情報，知道我違反了該島的中立原則，就會阻止我繼續前進。要是這些人是英國軍人，那該有多好呀……

沒想到我的擔憂很快就被消除了，在小聲地交談一會兒之後，我們便被放行了！

⚓ 嚮導現身

大約一個小時之後，我們的馬車停在一棟房子前面，屋子裡閃爍著昏黃的燈光，等待著我們的是一頓豐盛的晚餐。這是古巴的軍方聯絡處特地為我們所準備的，游擊隊的人認為人們就應該無所顧忌地吃好東西，他們甚至為我準備了一瓶格外誘人的牙買加朗姆酒。

我們已經花了約九個小時，奔波勞頓了約七十英里，也換了兩班人馬，但是我完全沒有感到疲累，因為這朗姆酒是多麼地讓人心情愉快！

飯後，從隔壁房走出來一個身材魁梧且蓄著大鬍子的人，他的一隻手缺了一根姆指，但是他的表情果敢，眼神裡散發著可靠、堅毅、誠實，整個人顯露出一種難以形容的高貴感。

515034

他的名字是「格瓦希奧‧薩比奧」，他是曾去過古巴的西班牙人，他因為反抗西班牙舊制度的統治，才被處以砍掉手指的刑罰，因而被流放到這裡的。

從現在開始，他將作為我的嚮導，直到我成功把信送到加西亞將軍手上。此外，他們還雇了幾個當地人來送我離開牙買加，這些人再向前走七英里的路就算完成任務了。只有一個人例外，那就是我的「助手」格瓦希奧。

休息一個小時之後，我們繼續前行。

在半個小時的路程後，又出現了一聲哨音，我們停下來，下了車，在灌木叢裡跌跌撞撞地走了差不多一英里，來到一處長滿可可樹的小果園。從那裡可以看到海，那裡離海灣已經很近了。

在距離海灣五十碼的地方停著一艘小船，小船在水面上輕輕地搖晃。突然，小船裡閃起亮光，我想這一定是個信號，船上是我們的人，因為我們是悄悄到達的，沒有發出一絲聲響。

格瓦希奧顯然很滿意船上人員的警覺，也做出了回應。

接著，我向聯絡處的人表示謝意，我涉水來到了小船旁，走上了船。

至此，送信給加西亞將軍的第一段路程告一段落。

⚓ 出海

上船之後我才注意到，船艙裡堆放了許多用來當壓艙物的石塊，而一捆一捆的長方形貨物則不足以讓船保持平穩，但至少不會影響船的航行。

我們讓格瓦希奧當船長，我和其他助手當船員。船裡的石塊和貨物占了很大的空間，我們幾個人擠在狹窄的空間裡很不舒服。

我向格瓦希奧表示，希望能盡快走完剩下的三英里路程，他們熱情周到的幫助，使我深感過意不去。然而他告訴我，因為狹小的海灣風力不夠，無法航行，所以船必須繞過海峽，才能繼續前進。

我們很快就離開了海峽，正好趕上微風徐來，險象環生的第二段路程就這樣開始了。

毫不隱瞞地說，在與聯絡處的人分別，我們正式出海之後，我的確有過十分焦慮的時刻。

如果我在離牙買加海岸三英里以內的地方被敵人捉住，我的名譽將毀於一旦；如果我在離古巴海岸三英里的地方被敵人抓住，那麼，我的性命將危在旦夕。

我當下唯一的朋友，只有這些船員和浩瀚的加勒比海而已。

再往北一百英里，就是古巴海岸，經常會有荷槍實彈的西班牙輕型軍艦在那裡出沒，他們擁有先進的武器，軍艦上裝有小口徑的火炮和機槍，船員們都配備有毛瑟槍（Mauser），比我們的武器強大太多了。這些是我後來才知道的，如果當時我們不幸與他們正面迎擊，幾乎是沒有機會逃脫的，他們輕易地就能送我們回到天父的身邊。

雖然如此，我還是必須要找到加西亞將軍，把信交給他才行！我只能硬著頭皮繼續前進！

我們的行動計劃是，白天就待在距離古巴海域三英里的地方，等到太陽下山，天色暗下來之後，就快速航行到某個珊瑚礁背後，一直等到天亮。

如果我們被發現，因為我們沒有任何的證明文件，我們的船可能

會被擊沉，敵人可能連審問都懶得審問。而裝有巨石塊的船沉下去非常快，就算有人找到我們的屍體，也解決不了什麼問題。

⚓ 遇見**西班牙軍艦**

現在是清晨，海面上的空氣很涼爽，我疲憊得正想躺在船上睡一會兒。突然，外頭傳來格瓦希奧的喊叫聲，我們全都站了起來。

原來在幾英里遠的地方，有一艘西班牙軍艦正逐漸向我們駛來。

軍艦上的人用西班牙語命令我們停下來。於是，船員們迅速地將船帆降了下來，除了格瓦希奧，所有人都躲進了船艙裡。我們的船長一副若無其事地靠在舵柄上，讓船頭和牙買加海岸保持著平行的狀態。

「他也許只會認為我是個從牙買加出海捕魚的漁民，就讓我們走了。」沉著的船長冷靜地說。

事實果然如他所料，當軍艦離我們的船很近的時候，對方艦上那位愛管閒事的指揮官用西班牙語對著格瓦希奧大聲喊道：「釣到什麼沒有？！」

我們的船長也用西班牙語回答：「沒有啊！今天早上那些可惡的魚就是不上鉤！」

如果這一位海軍軍官是更有經驗或意識者，只要稍微動動腦子，他就會抓到「真正的大魚」，那麼，我今天也就沒機會說這個故事了。

當西班牙軍艦遠離我們一段距離之後，格瓦希奧要我們重新吊起船帆，並轉過來對我說：「我認為危險已經過去了，如果先生累了想睡覺，現在就可以放心地睡了。」

接下來的六個小時，我睡了個安穩的覺。要不是那些耀眼的陽光搗亂，在我的眼前閃來閃去，或許我還會在石頭墊上多睡一會兒。那些與我同行的古巴船員用他們頗感自豪的英語問我：「睡得好嗎？羅文先生？」

這裡整天都是烈日炎炎，太陽把整個牙買加都曬紅了，碧藍的天空萬里無雲，牙買加就像是鑲在綠色翡翠當中的珠寶。島的南坡到處是茂盛的熱帶雨林，美不勝收；而島的北部則呈現出一片陰暗，看上去是那麼地荒涼。

此時，古巴上空開始被一大片烏雲籠罩著，雲層越來越厚，我們焦急地看著那一大片來的不是時候的雲，它絲毫沒有要消失的跡象。不過，還好風越來越大了，正好適合航行。

我們的船一路前行，船長格瓦希奧的嘴裡叼著一根雪茄，他愉快地和船員們開著玩笑。

⚓ 潛伏

大約下午四點，古巴天空中的大片烏雲才開始慢慢散去，天晴海闊。古巴島上的主要山脈馬埃斯特臘山脈（西班牙語：Sierra Maestra）頓時展現在我們的眼前。在金色陽光的輝映之下，馬埃斯特臘山脈顯得更加壯麗。

如此的美景就像是拉開了藝術殿堂的巨大布幕之後，眼前突然磅礡地展現了一幅出自藝術大師之手、無可挑剔的美麗畫作。鮮艷的色彩、高聳的山脈、廣闊的陸地與蔚藍的海洋，這一切的組合渾然天成，就像是構成一首美妙樂曲的完美音符！

　　這美不勝收的景色在世上其他地方再也找不到了！因為除了這裡，沒有哪一個地方在超過海拔八千英尺的高峰上，頂峰卻依然一片翠綠，同時周圍更有著綿延數百英里的綠色山脈。

　　這樣的讚嘆沒能持續太久，因為格瓦希奧已經下令收帆減速，我對他這樣的舉動感到不解。

　　格瓦希奧解釋：「我們離目的地比我預料的還要近，不管海上是波濤洶湧還是風平浪靜，我們都還在軍艦的觀察範圍之內。我們已經接近戰區了，必須要在公海上航行，避開敵人，保留實力。如果我們把船靠得離岸太近，有可能再次被敵人發現。但是我們已經沒有必要再冒這個險了，那只是白白送命。」

　　我們開始徹底檢修武器，格瓦希奧見我只帶了一支史密斯威森（Smith&Wesson）左輪手槍，於是又給了我一支威力強大的步槍。也許我曾用這種槍開過一次火，但是現在我思考著這是否還有用武之地。

　　船員們和我的助手都同樣拿著這種武器，他們各司其職，護衛著桅桿。

　　在此之前，我的旅程還算是有驚無險，然而現在正是我執行任務中的危險關頭，周遭潛伏著巨大的未知險況。一旦我被逮捕，就等同於赴死，也就等同於把信送給加西亞將軍的任務將徹底失敗。

　　我們離岸邊約有二十五英里，但是看起來卻像近在咫尺。午夜時分，船帆開始鬆動，船員們開始用槳划船，正好趕上一個巨浪襲來，沒有費多大力氣，小船便被捲入一個隱蔽的小海灣。我們摸黑把船停在離岸約五十碼的地方。

　　我建議大家立即上岸，但格瓦希奧設想得更為周到，他說：「先生，無論是在岸上、還是海上，都有我們的敵人，我們正處在腹背受

敵的狀態，因此最好還是原地不動。如果軍艦想打探我們的消息，他們一定會登上我們經過的珊瑚礁，等到那時候，我們再上岸也不遲。我們只要穿過昏暗的葡萄架，就可以光明正大地出入了。」

經過一段時間，籠罩在天邊的熱帶霧氣終於開始慢慢散去。我們可以看到大片的葡萄、紅樹林、灌木叢和刺莓，差不多都長到了岸邊，雖然看得不是十分清楚，但仍然有一種朦朧美。太陽從圖爾基諾峰（西班牙語：Pico Turquino）升上來，照耀在古巴山峰的最高處。剎那間，一切都明朗起來，霧靄消失了，籠罩在灌木叢上的黑影也不見了，而拍打著岸邊的灰暗海水更是魔術般地變成碧綠色了。

這是一次輝煌的時刻——光明終於戰勝了黑暗。

⚓ 踏上**古巴**

當其他船員們正忙著將行李搬運上岸時，我卻靜靜地站著發呆，因為我正思索著某位詩人所寫的：「夜晚點著的蠟燭已燃盡，歡樂的白天從迷霧茫茫的山頂上，靜靜地向我們走來⋯⋯」這樣一個清新的早晨，我佇立著，思緒卻不斷地翻騰。

格瓦希奧見我一動也不動地站著，便輕聲地對我說：「那是圖爾基諾，先生。」

於是，我的幻想很快就結束了，船已經靠岸了。

我定下神來，朝岸上望去，船上的東西已經全被搬下來了，我也下了船。我們乘坐的那隻小船被移到了一個狹小的海灣，然後被抬到岸上，藏進了叢林裡。

此時，有許多衣著破爛不堪的古巴人聚集在我們剛才靠岸的地

方。

「他們是從哪裡來的？」、「我們怎麼知道他們是不是友好的？」這些問題當時我沒能有時間仔細去思考，但是他們似乎接收到命令，要幫助我們搬運這些東西，他們之中有些人的身上能看出曾服過兵役的影子，有些人身上甚至還帶著槍傷的痕跡。

我們登陸的地方好像是幾條路的交會點，從那裡可以通向海岸，也可以進入灌木叢。往西邊走約一英里，可以看到從植被中冒出的小煙柱和裊裊的炊煙。聽說這些煙是從古巴難民熬鹽用的大鍋裡冒出來的，這些人從可怕的集中營裡逃出來，躲進了山裡。

我的第二段路程就這樣結束了。

⚓ 危機四伏

如果說，我之前的路途都是有驚無險的結局，那麼從現在起，我將面臨越來越多、且越來越靠近的危險。

西班牙軍隊當時無情地屠殺古巴人，這支軍隊的首領是韋勒，他是一個非常殘忍的獨裁者，被人們稱為「屠夫」。士兵只要發現攜帶武器的人，有時甚至在集中營外，只要被懷疑是可疑的人，就算這些人身上並沒有攜帶任何武器，士兵也都能隨意逮捕他們。

🔖 西班牙首相派遣以精明幹練著稱的韋勒（Valariano Weylery Nicolau）作為古巴總督。為了撲滅此起彼伏的游擊戰，韋勒首創了下一個世紀人盡皆知的「集中營」制度。韋勒將數十萬名古巴人趕出家門，集中到指定的營地加以囚禁，然後分別隔離盤查。集中營裡食宿惡劣，醫療缺乏，傳染病蔓延，很快就有成千上萬的人死去。此事

經過美國報紙加油添醋的報導之後，頓時在美國國內掀起抗議狂潮，韋勒也被美國人斥為「古巴屠夫」，要求政府出兵干涉的呼聲很快就高漲起來。

　　也因此我尋找加西亞將軍的任務也變得更艱難，然而，我對此已有非常清楚的認知，我沒有時間去過度思考這些危險性，我只能繼續走下去，因為我確實只能走下去！

　　這裡的地形比較簡單，通往北部的地方有一條綿延約一英里的平坦土地，被叢林覆蓋著。茂盛的藤蔓從這一頭爬到另一頭，糾纏密集且漫無邊際，就像是有一張巨大的綠色大網覆蓋在我們頭上。

　　這些人忙著開路，而古巴的道路網就像迷宮，唯有土生土長的當地人才能輕鬆地自由出入。炎熱的烈日不斷地烘烤我們，使我們相當灼熱難受。我真羨慕一起同行的夥伴，他們的身上沒有多餘的衣服。

　　沒花上多久的時間，我們便繼續前行。大海和山脈遮住了我們的視線，濃密的綠葉、曲折的小路、灼熱的陽光，使我們每前進一步都耗費很大的力氣。

　　這裡到處都是青翠的灌木叢，長得跟人一般高。此時，冷不防地有條大蛇竄出，似乎被我們一行人的腳步聲驚擾了，大蛇以迅雷不及掩耳的速度衝向我們，好在格瓦希奧反應靈敏，一個箭步就用手上的槍將牠驅逐走，大蛇迅速地逃進灌木叢中銷聲匿跡，這一切都發生的太快，我還來不及反應。

　　後來，當我們離開岸邊，到達山腳下時，就無法看到這樣的灌木叢景色了。我們很快就到了一個空曠的地方，意外地發現了有幾棵椰子樹，椰子汁新鮮又涼爽，對口渴得要命的我們來說，簡直是靈丹妙

藥！

　　儘管能暫時喘息，這裡卻不能久留，天黑前我們還得走上幾英里路。

　　之後，又翻過幾個陡峭的山坡，那些山坡都是需要攀岩才能前進的艱難程度，若非有格瓦希奧一行人的協助，我還真不知要多花多久的時間和體力才能越過山坡這道關卡，更別提途中差點兒就從懸壁上失手跌了下來。

　　後來，我們總算進入另一個隱蔽的空地。很快地，我們就進入了熱帶雨林真正的深處，這裡的路比較平坦，儘管察覺不到微風吹過，卻能感覺呼吸到了更清新的空氣。

⚓ 狹路相逢

　　穿過雨林之後，就是波蒂洛到聖地亞哥的「皇家公路」。

　　當我們接近路邊時，同伴們突然一個個地轉身，消失在叢林裡，轉眼之間只剩下我和格瓦希奧。我正要問他發生了什麼事，卻看到他將手指放到嘴邊，意思顯然是要我不要出聲，同時，示意我趕緊準備好武器，然後，他自己也消失在叢林裡了。

　　這時，傳來了馬蹄聲，還有西班牙騎兵的軍刀聲和偶爾發出的命令聲。我很快便明白了同伴們出現奇怪舉動的原因。

　　如果沒有高度的警覺性，我們早已走上公路，正好和敵人狹路相逢。於是我也敏捷地躲了起來，並將手指扣在步槍的板機上，屏氣凝神，隨時等待槍聲響起之後進行反擊。然而我什麼也沒有聽到，並且隊友們一個個都回來了，格瓦西奧是最後一個回來的。

「我們分散開來是為了給他們造成錯覺。一旦我們被發現，開起火來，他們聽到了這麼多處的槍聲，一定會以為中了我們的埋伏。」格瓦希奧帶著惋惜的神情說：「那將是一場漂亮的勝仗！但是，任務第一啊！」他笑了笑，繼續說：「遊戲第二！」

在古巴反抗軍時常經過的路旁，他們有個習慣，就是大家會撿拾一些乾柴，點起一堆火，然後將隨身攜帶的紅薯埋在火堆裡，烤紅薯。如果有其他隊伍經過，餓了就可以直接拿起來吃。那天下午，我們就碰到了這樣的一個火堆，我們每個人都吃到了一個香甜的烤紅薯。

吃紅薯的時候，我不由得想起了我們的民族英雄馬里恩（Francis Marion）和他的游擊隊。我的腦海裡突然出現了一個念頭，既然當年馬里恩和他的士兵們能夠靠著吃紅薯，最終贏得了戰爭的勝利，那麼這些為自由而戰的古巴人，在爭取民族自由精神的鼓舞之下，也一定能夠贏得戰爭的勝利。後來，我們埋了火堆繼續前進。

註 法蘭西斯‧馬里恩（Francis Marion），美國獨立戰爭時期的游擊隊將領，陸軍準將。生於南卡羅來納殖民地伯克雷郡聖約翰教區。一七八〇年英軍進攻南卡來羅納時，馬里恩率部轉戰各地，進行游擊戰，以機動靈活的戰術多次打敗敵人，由於在帕克斯渡口大膽營救被困的美軍，受到國會表彰。曾參加喬治城、沃森特堡、尤特斯普林斯等軍事行動，屢見戰功，一七八〇年底晉升陸軍準將，一七八二年在法爾拉恩成功伏擊英軍。他因戰術詭詐多變被英軍稱為「沼澤地的老狐狸」。

一想到這些，我便油然而生一種自豪感，因我此行的使命就是要

將情報傳達給他們的加西亞將軍，並盡可能地促成我們國家的士兵為了古巴人民的利益而參戰，進而幫助到他們。

⚓ 西班牙軍隊的**逃兵**

就在這一天的行程結束時，我注意到同行的人多了一些穿著明顯不同的人。

「他們是誰？」我問。

「西班牙軍隊的逃兵，先生。」格瓦希奧回答，「他們說因為不堪忍受軍官的虐待和缺少食物的飢餓，他們從曼查尼羅逃出來了。」

逃兵可能也有些用處，但是在這曠野之中，我對這些人抱持著懷疑態度。誰能保證他們當中沒有人會跑去向西班牙軍隊報告一個美國人正在穿越古巴內陸，並且明顯朝著加西亞將軍的營地前進呢？

敵人要是知道，難道不會想方設法地阻止我前去完成任務嗎？

所以，我對格瓦希奧說：「必須仔細審問這些人，並看好他們，我們在此逗留的期間，絕不能讓他們私自離開。」

「是的，先生！」他回答道。為了確保能順利完成使命，我下了這道命令。

後來發生的事件證明我是正確的，雖然無端懷疑那些人知道我的使命並不公平，但是，我的出現已經引起其中兩個後來被證明是間諜的人的警覺，還差一點要了我的命。

這兩人決定晚上逃出此地，穿過叢林，回報給西班牙軍隊：有人正在護送一位美國軍官！

半夜，突然的一聲槍響把我驚醒。我的床前出現了一個人影，我

一下子跳了起來，急忙閃開。

這時，又出現另一個人影，還沒等我反應過來，這個人就用大刀砍倒了第一個人，從右肩一直砍到肺部，被砍的人瞬間便倒在地上。後來，我發現被砍倒的人就是其中一個間諜。

這個不幸的人在臨死前招認，他和同夥談好，萬一同夥沒有成功逃出營地，他就會立即下手殺了我，以阻止我去完成什麼祕密任務。當他發現哨兵開槍把企圖逃走的同夥打死之後，他隨即展開了他的刺殺行動。

好在我們事先有所提防，在他刺殺我之前，負責保護我的人早已一步先將他砍倒。

⚓ 荒野之路

馬匹和馬鞍都是直到隔天的晚些時候才備好，因此使我們原定的出發時間稍微推遲了一些。計劃不能順利進行，我為此感到有些惱怒，但這無濟於事，因為馬鞍比馬匹更難弄到手。

我問格瓦希奧：「為什麼沒有馬鞍，我們就無法繼續行程？」

「加西亞將軍正在圍攻古巴東部的巴亞莫（Bayamo）」他回答，「我們還要走很遠才能到達他那裡。」

這也就是我們到處找馬鞍和馬匹的原因。

一個同伴看了一下分給我的馬匹，很快地就為我的馬備上了馬鞍，我非常敬佩這位嚮導的智慧，因為之後我們騎馬走了四天。

如果沒有馬鞍，我的結局一定很慘，因此，我要讚美這匹瘦馬，當牠套上馬鞍和馬蹄鐵之後，我敢說美國平原上的任何一匹駿馬都難

以和牠媲美。

離開了營地，我們沿著山路繼續往前走。

山路曲折，如果不熟悉道路，我們一定會在這片複雜的荒野之中陷入空轉的絕境，但是我們的嚮導似乎對這迂迴曲折的山路瞭若指掌，他們走在上面如履平地那般輕快。

不久之後，我們離開了一個分水嶺，從東坡開始往下走。這時候突然出現了一群衣著五顏六色的小孩和一位白髮披肩的老人向我們問好，隊伍停了下來。白髮老人和格瓦希奧交談了幾句，森林裡便出現了「萬歲」的喊聲，這是在祝福美國、祝福古巴，與「美國特使」的到來，真是令人感動的一幕。

我始終不清楚這些人是如何知道我的到來的，沒想到消息在叢林裡傳得那麼快，我的到來使這位老人和這些小孩十分高興。

在古巴的城鎮亞拉（Yara），山腳下有一條小河流向遠方，我們就在那裡紮營，這使我意識到這又是一個危險地帶。為了保護峽谷，那裡建起了很多像「戰壕」一樣的「防護牆」。如此，西班牙軍隊就無法從曼查尼羅（Manzanillo）攻過來了。

亞拉是古巴歷史上的聖地，從這裡發出了一八六八年至一八七八年的「古巴十年戰爭」第一聲的自由呼喚。

他們讓我把我的吊床懸掛在一堵防護牆的後面。順便一提，其實這並不是一個戰壕，而是一堵齊胸高的石牆。並且我還注意到，不知道他們從哪裡找來一名士兵，讓他徹夜守著這堵牆，格瓦希奧想必不願讓我的任務有任何失誤的可能。

註　十年戰爭（Ten Years' War）始於一八六八年十月十日。這一天古巴的「勇士將軍」

卡洛斯・塞斯佩德斯（Carlos Manuel de Céspedes del Castillo）和其他愛國者在其甘蔗園中宣稱古巴脫離西班牙獨立。十年戰爭是古巴三十年解放戰爭為爭取自由的第一仗，其他兩個戰爭是The Small War（一八七九年至一八八〇年）和古巴獨立戰爭（一八九五年至一八九八年）。而最後三個月的衝突升級，發展成了美西戰爭。

　　第二天早晨，我們開始攀登馬埃斯特臘山，這個山坡向北延伸，形成了這條河流的東岸。我們沿著已經風化的山脊向前行進，危險就潛伏在地勢低窪處，我們很有可能在這裡就中了埋伏，與西班牙的流動部隊開火。若在這裡遭到埋伏攻擊，我們就全完了。幸好這樣的險況並沒有發生。

　　我們沿著這條急流的岸邊向前行進，險象環生，彷彿只要一分心，這湍急的河流就會毫不留情地將人吞噬而去，因此，我的每一步都走得十分小心翼翼，深怕一失足就得葬身於此，而那封致加西亞將軍的信也將成為我這個罪人的陪葬品。

　　我必須說，在我的一生中曾看過許多虐待動物的場景，但是從沒看過如此殘忍的。

　　為了盡快走出峽谷的底部，我可憐的馬兒被我驅使著一會兒上去、一會兒下來，直喘大氣。我使勁地抽打著牠，我很不忍，但是沒有辦法，我必須盡快將信送給加西亞將軍。在戰爭的年代，成千上萬的人都處在性命交關的時刻，幾匹馬兒的疼痛又能怎麼辦呢？我為我的殘忍感到慚愧，但是我沒有多愁善感的時間。

　　讓我欣慰的是，最艱難的一天終於結束了。

　　我們在基巴羅森林邊緣的一個小木屋前面停了下來，屋子被一片

玉米田包圍著，橡子上掛著新鮮的牛肉，廚師正忙著準備一頓大餐，歡迎我這位「美國使者」的到來。

負責人向在場所有人宣布我的到來之後，大家便開始享用晚餐。那頓晚餐有新鮮的烤牛肉，還有麵包及湯，可說是極為豐盛。

⚓ 目的地就在眼前

幾乎是剛吃完豐盛的食物，就聽到一陣騷動聲傳來，森林邊上出現了說話聲和陣陣的馬蹄聲。

原來是瑞奧將軍派卡斯楚上校代表他來歡迎我，他告知我瑞奧將軍和一些訓練有素的軍官將在早上趕到。接著，卡斯楚上校又跳上了馬背，動作就像賽馬員那樣迅速。他使勁地抽了一下鞭子，像來的時候一樣，他又像閃電一般地疾速離開了。

他的到來使我確信，我又遇到了一個經驗豐富的好嚮導。

第二天，瑞奧將軍在卡斯楚上校的引導之下也來了，將軍送給我一頂標示「古巴生產」的巴拿馬帽作為見面禮。

瑞奧將軍被稱為「海岸將軍」，他的皮膚黝黑，顯然地，他是印第安人與西班牙人的混血兒。他的步履矯健、身形挺拔，就像個運動員。在他的管轄範圍之內，曾多次成功擊退西班牙人的進攻。

他的消息來源與對事態發展的準確直覺，總是顯得那麼地神祕。

他將那些反抗軍已躲藏起來的家屬轉移陣地，並保護好他們，這是非常艱難的任務，然而，他每次都能處理得很好。並且每次敵軍有什麼行動，他都能事先獲得可靠的情報，進而做出相應的部署。西班牙軍隊想進入森林除掉古巴反抗軍，每次都是無功而返，因為瑞奧將

軍擅長採用游擊戰術，一次又一次地瓦解了敵人的進攻。

瑞奧將軍這次另外派了兩百名騎兵護送我，如果當時有人看到我們，就會發現這些排成一列縱隊的隊伍有多麼地龐大。我相信，這是一支訓練有素的隊伍。藉由森林的掩護，我們快速地前進，隱沒在馬埃斯特臘山的叢林裡。

道路相對來說算是平坦的，但是一路上卻遇到了幾條溪流，而且溪岸很陡。這條路特別窄，經常有樹枝斜出來擋住了我們的去路，甚至劃破我們的皮膚，因此，我們得不斷地收拾從馬背上掉下來的東西。

但是，我們嚮導的步伐居然一樣地平穩，這讓我不得不驚訝。我走在隊伍的中間位置，但是在接下來的一次過河時，我特意加快速度，走上前去，細細打量了這位嚮導。

他叫迪奧尼思托，皮膚簡直像炭一樣黑，是古巴反抗軍中的一名中尉。他能騎著快馬找出前進的道路，在漫無邊際的森林中自由穿梭。他使用大砍刀的技術也令人驚訝，每當前方已無路可走的時候，他就會用那把大刀披荊斬棘，硬是為隊伍開闢出一條能走的道路，使狹小的空間立刻變得開闊起來，他看起來就像永遠不會疲倦似的。

四月三十日晚上，我們來到巴亞莫河畔的瑞奧布伊，離巴亞莫城還有二十英里。那天晚上，我們剛把吊床拉好，格瓦希奧就出現了，他臉上露出滿意的微笑，雀躍地說：「加西亞將軍就在巴亞莫城。而現在西班牙軍隊已經撤退到考托河（Cauto River）一帶，我們的後方警衛已經在考托河碼頭警戒。」

我實在是急於見到加西亞將軍，因此提出了晚上趕路的想法，但是在他們討論之後，認為這樣做並無濟於事。

515034

一八九八年五月一日是「杜威日」，當我還在古巴的叢林裡熟睡時，我們強大的海軍正在馬尼拉灣向西班牙艦隊發起進攻。當我正在給加西亞將軍送信的路程上時，我們的大炮已擊沉了西班牙軍艦，威逼菲律賓的首都。

註 美西戰爭爆發前夕，主持美國海軍工作的海軍助理部長西奧多・羅斯福（Theodore Roosevelt）選定了喬治・杜威將軍（George Dewey），任命他為美國亞洲分艦隊的總司令。在香港的杜威將軍後來奉命率艦隊前往菲律賓的馬尼拉和西班牙作戰，馬尼拉海戰的結果是西班牙完全從菲律賓撤離。杜威將軍的勝利是一八一二年以來，美軍與外軍作戰的首場軍事勝利。

隔天一大早，我們上路了，從山坡上往下就直達巴亞莫平原。這裡原先幅員遼闊，景色優美，然而現在卻是一片滿口瘡痍，到處都是戰火後遺留下來的廢墟，就像是從來沒有人在這裡居住過一樣。這些廢墟見證了西班牙軍隊對這一塊美麗的土地所犯下的滔天罪行。

當到達平原時，我們已經在馬背上行走了大約一百英里，這裡的野草有一個人那麼高。烈日當頭，酷熱難耐，然而為了完成我的使命，我們一步也不能停留。

「目的地就在眼前了，我的使命就快要完成了！」一想到這些，我所有的疲憊與壓力都在瞬間煙消雲滅了，連我那匹因盡忠職守而筋疲力盡的馬兒都似乎感受到了我們急切又滿心期待的情緒。

我們終於來到了曼查尼羅往巴亞莫的「皇家公路」上，途中遇到了許多衣衫襤褸卻興高采烈的人們，他們正在往城裡奔去。嘰嘰喳喳

的交談聲使我聯想到在叢林裡遇到的那些鸚鵡，然而，他們終於可以返回自己曾被驅趕出去的家園了。

從河東岸的帕拉勒約到城鎮並沒有很遠，巴亞莫原先是一個擁有三萬人口的城市，但是現在卻變成了一個只有兩千人的小村莊。

在巴亞莫河的兩岸，西班牙人建了很多碉堡，這個城市被包圍在這些碉堡當中。當我們踏上這裡，首先映入眼簾的就是這些小要塞，尤其引人注意的是，這些要塞裡面的餘燼還沒有熄滅。這是古巴人返回這曾經繁榮的山谷時，將這些碉堡付之一炬的結果。

我們很快就上岸排好了隊伍，格瓦希奧站在隊伍的最前頭，給士兵們訓過話後，隊伍便再次出發。

我們在牽馬匹過溪流的時候，暫時稍作了停留，為的是讓那些戰馬趁機多喝些水，再吃些溪邊的青草，為跑完最後的旅程儲備一些能量。(在此，我從那天出版的當地報紙上注意到了一段話——古巴的將軍說：「美國羅文上尉的到來，已讓古巴軍民感到群情激昂。)

幾分鐘之後，我終於見到了加西亞將軍。

在這次漫長的旅途當中，時時刻刻都充滿著未知的危險，我的使命隨時都有可能無法完成，因為我隨時可能死於看不見的敵人之手。

然而，我確實完成了任務。但其實，我只完成了不到一半！因為我還須把加西亞將軍提供的情報帶回美國，這就更重要了！

⚓ 終於見到加西亞將軍

當我到達加西亞將軍的指揮部外頭的時候，看到了古巴的旗幟在飄揚。在這種地方以這樣的方式見到一位讓廣大人民所信任的人物，

對我來說是非常榮幸的。

　　我們紛紛下馬，排成一隊。將軍認識格瓦希奧，所以衛兵讓格瓦希奧進去了。不一會兒，格瓦希奧和加西亞將軍一起走出來，將軍熱情地歡迎我，並邀請我與助手進去。

　　將軍將我一一介紹給他的部下，這些軍官們全都穿著白色軍裝，腰間佩帶著武器。將軍對我解釋，他很抱歉出來晚了，因為他正在看從牙買加古巴軍人聯絡處寫來的信，這是格瓦希奧代為送來的。

　　幽默無所不在，在聯絡處寫來的信裡，他們稱我為「一個密使」，但是翻譯人員卻將它翻譯成「一個自信的人」。

　　早飯過後，我們開始談論正題。

　　我向加西亞將軍說明：我所執行的行動純屬軍事任務，離開美國時，總統已要我帶來了書信——內容為總統與作戰部都急於明白有關古巴東部形勢的最新情報（美方已經向古巴中部和南部派遣兩名軍官，但是他們都沒能到達目的地）。最為要緊的是，美國必須了解西班牙軍隊占領區的情況，包含西班牙的兵力數量和部署、敵方的指揮官，特別是高級指揮官的性格如何、以及西班牙軍隊的士氣如何，與整個國家、各地區的地理條件和道路情況，總之期望可以提供給美方諸多相關的軍事情報。當然，最重要的是美軍與古巴軍隊聯合作戰的計劃。我還提出，美國政府希望我能有時間全面了解古巴軍隊的各種情況，以便於彼此協同配合。

　　加西亞將軍思考了一會兒，便和所有的軍官先離開，只留下他的兒子加西亞上校陪伴我。

　　大約下午三點鐘，將軍回來告訴我，他決定派三名軍官陪同我回美國，他們都在古巴生活多年，個個出類拔萃、訓練有素、久經考

驗，也十分了解自己的國家，並且知識淵博，完全有能力回答前述所提出的各種問題。我沒有必要自己留在古巴調查情況，因為我可能花上幾個月也不一定能夠得出完整的報告。現在時間已經非常緊迫，必須盡快讓美國獲得情報，這樣對雙方才更有利。

加西亞將軍接著進一步向我談到，他的部隊需要武器裝備，特別是可以用來摧毀碉堡的大炮等重型武器，他們如果有了這些重武器，就能更集中攻擊敵軍的碉堡。一談到彈藥，加西亞將軍表示，目前他的部隊十分缺乏彈藥，並且由於士兵們所使用的步槍口徑不一，使得彈藥補給工作非常困難。他認為若要使這個問題容易解決，最好全面採用美國的制式步槍，以重新武裝他的部隊。

加西亞將軍派了部隊裡一位赫赫有名的指揮官——庫拉索將軍，以及熟悉該島的赫爾納德茲上校與非常了解當地各種疾病情況的維雅塔醫生隨我一起返回，另外還有兩位熟悉北部海岸的兩名水手將隨同我們。加西亞將軍補充道，如果美國方面決定給這支古巴部隊提供他們所需要的軍事裝備，那麼陪同我的這幾位古巴人到時候就能在往回運送物資的過程中發揮作用。

我還能再問一些其他問題嗎？還能再問一些其他事情嗎？在這長途跋涉的九天裡，我走過了各種地形，我的腦海裡一直裝著許多問題，我多麼希望有機會能好好看一看古巴的土地，但是有了加西亞將軍如此周密的安排，為了不辜負將軍殷切的期望，面對將軍的問話，我的回答正如他的問題一般地簡潔：「沒有問題，將軍！」我必須不辱我的使命，圓滿完成任務才行。

加西亞將軍有著敏銳的洞察力，憑藉著他的指揮與對時局的掌握，他的英明建議不僅使我免除了再多幾個月的勞累，並且還能在極

短時間內為我的國家獲得更多、更詳盡的情報，也為古巴獨立戰爭贏得了寶貴的時間。

隨後的兩個小時裡，我受到了他們非正式的熱情款待，宴會從五點鐘開始，結束之後，他們通知我護送我的人已經等在門口。我走到大街上，發現隊伍裡沒有看到原先和我一同前來的嚮導和同伴。我問他們格瓦希奧在哪裡，於是，格瓦希奧和從牙買加來的隨從一起出來了，原來格瓦希奧想陪我一起回美國，不過加西亞將軍沒有同意，因為南部海岸的戰爭還需要他，而我卻是要從北部返回。

我向將軍表達我對格瓦希奧與他的船員們的感激之情，我以純拉丁式的擁抱與將軍告別，然後我騎上馬，與加西亞將軍的三位軍官一起向北疾馳。這時，我聽到了耳邊傳來三聲響亮的歡呼聲。

我終於把信交給了加西亞將軍！

⚓ 回國之路

送信給加西亞將軍的路程充滿了未知的危險，然而返回美國的路程與之相比，顯然更重要，但也更凶險。

在我返國的路程中，由於美西戰爭已經爆發，有為數眾多的西班牙士兵四處巡邏，在每一個海灣、每一個岸邊、每一條船上都可能遭遇到突發的危險，他們的大炮隨時都可能會轟擊可疑目標。而身負重任的我一旦被發現，就意味著死亡的到來，因為我必然會被當成一個敵後出現的間諜來對待。

面對著這片咆哮的大海，我不再認為成功就是一次的遠航，其背後的真實是連續不斷地、一次接著一次的艱苦航程。

當然，我們需要懷抱著信心繼續努力，否則我的任務就會功虧一簣，這可是關係到戰爭勝敗的極大關鍵。雖然在廣義上來說，只有人民能幸福的生活，戰爭才算是真正勝利的結束。

一路上，同伴們和我都有著相同的恐懼，我們都提心吊膽，保持最大的警覺，不敢有絲毫的懈怠。我們穿越古巴，極其謹慎地向北邊前進，來到西班牙軍隊控制下的考托河碼頭，這裡是航線的樞紐，對西班牙的炮艇來說，這裡是航行的要道。

我們來到一個外形像瓶子的馬納蒂（Manati）港口，發現港口的一側，沒有西班牙軍隊的碉堡，不過駐守在那裡的士兵荷槍實彈，時時監視著港口內的情況。只要西班牙軍隊知道我們的到來，我們就肯定徹底完蛋。我們有些猜疑，難道西班牙人已經知道我們到了這裡？一切還是謹慎為好，有誰能夠想到，幾個肩負重要使命的人偏偏就選擇這個港口登船起航呢？

我們用於這次航行的是一艘小船，容量為一百零四立方英尺，我們將黃麻袋縫合在一起，作為船帆使用，每天只有定量煮熟的牛肉和水。借助這艘小船，我們將向北航行一百五十英里，以到達新普羅維登斯島。

想像一下，在敵軍掌控的水域範圍內，敵軍的裝備精良，並且到處都有速度奇快的巡邏艇來來去去，而我們卻要借這一艘輕舟之力，穿過這片廣大的水域，這其中的危險性該有多大，我們都明白。然而，必須完成任務的使命感讓我們無所畏懼，同時這也是我們完成使命的唯一途徑。

然而，這艘小船並無法承載我們全部六個人，因此，維雅塔醫生與一名水手騎著馬返回巴亞莫。

就在我們準備啟程的時候，暴風雨突然降臨，一時之間海面上波濤洶湧，我們不敢貿然下水，但是就算在原地等待也同樣危險，因為現在時值滿月，一旦強風將雲霧吹散，敵人就會發現我們的行蹤，這可如何是好？

我心裡只有一個念頭，我希望嘗試去掌握命運的人是我們自己。

晚上十一點時，我們四人決定啟航，此時天空烏雲密布，遮住了月光，掩護了我們的身影，敵人理應無法發現我們。我們各就各位，一人掌舵，三人划槳，使盡全力向前划進。慢慢地，總算遠離了敵人的要塞，已經看不見了，或者更精確地來說，要塞裡的人還沒有發現我們，但我們仍不敢輕舉妄動。因為不難發現，當我們在水上冒險前進時，大炮正張著嘴，似乎隨時都會向我們開火，我們隨時都可能聽到大炮的轟隆聲或者機關槍的噠噠掃射聲。

我們的小船在浪濤中不斷地搖搖晃晃，就像水中的蛋殼那般無所適從，只能任由浪濤擺佈，好幾次都險些翻船，好在經驗豐富的水手了解水性，加上裝在船裡的壓艙物經過了考驗，我們總算又逃過一劫，暫時衝出了險境，可以繼續航行。

然而，時間一拉長，極度的疲憊與單調的航行讓我們幾乎都要睡著了。沒過多久，突然一個巨浪向我們打來，小船差一點被打翻，弄得滿船都是水，這下子，誰都睡不著了。在漫長的黑夜裡，我們急忙用水桶將漫到船裡的海水不停地往外舀去，渾身都被海水浸濕，整夜的舀水工作使我們更加精疲力竭。

就在這時，遠處的海平面上有一輪紅日開始綻放出光芒。

掌舵的同伴舉目遠眺，突然對我們喊了起來：「你們快看呀！！」

每個人的心臟都猛烈地跳動起來，臉上失去血色，完全不知如何

是好。

是不是西班牙軍艦正迎面而來？如果是的話，我們真的在劫難逃，無一倖免。當我正絞盡腦汁思考該怎麼應對這種危急狀況時，突然聽到一個同伴開始用西班牙語喊叫起來：

「Dos vpores, tres vapors, Caramba！doce vapors！」我的同伴們也開始跟著附和。

難道真的是西班牙戰艦嗎？

啊！上帝保佑！它竟然是美國桑普森（William T.Sampson）將軍率領的艦隊！他們正準備前去攻擊波多黎各的聖胡安……

我們每個人都鬆了一大口氣，驚魂未定。

接著整整一天都是豔陽高照的好天氣，在太陽灼熱的烘烤之下，我們仍然得一刻不得閒地將濺到船裡的海水給舀出去，每個人都不敢放鬆，也沒辦法睡一會兒覺。即使附近有美國的艦隊經過，同樣道理，西班牙的巡邏艇也可能會隨時出沒在那附近，如果我們真的不幸被西班牙巡邏艇發現，肯定會落到他們手中，未來是生是死，我們都心知肚明。

當那一天的夜幕終於降臨時，我們四個人都已疲憊不堪，但仍然不能休息片刻。因為沒想到天黑之後，海風越刮越大，浪頭也越來越高，濺到小船裡的海水自然也越來越多。為了不讓這條小船沉沒在一望無際的大海裡，我們也跟著陪葬，眼前唯一的選擇就是繼續不斷地用水桶將船裡的水往外舀去。

隔天，也就是五月七日的上午十點鐘，我們的小船終於航行到巴哈馬群島的安德羅斯島。我們把船靠到岸邊，四個人總算可以登陸做短暫的休息。

　　當天下午，在十三個巴哈馬黑人船員的協助之下，我們徹底地檢查和清理了小船。這些黑人說著我們聽不懂的語言，我們不明白他們的意思，好在還有手勢是通用的。很快地，我們就裝好了僅有的物品，有一些豬肉罐頭，還有一把手風琴。我雖然疲憊到了極點，但依然睡不著，刺耳的手風琴聲使我無法入眠。

　　五月八日下午，當我們向西航行時，不幸被檢疫官注意到了，他將我們隔離並關到了豪格島上，因為他們懷疑我們也許得了古巴的黃熱病（yellow fever）。

註　黃熱病（Yellow Fever），俗稱「黃傑克」、「黑嘔」，有時又稱「美洲瘟疫」，是一種急劇性病毒傳染病。過去，它曾導致過一些毀滅性的投疫，現在雖然早已有特效疫苗，但在某些非洲或南美國家，此病仍是敗血症的重要起因。由於黃熱病的死亡率高與傳染性強，已被納入世界衛生組織規定之檢疫傳染病之一。

　　五月九日，我得到來自美國領事麥克萊恩先生的口信。

　　五月十日，在麥克萊恩先生的安排下，我們獲釋了。

　　五月十一日，這艘小船終於駛離了碼頭，我們終於又可以開始航行。

　　當我們到達佛羅里達海域時，可就沒那麼幸運了。五月十二日這一天，終日無風，小船無法順利航行，直到夜幕低垂才有微風輕輕吹動。

　　五月十三日早上，我們才順利到達基韋斯特。

　　那天晚上，我們乘火車到坦帕，又在那裡換乘火車，前往華盛頓。

我們終於在預定的時間到達目的地，我不敢有絲毫耽擱，因此立即向戰爭統帥部的祕書羅素・阿爾戈彙報了詳細情況。他在聽了我的講述之後，隨即讓我帶著加西亞將軍所派來的人手再向米爾斯將軍進行統一彙報。

　　米爾斯將軍在聽聞我的報告之後，寫了一封信給統帥部，他說：「我推薦美國第十九步兵部隊的一等上尉安德魯・羅文晉升為騎兵團中校。羅文上尉歷經艱險，穿行古巴，與反抗軍領袖加西亞將軍成功取得聯繫，並在古巴反抗軍的協助之下，為美國政府帶回最有價值的情報。羅文上尉發揚了英雄獨立作戰之精神，表現出了英勇無畏的精神和沉著機智的作風，他的事蹟將成為戰爭史上少見的模範先例。」

　　之後，我在米爾斯將軍的陪同之下，參加了一次內閣會議。當會議結束時，我收到了來自麥金利總統的賀信，他感謝我將他的願望傳達給了加西亞將軍，並高度評價了我的表現，而賀信中的最後一句話是：「你圓滿完成了一項了不起的任務！」

　　我認為，我完成了一個軍人應完成的任務，正好也是我職責之內的任務。

　　而一個軍人的天職就是──「不要問為什麼，就是服從命令。」

　　我已經把信送給了加西亞。

自 25年前至5年前，台灣補教界傳奇名師王擎天博士，以其「保證最低12級分」的傳奇式數學教學法轟動升大學補教界！但更為傳奇的故事是王博士5年前不再親授數學課程，卻成立了王道增智會投身入成人培訓志業！會長王擎天博士，是台灣地區唯一以100單位比特幣「挖礦」成功者，至今於兩岸三地創辦了19家文創事業，期間又著書百餘冊，成為兩岸知名暢銷書作家。

王道增智會下轄十大組織，其中「擎天商學院」共有28堂秘密系列課程，上過此課程的會員們均稱受用匪淺、受益良多，尤其對創業者與經營事業者均能高效幫助他們在事業上的成長，可謂上了這28堂秘密系列課程之後，勝過所有商學院事業經營系學分之總合！

雖然擎天商學秘密系列內容豐富實用廣受學員歡迎，然而這28堂秘密系列課程只限王道增智會500名會員能報名學習，更可惜的是王道增智會僅收500人。以至於即使佳評如潮、推薦不斷，受惠者也僅只有500名會員。因秘密系列如此可貴，創見出版社深感如此有效度與信度之內容若不能與人分享太可惜，便和王博士情商合作，由總編輯親率編輯團隊與攝錄製團隊，傾全社之力，耗費兩年時間全程跟拍擎天商學院全部秘密系列課程，出版了整套資訊型產品：包括書（紙本與電子版）、DVD、CD等影音圖文全紀錄，以書和DVD的形式來嘉惠那些想一窺28堂秘密課程的讀者們，才有了這套書的誕生！

此外，套書、DVD、CD並額外贈送價值不菲的多種課程票券，讓有心學習的讀者都能免費進場，可說是難得一見的好康，機會不把握就沒有下次了！

《成交的秘密》是28堂秘密課程的首本著作，融合王博士向大師學習成交心得與多年實戰經驗精華，買了這本書，就等於上了多位世界級銷售大師的菁華課程，你絕對不能再錯過！感恩。

我們應當學習羅文的卓越精神——卓越就是比別人想得更多，冒更多的風險，有更多的夢想，經歷更多的磨難。選擇過完美的生活，努力達到目標，做自己想做的夢，你會成功！請你，把信送給加西亞吧！

⚓ 尋找像羅文這樣的人

距今一百多年前，為了填補一本即將出版的雜誌的一處空白，有一個人撰寫了一篇關於一位美國軍官的短篇文章，然而就是這篇看起來無關緊要的文章，後來竟成為了印刷史上銷量最高的出版品之一，它就是《把信送給加西亞》。

至今這篇文章已被翻譯成各種國家的語言在世界上廣泛地流傳，總發行量大約已超過數億份。

然而，這篇文章的背後關鍵意義到底是什麼？為什麼能在全世界引起如此大的轟動呢？

一八九九年，阿爾伯特·哈伯德為一本名為《菲利士人》的小雜誌寫了一篇文章。

起因於某天晚餐時，哈伯德與他的家人討論起美西戰爭，大家都對古巴反抗軍的領袖加西亞將軍讚不絕口，滔滔不絕地談論他在古巴戰役當中取得勝利的關鍵戰役。但是，哈伯德的兒子波特卻提出了不同的個人意見。

「在我心中，」波特認真地說，「這場戰爭的真正英雄不是加西亞將軍，而是羅文上尉，就是那一個把信送給加西亞將軍的人。」兒子的話讓哈伯德為之一振。

於是，哈伯德一揮而就，寫成了《把信送給加西亞》的原始短文，文章隨著雜誌而印刷出版。後來，要求加印的訂單越來越多，雜誌社漸漸應付不過來了，看著這些如雪片般飛來的訂單，哈伯德感到困惑不已，他問道，為什麼人們會對這一期的雜誌如此地感興趣？最後，當他知道正是那一篇為了填補空白的文章時，他震驚不已！

訂單十萬份、五十萬份、甚至一百萬份，最後，哈伯德不得不將重印版權授權給那些訂單數量極大的人，因為他的印刷廠能力有限，根本無法承擔如此巨大的印刷數量。

為什麼這麼多人對這個不知名的安德魯‧薩姆斯‧羅文上尉如此地感興趣呢？

最關鍵的原因就在於，無論處於哪一個年代，每一個國家、每一個企業、每一個人，都在尋找像羅文這樣的人才，一個不達使命絕不放棄的人才！

⚓ 世人皆安於平庸

一八九五年，古巴，位於加勒比海的一個島嶼，正為了從西班牙的殖民統治當中爭取自由而努力奮戰著。

西班牙軍隊占領了古巴，野蠻地奴役著人民，古巴人民急切地渴望獲得自由。

美國始終密切關注著古巴的形勢轉變，這不僅只是因為古巴在地理位置上臨近美國，更是因為美國在古巴也有不少的投資與經濟利益。

到了一八九七年，古巴的形勢更加惡化，導火線源於古巴民族主義者與西班牙士兵在哈瓦那大街上發生衝突，引起了大規模的暴亂。美國總統麥金利因而派遣緬因號軍艦駐守古巴，作為美國政府在古巴境內的顯著標誌。

這艘停靠在哈瓦那港的美國軍艦，明顯地要向西班牙政府表明，美國政府會盡力保護美國在古巴的諸多利益。緬因號軍艦之所以停在

哈瓦那港，主要發揮著威嚇西班牙的作用，並沒有進行任何反對西班牙政府的軍事行動。

然而，一八九八年二月十五日，突發的爆炸事件擊沉了這艘駐紮在哈瓦那海灣的戰艦，爆炸地點在距離美國海岸不到一百英里的地方，此次爆炸事件被認為是公開挑釁的行動，因而激怒了美國人民，麥金利總統於是向西班牙政府下達了最後通牒——從古巴撤離。

四月，美國對西班牙正式宣戰，最終，這場戰爭不但為古巴贏得了民族獨立，同時，菲律賓群島的宗主國也從西班牙變成了美國。

然而，就在美國對西班牙宣戰前夕，麥金利總統會見了美國軍事情報局局長亞瑟‧瓦格納上校。麥金利總統問：「在哪裡能找到一個可以幫我把信送給加西亞的人呢？」古巴反抗軍與美國的合作是此次戰役是否成功的關鍵，因此，盡速和古巴反抗軍的首領克里斯托‧加西亞將軍取得聯繫就顯得至關重要。

加西亞將軍正在古巴島上的某處，他帶領著他的游擊隊在叢林裡為爭取民族獨立而作戰。西班牙軍隊對他恨之入骨，但是沒有人知道他具體躲藏在什麼位置。

但瓦格納上校卻毫不猶豫地對總統說：「華盛頓有一位年輕軍官，名叫羅文，上尉軍銜，這個人可以幫您送信。」

一個小時之後，瓦格納上校站在羅文面前，對他說：「年輕人，你現在必須去送一封信給古巴的加西亞將軍，他可能在古巴島東部的某個地方……你必須自己安排這次的行動，所有的任務只靠你一個人去完成。」後來，瓦格納上校一邊和羅文握手，一邊重覆地說道：「一定要把信送到加西亞將軍的手中。」羅文接過信後，一句話也沒多說，就開始了尋找加西亞將軍的危險旅途。

羅文最後不但將信送給了加西亞將軍，還帶回了極重要的關鍵情報給麥金利總統。羅文當時並沒有追問瓦格納上校：「加西亞將軍在哪裡？」、「他長什麼樣子？」、「要怎麼才能跟他聯繫上？」、「怎麼樣才能順利到達那裡？」他只是接受命令，完成了他應該做的事。

在我們之中，有像羅文一樣的人嗎？

我們之中有不問上司任何問題，就能把信送給加西亞將軍的人嗎？

有沒有不需要老闆指導，就能自己完成工作的人呢？如果沒有，那麼，這位老闆恐怕就得要自己做了。

是否有這樣的人？讓他去完成一項任務，等到下一次再見到他時，他會說：「那一項任務我已經完成了，還有其他需要我做的事情嗎？」

我們在哪裡能找到像這樣的人呢？

誰能找到一個像羅文這樣的人呢？

究竟誰能把信成功送給加西亞呢？

當然會有這樣的人，但是非常稀少。也許現在就有像羅文一樣的人正在閱讀這篇文章。總有一些人非常優秀，優秀意味著非凡，這些人不僅會完成別人要求他們做的事，甚至他們還能做出超出別人期望的程度，他們往往不斷地追求卓越，把事情做得盡善盡美。

一百多年前阿爾伯特‧哈伯德寫成的文章，看起來就像今天剛完成的，不是嗎？

也就是說一百多年以來，人們其實並沒有發生多大的改變，是嗎？

每當我們交給他人一項任務時，很常見地，我們會被問上一大堆

的問題，這時候我很容易會對自己說：「這傢伙沒辦法把信送給加西亞……」或者「我看，還是我自己做比較快……」

能把信送給加西亞的人不多，因為大多數的人都只滿足於平庸，達到的僅僅只是平均水準。

對此我經常難以理解，可以說是不明白人們為什麼會選擇安於平庸。因為只有你決心成功，你才會獲得最後成功的果實。

一個人之所以成功，是因為他選擇了生活，而不是生活選擇了他。我們每個人每一天都在為自己做選擇，當然你可以選擇得過且過的生活，也可以選擇一種追求盡善盡美的生活，一切都取決於你自己。

⚓ 耶穌與無花果樹

哈伯德曾經看過《聖經‧馬可福音》中的一個故事：

耶穌和他的門徒在經過一段艱難的跋涉途中，感到又累又渴。耶穌走到了一棵漂亮的無花果樹面前，因為樹上沒有結任何的果實，耶穌就詛咒了這棵樹。第二天，當他們一行人再次路過這棵樹時，門徒發現，這顆樹已經枯萎死掉了。

當哈伯德再次讀到這篇故事的時候，他注意到了一些以前閱讀時沒有發現的細節。這篇故事提到，耶穌他們路過的那一棵無花果樹並沒有結果實，這是因為當時的確不是結果實的季節。

很明顯地，哈伯德不禁想問：「上帝啊！你不覺得你對這棵樹的懲罰太過嚴厲了嗎？因為，在那個季節無花果樹還沒結果實是非常正常的啊！」

　　當天深夜，哈伯德從睡夢中突然醒來，上帝正在對他說話，祂說：「如果你所做的一切都是等待順其自然地來臨，那麼，人們就不會記得我了。」

　　上帝不希望我們只做那些「自然而然」的事情，不希望我們只做「習以為常」的事情，他希望我們去做那些超越平凡和舒適生活的事情。對人們來說，「順應自然」就意味著「平庸無奇」，而「平庸」是上帝希望人們最後做的一件事。

　　耶穌藉由那棵沒有結果實的無花果樹，來教導人們應該如何去行動，他希望那棵樹不但能夠多產，並且要一年四季都結出甜美的果實。

　　註 以色列的無花果樹一年可以收成兩次果子，第一次約在五至六月，第二次約在九月至十月。春天時，無花果樹的樹枝會出現綠色的小苞蕾，稱為「paggim」，是可以吃的，但不怎麼好吃。這些初萌芽的果實在四月時還會存留，最後變成無花果。無花果樹長滿果實、葉子和花朵，都會在同一個時期出現。到了五、六月，無花果會漸漸成熟。當你看見無花果樹長滿了葉子，就一定會有可以吃的苞蕾、果子和花朵，如果看見一棵長滿葉子的無花果樹，卻看不見果子，這通常是不正常的。

　　當時，耶穌與門徒來耶路撒冷要過逾越節（四月十五日），無花果受咒這件事發生在逾越節的前幾天，是四月的第一個星期，無花果樹已經長滿了葉子，應該也長了果，就算沒有成熟的果子，也應該長有苞蕾和花朵才對。雖然初長的幼果、苞蕾並不可口，但要吃還是可以吃的。然而，這無花果樹竟然沒有苞蕾、果子、花朵，只有葉子，

耶穌認為這無花果樹並沒有盡到應有的結果責任。

如果我們有能力做得更好，為什麼要選擇平庸呢？

如果你可以在一年之中的某一天結出豐碩的果實，那麼為什麼不充分利用這三百六十五天的每一天呢？

為什麼我們只能做別人能做的事情，而不能有所超越呢？

如果一個世界冠軍總是選擇順其自然的話，那麼他就不可能在奧運競賽中用洪荒之力奮力一搏，因為他必須超越過去的紀錄才能贏得閃亮的金牌。人們應該厭倦平庸，而百年前的《把信送給加西亞》這篇文章裡提到了：

近年，我們聽到有許多對「在血汗工廠中被老闆剝削的工人」與「連低薪工作都不可得而陷入生活困境的人們」表示同情的人，並且他們將那些身居高位的人罵得體無完膚。

然而，關於許多雇主盡其一生的努力都沒能讓某些懶散的員工積極起來、做有益於企業的事情，卻沒有人幫忙說一句話，也沒有人提及這些雇主長期地付出心力去教導那些只要他一轉身就可能會投機取巧、混水摸魚的員工……

我是否說得過於嚴重了？可能如此。

但是，就算整個世界都變成了貧民窟，我也必須要為成功者說幾句客觀的話……我敬佩的是那種不論老闆在或不在都會持續認真工作的人。當你交給他一封致加西亞的信時，他會立刻接受，並不會問其他任何多餘的問題，更不會隨手將信扔到路邊的水溝，而是全力以赴地把信送到目的地。這樣的人永遠不會被解雇，也永遠會有其他老闆來爭取他。

所謂的文明，就是為了尋找這種人才的一段長遠的進化過程。

這種人不論想要達成任何事物，他最終都會獲得應有的結果。

這種人在每一個都市、鄉鎮、村莊，在每一個辦公室、商店、工廠裡，都會受到他人的歡迎。正因為世界上非常需要這種人——一個能成功執行任務、把信送給加西亞的人。

記住，永遠不要說別人對你的期望超過了你對自己的期望，如果別人在你的工作之中挑出了錯誤，那正是你不夠完美的地方，你不需要再尋找理由，就坦然承認自己沒能做到最好，不要試圖為自己辯解，試著面對現實，你會有所成長。

當我們可以變得更完美時，為什麼要滿足於平庸呢？

我已經厭倦了關於聽到人們說：「我對自己沒有更高的要求，因為那不是我原本的個性。」他們可能還會說：「我的個性和你不一樣，不像你那麼地敢作敢為，那不是我的作法。」

對於這些說法，我的回答是：「改變。」

真的，這只是個決心問題，下定決心改變它吧！

⚓ 僕人的金幣（馬太效應）

在《聖經》中，有一篇文章提到了「優秀」這個主題，其蘊含的意義非常深遠。

《馬太福音》中寫道：有一個人準備去旅行，在臨走之前，他把他的三名僕人召集起來，並將自己的財產委託給他們保管。

他給了第一個僕人五枚金幣，給了第二個僕人兩枚金幣，給了第三個僕人一枚金幣，他是根據每個人的能力來分配的。

得到五枚金幣的僕人用他所分得的金幣去做生意，結果又賺了五枚金幣回來；同樣地，分得兩枚金幣的僕人也賺到了另外的兩枚金幣；只有那一個分到一枚金幣的僕人將主人的這枚金幣埋了起來。

過了一段時間，主人回來了，他跟這些僕人結算帳目。

分得五枚金幣的僕人把自己所賺得的另外五枚金幣也帶來了，主人說：「做得好，你是個優秀、忠實、可靠的人！你以前掌管的事太少，從今天起，我會讓你掌管更多的事情。現在就來和我一起分享快樂吧！」

接著，分得兩枚金幣的僕人也帶著自己賺來的另外兩枚金幣來了。主人說：「做得好，你是個優秀、忠實、可靠的人！你以前掌管的事太少，從現在開始，我會讓你掌管更多的事情。現在就來和我一起分享快樂吧！」

後來，分得一枚金幣的僕人來了，他說：「主人，我知道你想成為一個強者，想收穫沒有播種的土地、想收割沒有撒種的莊稼。我很害怕，於是就將你的一枚金幣埋在地底下，現在，我把它還給你。」

主人聽了之後，說道：「你是個既缺德又懶惰的人，你既然知道我想收穫沒有播種的土地、想收割沒有撒種的莊稼，那你就應該把錢存在銀行裡。這樣，等我回來的時候，至少我可以得到屬於我的本錢和利息。」

因此，你可以從一個人那裡拿到一枚金幣，送給有十枚金幣的

人。那些擁有越多的人，你給他們越多，他們就會越富裕。但是，那些貧窮的人，他們甚至會連自己現有的東西都會丟掉。這一個可憐的僕人原本認為自己會獲得主人的讚賞，因為他沒有弄丟主人給他的那一枚金幣。他認為，自己沒有弄丟或者輸掉這枚金幣，就已經成功地完成了主人交付給他的任務。

然而，他的主人卻不這麼認為，他希望自己的僕人能夠優秀一些，而不是只能做那些順其自然的事情。他希望他們能夠有所創造、超越平凡，其中就有兩名僕人做到了——他們將主人給自己的金幣價值翻了一番！而那個駑鈍的僕人的想法就是「得過且過」，於是在最後沒有任何作為。

在我的經驗當中，我遇見的多數的打工仔（編按：中國內地及港、澳，將領別人薪水者皆稱為「打工者」或「打工仔」。）都抱持著這種心態——我只要把那些不得不做的事情做完就可以了，我不需要或打算把每件事都做得盡善盡美。

思考一下，你是如何對待自己所被交付的事物？你是周遭的人做多少事，你就做多少事的類型嗎？你的想法是否和那個駑鈍的僕人有幾分相似？

華納・馮・布朗（Wernher von Braun）是美國國家航空暨太空總署的太空研究開發項目的主設計師，他主持設計了阿波羅四號的運載火箭農神五號（Saturn V），他所監造發展的三節式火箭的垂直高度超過了三十六層的大樓。

華納・布朗曾說：「農神五號有五百六十萬個零件，即使我們有99%的把握，我們仍然可能會出現五千六百個缺陷。不過，阿波羅四號

計劃在進行演習時，只發生過兩次異常現象，這就說明其可靠性是99.999%。如果一部由一萬三千個零件組成的汽車具有同樣的可靠性，那麼，第一次出現異常情況將在一百年以後發生。」

為什麼我們的汽車不能製造得和農神五號火箭一樣地精準呢？當然是因為美國航太總署把農神五號火箭的品質放在了一個比汽車工業更高的標準上，雖然產品明顯屬於不同類向，然而我們應該向美國航太總署學習那樣追求最高標準的處事態度。

⚓ 下定**決心**後，做出**選擇**

「上帝，請賜給我們像羅文一樣的人吧！」

上帝期望我們追求完美，也就是為自己設定一個高於他人的標準。我希望你問問自己：

「我能把信送給加西亞嗎？」

「如果有人告訴我，他藏在古巴叢林裡的某個角落，我能把信送到他手中嗎？」

「如果我不知道他長什麼樣子，不知道去哪裡能找到他，我還能把信送給他嗎？」

如果你一心只想著成功，那麼，你就會找到成功的道路；如果你下定決心要成功，那麼，你就一定會成功！

現代人都善於尋找藉口，總是能為自己沒能下定決心去做的任何事情找到各種理由來搪塞。為什麼我們就不能默默地接過一份工作，然後將它完成得盡善盡美呢？人們總是會告訴我一大堆他們之所以無法完成這項工作的各種理由。

　　嘿！去做一個像羅文上尉的人，下定決心之後，就做出選擇吧！

　　當然也許有些事情會拖累我們，使我們在過程中深陷困境。然而，有時候即使知道自己已踏入泥沼之地，我還是會不自覺地繼續匍匐前進，直到到達目的地。甚至我經常會懷疑自己是否能超越他人，但是至少，我不會停止前進，我不願意停止前進。

　　我不會輕言放棄，因為「放棄」不在我的選項裡。我一定會去挑戰矗立在我面前的任務。因此，我在生活中的每一個領域，都希望做到盡善盡美。

　　即使不慎跌倒，我也必須從地上再爬起來，但是我會記得抖落塵土，繼續嘗試，直到完成的那一刻！

　　如果有人要我送信給加西亞將軍，我知道我一定能送到。你可能會認為我在自吹自擂，然而事實上這不是自吹自擂，而是「自信」。我知道的是，如果你給我一封信，對我說：「把這送給加西亞將軍。」我敢保證，我一定就會紮紮實實地送到他手上！

　　我也想讓你送一封信給加西亞將軍，而且就要你做到最好！

　　如果有人對你說：「像你這種人，一輩子就只能這樣子了……一定不會有什麼成就……」你可千萬不要相信這些謊言，因為那些人告訴你的消極想法，根本無關乎你的人生發展。

　　只要下定決心，成功就等於1%的靈感加上99%的汗水。

　　只要願意嘗試，就一定能夠到達目的地。

　　你願意下定決心，選擇出色地完成任務嗎？

　　把信送給加西亞，你已經準備好了嗎？

　　在我的公司的櫃臺後方（位於新北市中和區中山路二段三六六巷十號十樓，歡迎參觀。）有著這樣的標語──

「如果你認為你是對的，你就該去做。如果你有理想，切莫讓現實挫折了你。如果你因為堅持自己而孤獨，你就該孤獨！自反而縮，雖千萬人吾往矣。」

卓越就是比別人想得更多，冒更多的風險，有更多的夢想，經歷更多的磨難。

選擇過完美的生活，努力達到目標，做自己想做的夢，你一定會成功！

請你，把信送給加西亞！

筆者王擎天與公司標語合影。

王博士
演講或企業內訓邀約

王博士身為亞洲八大名師之首，多年來巡迴兩岸、星馬、香港演講，其知性與理性的各領域獨到之見解，已在北京、上海、吉隆坡、台北、台中……等華人地區講演數百場，想一聽王博士分享精采絕倫的成功之道嗎？

歡迎各大學術機構、企業、組織團體邀約演講&企業內訓！

意者請洽

✦ 電話：（02）2248-7896 ext.306馬小姐

✦ 傳真：（02）2248-7758

✦ E-mail：chialingma@mail.book4u.com.tw

Chapter 4
潛力人才的特質

我們應當學習羅文的性格特質——我們必須對目標永保追尋的熱忱，因為對目標有發自內心的興趣與永不停歇的熱忱，自然會累積豐富的相關知識，自動自發、甚至廢寢忘食地尋求，活力十足而毫不懈怠。

⚓ 發掘真實天賦

　　和羅文上尉的熱忱與決定目標後便一心一意的個性不同，傑森在三十多歲時還是一事無成，問題的根源在於他二十多歲時的性格。與其他同事不同的是，在二十二歲至二十五歲的三年之間，傑森的性格未曾受到外在的考驗。理工科出身的學生經常在個性的外在發展比較緩慢，理科本身的性質導致了工程師式的思維模式。

　　更糟的是，當傑森踏進這個階段之後，他在很長的時間裡並沒有主動做出什麼改變，較為嚴謹的理工科教育妨礙了他去嘗試多重的社會角色，以便從中選擇出一個真正適合他自己的職業。

　　因此，至今他仍然選擇腳踏兩條方向相反的船，也就是工作技能與性格相反的兩條船。

　　他在工程方面的熱情還未能達到能夠從事富有創意或研發工作的程度，然而他也尚未培養出從事表演或推銷事業所必備的性格和技能。與其他有相同狀況的人比較，這是一個典型的案例，那些腳踏兩條船的人都會漸漸變得只是一味地追求升遷與加薪。

　　但是，受過理工教育的人卻具有行銷的潛力，這在企業界是相當難能可貴的，可惜的是，他們通常並不知道。因為，一提到科學或者工程，就會聯想到任何事情都得講求客觀（所謂操作型定義是也），然而一個出色的業務人員如果想要有好的表現，就必須八面玲瓏、人見人愛，這對理工科出身的人來說，簡直是不可能的任務。

　　因為，「喜不喜歡」一定是十分主觀的感受，舉例來說，你喜歡的對象，別人可不見得就喜歡。

　　念理工科的學生在校可能比較容易忽略富感受性的生活層面，這

或許能幫助他們將精力集中在主修學科上，然而，當畢業後踏入社會工作時，就得開始面對與人為伍的真實生活了。

因此，有銷售天分的人即使決定不去運用這天分，也能了解這事實，並處之泰然。但是這些人在日後的工作過程中必然會遭遇到阻礙，久而久之，他們會發現每當遇到狀況時，自己都自然而然地運用了這樣有利的天分，例如：遊說的技巧，甚至贏得競爭對手敬佩的能力，都不自覺地表露出來，特別是在他們無法靠真功夫，如工作表現等來求得晉升，因而屢遭挫折的情況之下，更有可能轉而發揮這方面的才能。

也許有人會問，這些人是不是原本就可能對銷售有興趣呢？當然，是有不少人轉入了行銷或公關的領域，但是他們往往覺得有些不對勁，或是認為這種工作沒什麼職業尊嚴，不是那麼看得起這種工作。

雖然如此，就像企業需要管理與產品開發的人才一樣，企業也確實需要銷售的專業人員，負責將大量的產品及服務推銷出去，進而賺取利潤，公司才能生存下去。

像傑森這樣的人，最後會遭遇到困難的原因有二：首先，一開始因為只是急於表現，所以根本不了解自己的長處在哪裡；其次，就算知道，也可能不喜歡依既定的專長去求發展。

以傑森為例，他受過工程師的訓練，並接受了這一行的價值觀，他想以自己所受的教育作為晉升的籌碼。但是如果他發現自己能夠引以為傲的不過只是他天生的說服力時，一定會感到非常失望。

一位在他任職公司兩年期間的親密伙伴指出：「傑森非常聰明，很能創新，只是每當他經手一個專案時，總會留下一些爛攤子，我們

得替他收尾。他根本不會縝密地思考他的計劃，很多時候只是一時衝動地脫口而出，他實在應該找位經理替他好好處理才對。」當他聽到這些話時，著實嚇了一跳，他認為他不需要一位經理，因為他自己想要成為具有這樣能力的角色。

主修人文、社會或藝術的人，對人類發展的人性因素一定不陌生。有趣的是，某些原先主修戲劇而後進入企業界的人，反而使人們更加了解造成傑森事業危機的各種原因，因為這些人發展事業的方向正好與傑森相反，他們經過了多方面的努力，以儲備更多實務上能發揮的工作技能，而這些技能都是較難以客觀標準來衡量的。

而尼克，他與傑森是兩種完全不同的類型。

尼克曾經花了五年的時間學習如何以更低廉的價格為公司做好採購工作。他被分派在採購部門任職，憑藉著敬業精神，他為公司找到了好幾百種產品的低價供應商。尼克沒有什麼技術背景，就他的職位來說，也不需要什麼特殊的技術背景，他只要根據其他部門的需求來決定從何處購買所需物品就行了。

還有一點對尼克來說是相當有利的，那就是他為公司省下了多少錢，每個人都可以清楚地看出來。尼克二十九歲時，就開始負責公司裡三分之一的採購業務，那一年，他就替公司省了八十萬元。當時公司的執行副總裁聽到這個消息之後，立刻晉升他的職位，他們兩人過去不是朋友的關係，平時也很少聯絡。尼克後來更是靠著自己的本事受到了高層主管的賞識，僅僅三十六歲就當上了公司副總裁，這個職位在當時已有十萬美元的年薪。

假設一個人明明在某一方面有天分，卻始終自認為另一方面才是他的專長，那麼時間一久，就很有可能會發現自己的雙腳已橫跨在日

漸分離的鴻溝之上，這是非常危險的，因為沒有什麼人能長時間同時腳踏兩條船而不摔倒的。

人們若能在二十幾歲的時候多進行一些嘗試，確定自己在各方面的能力，那麼在許多年之後，便會使每個人的成就產生很大的差別。

一個人知道自己具備了一種技能，這並不表示他就會非常熱心地去運用，因為有更多的人會在日後發現，有其他更適合自己的職涯未來方向。例如有某個人，他原本就對運動相當拿手，但在日後卻拒絕了可能成為職業運動員的機會，反而進入了醫學院，目標變成了當醫生。因此，了解自己的長處絕對是相當重要的。

那麼當自己的長處與事業上的進展產生衝突時，應該如何抉擇呢？

如果為了要順利晉升，便自然而然地使出個性上的技巧，那麼，這種手段不會永遠都奏效。相反地，我們應該在適當的時候，全心全力地提升務實的工作技能。

這裡要注意的是，如果一個人已經竭盡所能地去做，卻始終沒能成功，那麼，最實際的策略就是先暫停下來，省思一下，這條路是不是真的適合自己走。

世事的改變，有可能使你手上的一副好牌突然間就變成了壞牌，但這並不意味著必敗無疑，只要你抱持著將壞牌打好的決心和信心，就能突破重圍，使問題迎刃而解，最終獲得想要的結果，這也是羅文之所以成功完成任務的原因。

⚓ 讚揚過去的成就

夢想、希望、激勵、友誼、競爭、目標達成後的快樂，多少年來，「進取精神」已經成為人類挑戰極限與積極向上最寶貴的財富，在羅文上尉的身上更是表露無疑。

當人們成功地達成受指定的或者自行決定嘗試的任務時，他們會將眼光放得更高，並不以過去的成就自滿。他們擔心退步因而所產生的焦慮是他們敦促自己保持前進的有效方法。

來看看下面這個故事：

「昨日的一切都已經過時了。」漢娜四十歲時說。

「當別人都在奮力地往前跑時，你卻在原地踏步，」艾迪在四十二歲時說，「很快地，你就望塵莫及了，我得一直保持前進才行。」

三十多歲的時候，艾迪和漢娜一直希望能超越自己二十多歲時的成就。然而當他們一過了四十歲，卻不願再去回顧自己三十多歲時的情形，他們試圖讓過去的一切都隨風而逝，因此對過去十年間的任何良好表現，他們就像是站在高樓的屋頂上俯視街道，總認為那是陳舊而微不足道的。

對於工作完全漠不關心的人當然也有他們自身工作上的問題，但是由於他們一開始就不是那麼關心自己的工作或公司，因此每當有人在晉升的過程中從他們的身邊歡欣而過時，所帶給他們的「苦惱」就會比我們想像得來得少。雖然他們也會注意到職場上經常會發生的「晉升的是別人而不是我」的困擾，然而他們並不認為這值得他們付出更多的努力。

也有一些人，他們工作的成就動機很高，這些人不斷地否定過去

的一切，以作為保持今日強烈工作欲望的手段，然而這致使他們一無所有地走進明日。當他們還年輕時，可以這麼做，因為他們的目標焦點在未來；但是到了中年，特別是晚年的時候，這種做法就很不積極了，因為這會使他們既沒有最後退守的據點，也沒有任何值得一談的光榮成就，這樣的人如今不在少數。

如果一個人從一開始就無視於過去成就的存在，那麼他將永遠無法再使自己過去的成就受到注意，或者將它視為一種成功。其中的原因很值得我們去深入了解，因為人們的記憶都會深受事件發生當時的情感所影響，如果這樣的情感很強烈，就越有可能在事後記住當時的過程與感覺。

反之，如果僅僅只是發生了一件事情，並沒有激發出任何情感，既不快樂，也沒有感到悲傷，那麼就很容易被人們所遺忘，也就是說，「情感」可以幫助人們記憶。

人們若想讓過去的成就留下鮮明的痕跡，以此增強自信心，可以做以下兩件事：

一、在當下就紀錄下來，否則事後可能連找都找不到，更談不上快樂、讚美了。

二、我們必須相信，讚揚現在和過去的成就，並不會阻礙未來的進步。

暫停片刻，讓自己可以對所達成的成就留下印象，這不但不會阻礙我們對於目標的進行，反而更能有所幫助，因為暫時的休息可以消除過多自我要求的壓力，使事情進行得更有效率。

我們常說，過猶不及，皆不妥當。維他命A就是一個典型的例子，維他命A可以預防夜盲症，但服用過量卻會引起皮膚炎或頭痛、肝臟與

脾臟腫大、骨骼及關節疼痛，甚至孕婦若攝取過量，則容易產下畸形胎兒。

長久以來，人們對於「激勵」也有類似的想法，適當的激勵是必要的，有助於人們的進步，就像羅文在路程中經常做「自我激勵」；然而激勵過度卻會導致停滯不前，有相當多自認為激勵不足的人，實際上是已經過度激勵了，很自然地，他們更嚴厲地鞭策自己，而結果往往只是使自己的處境更加惡化而已。

所以，不要總是習慣性地否定自己的過去，肯定自己，才會更有未來、更有衝勁！

如果我們能容許自己讚揚一下過去的成就，未來的表現一定就會大不相同。例如，當我們正賣力進行某個專案時，固然應該專心地去達成，但是在工作接近完成的時候，尤其是在幾個星期、幾個月之後，花點時間欣賞一下自己已經完成的部分是很重要的。甚至如果是個相當大型的專案計劃，就更值得在每一個階段完成之後這麼做。

當你在慶幸自己剛完成工作時需要特別注意，免得招致他人的嫉妒。在這個社會競爭非常激烈，過度高調的自誇只會使同事或上司生厭，他們可能會認為這個人是在要求升遷或讚賞。因此，每當計劃告一個段落或者接近尾聲時，記得自己稱讚一下自己、為自己鼓一次掌。畢竟，這是你自己的記憶，而不是別人的。

你要能不斷地激勵自己，別將生命中的每一個階段逐一丟棄。

在每次的工作完成之後，稍停片刻，欣賞自己的工作成績，將自己的辛勞一次次地烙印在心上，會對你未來的工作表現更有幫助，真正的成功也就不遠了。

⚓ 喚醒沉睡的積極之心

如果一個人無論是在卑微的職位上，還是在重要的崗位上，都能以一種服眾、誠實的態度，表現出他完美的執行能力，那麼這樣的人一定會是全世界企業的最佳用人選擇，這也是羅义所教導我們的。

有一個關於工作的妙言：

有人問一個員工，他會為他的公司工作多久？

那名員工微笑地回答：「永遠，直到公司有人警告要解雇我。」

有許多人都在抱怨自己的工作，這毋庸置疑。《今日美國》（USA Today）曾有一篇報導指出：有52%的人表示，他們有太多的工作要做了，來不及表示他們對工作的滿意度。準確一點來說，覺得自己有工作負擔的人當中，有65%的人是對他們的工作明確表示不滿意的，只有35%的人很少或幾乎沒有對他們的工作明確表示滿意或不滿意。

人們通常會認為多數人都想做最少的事情、拿最多的報酬。後者是理所當然的想法，不過實際情況是：在沒有足夠事情做的員工當中，超過一半的人都不滿意自己的工作，這些不滿意包括了他們認為自己的時間、天賦和能力沒能得到充分的發揮。

在生活中，總是很少時候能讓你對自己滿意得說：「今天很好，我上班並多做了一些事，我對此感覺很好，對自己的表現也感覺很好。」最重要的一點在於──當員工工作的時候，應該要能有效地發揮自己的專業，富有效率的一天能讓人們產生與日常的懶散相比所不能給予的滿足感與成就感。

因此，一個總是忙於工作、富有成效的員工對於他的工作很可能是十分滿意的，同時，他也不太有理由再轉到別的地方求職了。

有兩個分別名為臧、谷的年輕人，皆以放羊為生。某天傍晚，他們兩個人卻不約而同地空著手回到村裡……

村人們見到這種情形，連忙問臧：「你負責放的羊群呢？牠們到哪裡去了？」

「我在樹下看書看得太專心，一不小心，就讓羊給跑了……」臧吞吞吐吐地回答。

村人們接著又質問谷究竟是怎麼回事。

谷很難為情地說：「我一面放羊，一面和別人賭博，一個不留神，羊群就跑光了！」

雖然因為臧、谷二人在放羊的同時，各自在做不同的事，導致了羊群的走失，這似乎言之有理。

然而，身為牧羊人的兩人所放牧的羊群，竟然因各自的怠忽職守而走失，一時之間忘了羊群主人託付的牧羊人，可說是自己拿了石頭砸了自己的招牌。

但是，讀書的臧有比賭博的谷更有道理嗎？

或許我們有足夠的能力為自己的一時糊塗、罔顧誠信之道的行為找出千萬種理由。但是，不論我們如何地粉飾太平，所有事情的結局終究都只能回歸「真實」。

俄國思想家托爾斯泰（Leo Nikolayevich Tolstoy）曾說：「謊言從來沒有合理的藉口。」

美國北卡羅來納州夏洛特市的中央皮德蒙特社區學院（Piedmont Community College）校長東尼‧蔡司博士（Tony Zeiss）經過研究指

出，最令人滿意的員工和面試者的性格特徵是「積極的態度」與「優於凡人的執行力」，而最容易獲得晉升機會的員工都有著優秀的工作表現，並能顯現出良好的與人合作的個人素質，對組織也都能表示忠誠。

此外，能將公司的困難看成自己的困難的員工，往往較能獲得晉升的機會，而培養積極的工作關係能力與領導的才能也有助於工作上的成功。

同時，快樂的人比一般人或消極的人更有機會晉升，當然這樣的人身心也都更健康。而三十歲以下的人比任何其他年齡組的人都更快樂，對自己的工作也更加滿意。

據研究，世界排名前六百名的CEO當中，有100%的人認為幽默感對他們的事業有積極的幫助。而其中95%的人表示，在其他條件都相同的情況之下，他們會選擇雇用一個有幽默感的員工。

員工的態度與顧客的滿意程度、員工的工作效率之間有著直接關聯，所有員工共有的態度則會影響到公司整體的士氣和生產效率。

一個人之所以成功，在很大程度上取決於自己的思考方式，也就是，你用什麼樣的方式思考，思想就以什麼樣的方式來引導你。其實，每個人天生都有著積極思考者所具有的熱情、正直、信心、決心等性格，只是這些性格有時在某種程度上被環境所掩蓋了。

因此，想出色地工作，就需要把自己變成一個積極的思考者與強力的執行者。重新審視自己對自身品格的看法，鼓勵自己充滿自信地工作，並享受快樂工作的樂趣，就像羅文在任務當中也曾沉醉於美景與美酒一樣，進而在工作上發揮自我的專業與最大的潛能。

⚓ **熱情**使你更加**出色**

有一種工作狀態叫做「熱情」，這種狀態能夠使人像是催足馬達似地往前衝。

古往今來的一切成功之士，無不滿懷熱情地投入他們的工作，我們可以說，熱情與成功有著不解之緣。

美國西南航空公司的總裁赫伯‧凱勒爾（Herbert Kelleher）是創造神話的傳奇人物，他的公司從未摔過一架飛機，從未辭退一名員工，也從未發生過嚴重的勞資糾紛。

航空公司有著燃料價格高漲、乘客數量起伏、利潤緊縮、競爭激烈的各種挑戰，這使得美國各航空公司的營業額止步不前。然而，在美國航空業一片蕭條之中，一家規模很小的航空公司卻異軍突起，這就是西南航空（Southwest Airlines）。

西南航空總部設立在德克薩斯州達拉斯市，在你走進他們公司的時候，你將驚訝於每個員工都活潑喜悅，牆壁就像是家庭相簿，貼滿了員工們各種春風滿面的照片。在接待廳裡有一面玻璃，上面刻著公司的宣言：「開發全體員工不屈不撓的精神、無窮無盡的能量與奮發向上的意志，繼而煥發出走向輝煌的希望之光。」

凱勒爾是一個很特別的人，喜歡說故事，把自己當成被嘲笑的對象。在經營上，凱勒爾的許多想法也非常地古怪、幽默又逗趣。

有一次，聖安東尼奧的海洋世界公園開幕，為慶祝此一盛典並

515034

吸引乘客，凱勒爾便決定將旗下的一架飛往聖安東尼奧的波音七三七客機漆成殺人鯨模樣的外觀。他還曾經讓服務人員裝扮成馴鹿和小矮人，讓飛行員一邊透過揚聲器唱著耶誕頌歌，一邊輕輕地搖動飛機，這樣的可愛舉動使得機上趕回家過耶誕節的乘客們都開心不已。

凱勒爾可以喊得出他底下許多員工的名字，而下屬也多半親切地稱他為「赫伯大叔」或「赫伯」。他要求客機的服務人員動動腦筋，多在飛機上舉辦一些別出心裁的活動，例如，比賽誰哈哈大笑的時間最久、玩超級比一比傳遞訊息、對腳上的襪子破洞最大的乘客給予獎勵等等，這些小活動使得簡陋的西南航空班機內洋溢著輕鬆快樂的氣氛。相較於那些以地毯鋪地、服務人員彬彬有禮、乘客危襟正坐的豪華客機機艙裡，乘客的拘謹感多於放鬆感。

西南航空的一位機長表示：「每一位機組人員都為自己從事的工作感到愉悅，獨特出眾的表現使乘客愛上了我們的航班。」

凱勒爾曾說：「西南航空的商業模式，也就是不斷地開闢兩個城市之間的短程航線的經營方式，當然可能被抄襲，但是我們的企業文化絕對難以複製。」

西南航空的企業文化表現在許多地方，例如：新人都要被訓練成卡拉OK的歌王歌后，公司裡更有凱勒爾的示範影片，他唱了一首歌：「我的名字叫赫伯，是一個討人喜歡的傢伙，你們每個人都會瞭解我，希望你能喜歡我的歌。」西南航空有一本名錄，標題為《我們多采多姿的領導者們》，內容收錄了各個高層管理人員的特寫照片，每張照片都是他們搞怪可笑的瞬

間，簡單卻清楚地展示了他們工作之餘的繽紛生活。

西南航空發現了一個極為簡單的真理，工作時充滿樂趣的員工很少抱怨工作的辛勞和額外的加班加點。為了慶祝凱勒爾的生日，員工們集資了六萬美元在報紙上作了整版的廣告來感謝凱勒爾——「為了一個朋友，而不是一個老闆。赫伯，生日快樂。」

此外，凱勒爾更認知到了一個許多管理者都可能忽略的問題——那就是，有些人天生就比他人親切和樂觀。凱勒赫認為，就算要培訓一般人提供親切且周到的服務是有可能的，但那也會是一件艱鉅的任務。因此，西南航空在招聘時，會特別注意篩選掉那些天生個性較為不快樂和不外向的人。

因為有許多面對人群的工作，例如：乘務員、售貨員、推銷員和客服人員，這些工作如果讓天性積極的人來做，會表現得更加出色。而一些負責招聘的人資部門人員認為，快樂的員工是可以被創造出來的。他們花費了大量的時間設計出具激勵性的工作任務、工作環境或誘人的福利報酬方案，以鼓勵員工更加地樂觀親切。此外，他們投入了大量資金用來進行調整行為的培訓。然而，這些努力卻大多都付諸東流了，而最偉大的工作態度便是——快樂地執行。

赫伯‧凱勒爾的做法是明智的，如果你想要充滿活力、快樂的員工，就應該在招聘的過程中特別注意在這個性格特質上，將較消極的、不能適應環境的、較不符合你所期待的員工篩選出去，因為這些特質的人可能不足夠熱愛他的工作，而不熱愛就會沒有執行力！

在一個晴朗的午後，大衛走在街道上，忽然想起自己得買雙短

襪。至於為什麼只想買一雙？這是無關緊要的。

大衛看到了一家襪店，就走了進去。

一個年紀看起來不到十七歲的少年店員向大衛招呼，「您要什麼，先生？」、「我想買雙短襪。」少年的眼睛亮閃閃的，話語裡充滿了熱情地說：「您知道您來到的是世界上最好的襪店嗎？」這一點，大衛倒沒有意識到，因為他真的只是偶然走進這家襪店的。

「請跟我來。」少年雀躍地說。大衛跟隨他來到店裡的後半區，少年便從不同的貨架上搬下來了許多的盒子，將裡面的襪子一一展示在大衛的面前，讓大衛挑選。

「等等，小伙子，不用那麼麻煩，我只要買一雙！」

「這個我知道，」少年說。

「不過，我還是想讓您看看這些襪子有多精緻，縫線有多漂亮，真是太棒的襪子了！」少年臉上顯露出喜悅，像是向大衛分享他所信奉的宗教哲理。

大衛十分驚訝，對這位店員的好奇遠遠超過了買一雙襪子的目的。

大衛詫異地看著他說：「我的朋友，如果你能一直保持這樣的熱情，如果這熱情不只是因為你感到新鮮，或者因為得到了這個全新的工作——如果你能每天如此，將這樣的熱情保持下去，我想不到十年，你便會成為美國的短襪大王。」

大衛對這位少年做銷售的自豪感與滿懷喜悅的心情感到驚訝，我們對此不難理解，因為在許多時候，顧客都得靜候店員的招呼。當有

一位店員終於屈尊注意到你時，他臉上的表情可能會讓你感覺到「你打擾了他」，因為他不是正沉浸在自己的沉思當中，怨恨你打斷了他的思考，就是正在和人聊天，讓你感受到你不該打斷他們正在興頭上的談話，彷彿就像是你應該向他道歉一樣。

無論是對你這個顧客，還是對他為了領薪水而得努力去出售的貨物，他都已經毫無興趣、毫無留戀。然而就是這麼一個現在看來冷漠無情的店員，當初也可能是滿懷著熱情和期待開始他的新工作的，只是年復一年枯燥乏味的苦差事使他無法繼續忍受，新鮮感也徹底被磨損掉了，他只能在工作之餘，才能再度找到一點快樂。他成了一個傀儡，變得無能、無感，他發現其他比他有工作熱情、有衝勁的年輕店員晉升了，漸漸都超越了他，他感到沮喪、氣憤，但是他已走到最後的階段，似乎看不到希望了。

我們必須對目標永保追尋的熱忱，因為對目標有發自內心的興趣與永不停歇的熱忱，自然會累積豐富的相關知識、自動自發甚至能廢寢忘食地尋求、活力十足而毫不懈怠。當年李遠哲在歐洲的實驗室裡，日以繼夜地進行化學實驗，正是熱忱讓他最終獲頒諾貝爾獎，也是熱情使然，讓他成為歐洲最大的實驗室裡，最有執行力的化學家！

成功者往往主動積極進取，他不需要別人為他指派任務，因為他自己會主動積極地去執行！小至一個企業部門內平庸的員工，往往在做完分內之事後就認為「事情已經做完了，可以偷偷摸魚了」然而，成功者會主動找有意義的事情做，怎麼可能讓「事情做完」呢？

就像是國際級的品牌會去指揮臺灣、深圳、東莞等代工廠的動作，而代工廠（尤其是OEM等級）只是被動地接受命令而已。因此，很明顯地看得出主動者通常是成功者，而被動者往往只能賺取一些蠅

頭小利罷了。

　　因此，我們在內在方面要做到：要有強烈的企圖心，也就是充滿著極度渴望的正能量，才能認真投入；外在的執行力方面，不要找任何藉口，所謂成功者找方法，失敗找藉口是也。更要能突破框架，突破自我大腦思維的限制。

　　所謂的「熱情」就是朝思暮想，做夢都想，時時刻刻都想，而且，一想起就熱血沸騰，那才叫做「目標」。熱情能讓你非常努力地工作，做任何事都是全身心的投入，還能持續地堅持永不放棄。若有一件事讓你覺得「有的話很好，沒有也無所謂」的話，那一定不是你的熱情之所在。反之，如果你很願意去做一件在責任與義務之外的事情，那麼熱情可能就出現了！也就是說，轉折點將出現在──有沒有什麼事讓你感覺非做不可？如果不做會終身遺憾的？

　　有目標的人在奔跑，沒目標的人在流浪；有目標的人在感恩，沒目標的人在抱怨；有目標的人睡不著，沒目標的人睡不醒；給人生個夢，給夢一條路，給路一個方向。因為生命只有奮鬥出來的精彩，沒有等待出來的輝煌。

　　然而，不要試著由最終目標來定義熱情，而是要從理想的核心價值來找尋熱情，而且絕非只能選擇一件事或一種價值來作為或成就你的熱情。以熱情奠基，執行力自然水到渠成！

　　你可以準備一張紙帶在身上，隨時紀錄下來你喜歡做的事，以及什麼事能讓你有成就感？有沒有什麼事能讓你專注到忘記了自己、他人和時間呢？不用一個月的時間，一陣子之後，你就可以自行分析、回顧一下這張紙，你就能發現熱情就在其中！

　　勿忘初衷，思考一下，你的生活目的是什麼？你的生命意義是什

麼？你的人生使命是什麼？你的工作目標是什麼？你想成為什麼樣的人？你想在他人心中建立什麼樣的形象？你想對這個世界做出什麼樣的貢獻？

成功，簡而言之就是兩件事：「設定目標」，然後「採取行動」。但是，如果你的才華還撐不起你的野心時，你就應該先靜下心來學習，像海棉一樣廣泛地吸收，積極地學習，就能增加人生的寬度與廣度，在一「吸」一「擠」之間發現你真正的熱情所在。

在工作中要能以飽滿熱情的態度去面對任何一件事，試著全心全意地投入到你的工作中，找回你的熱情和期望，拿出自信，全力以赴，如此才能在你的事業中立足，在未來獲得更大的發展。

⚓ 專注的力量

《星際大戰》的尤達大師（Yoda）說：「你的專注，決定了你的存在。」

「專注」有助於深化認識，因人們對事物的認識過程，是從現象到本質、從膚淺到深入、從不足夠深刻的本質到達更深化的本質之無限過程。這就決定了認識一個事物必須要有長期專注的精神，否則，對其的認識就難以由淺入深，難以逐步完整地精進事物的本質。

亞伯拉罕‧林肯（Abraham Lincoln），這位令美國人永遠敬仰與懷念的總統，他一生的傳奇事蹟無數。

也許很多人想著：「林肯為什麼如此偉大？」或許，這得從他的少年時期說起。

林肯出生在一個普通的家庭，家境貧困。他的父親是一名木匠，並沒有讀多少書，而林肯本人則只上過一年的學，但是，即使如此，他也沒有自暴自棄，無論他做什麼工作，都是全力以赴，把事情做到最好。

林肯的第一個工作是在渡船上，他每天一早要先把劈柴、生火、打水的雜事做好，然後再到船上做渡船的工作。除了渡船之外，林肯也當過屠夫，由於他殺豬的本領極好，許多人都指名請林肯屠宰。

林肯所從事的工作可以算是卑微的，但他並不以工作的性質為恥，每天專注於工作，極具執行力，同時，他還喜愛與來往的人們學習，不管是農夫、商人或教師，只要有不懂的，他一定會認真請教。

林肯曾經對一位想成為律師的青年說：「只要你下定決心，你就已經成功了一半。」

我們不難發現，認真與專注是林肯一貫的處事態度，也因為如此，面對各種不同的角色，他才能夠做到始終如一。

註　亞伯拉罕・林肯（Abraham Lincoln）為第十六任美國總統，一八六一年三月就任，直到一八六五年四月遇刺身亡。林肯領導美國經歷了其歷史上最為慘烈的戰爭與最為嚴重的道德、憲政和政治危機──南北戰爭（American Civil War）。經由此役，他維護了聯邦的完整，廢除了奴隸制，增強了聯邦政府的權力，並推動了經濟的現代化。也因此美國學界和公眾時常將林肯稱作是美國歷史上最偉大的總統之一。

有一位名為米雪兒‧布朗‧東肯的人寫了一封信給哈伯德，她是醫院的祕書，讓我們來看看這封信吧：

每一次我為我所服務的醫師打一封信時，在信的底部，我都會以大寫字體打上他的名字縮寫，而在旁邊以較小的字體打上我的名字。

「小的縮寫是我的名字。」有一天我在查閱回函時，向一位新來的職員這樣解釋道。之後我想著這句話，這話有什麼意義呢？為了拿忙碌而重要的醫生與我這無關緊要的祕書相比嗎？不，我並非是這樣看待我的工作的，因為擔任醫生的祕書是有著許多回饋和滿足感的。

在診療室裡，經過醫生的診斷之後，病人得以獲得治療，減輕了病痛。然而更多的回饋是在門外發生的，我總是第一個看到人們出了診療室，臉上的表情放鬆許多，手中正緊握著藥品或處方籤，滿懷著希望而離開。

我想我是醫生與病患之間的橋樑，例如，我會簡單地對初次候診的人說一聲：「你會喜歡他的，他很容易溝通。」患者聽了，臉上的肌肉便會放鬆下來，整個人也不再那麼緊張了。

有時候，醫生沒辦法接電話，祕書就必須保證將電話的內容正確地傳達給他，這也能讓病患安心不少。我經常提醒自己，所有發生的這些事是我待在這裡的原因，這也是我在打字時將自己的名字置放在底下的原因。

在這個職位上，我曾獲得一些特別的禮物，其中有三樣是我最珍惜的：

第一樣是貼在我的辦公桌後面的牆上，一張用厚紙板做成的天使。那是一個智能不足的孩子用他那雙肌肉不聽使喚的小手精心繪製而成的，他在耶誕節時送給我。

另外兩樣禮物是無形的，但是同樣深植在我心。

第二樣是來自一位新來的病患，歲月在她的脖子上留下了痕跡，就像樹幹的年輪一樣，並且由於病痛的折磨，讓她的眼神看起來相當黯淡。當我們結束例行性的談話之後，我說：「妳可以進去看醫生了。」她便緩慢地從椅子上站起來，說：「我以為妳是醫生。」

最後一樣禮物，來自於一位和藹可親的年長男士，他臉色紅潤，頂著一頭灰白頭髮。他要離開時，給了我一小截鉛筆和一個信封，對我說：「小姐，可不可以把妳的名字寫在這張紙上？」

「當然可以，不過你為什麼想要我寫名字？」

「因為妳一直對我很好，我想知道妳的名字是什麼。」

他蹣跚地走出去，我將他的讚美收到內心深處，那裡收藏著我格外珍惜的東西。

有一天，我們又相遇了，但是那一次的危機發生在我身上。當時我眼淚直流，他輕聲地對我說：「我會為妳祈禱。」

在一天之內，我寄了一封信給一位焦慮的母親，告訴她如何幫癲癇發作的孩子餵藥以控制病情；寄了一封信建議一個病患尋求法律顧問；寄了一封信陳述一位有抱負的青年在精神失常了幾年之後，現在已經恢復正常，可以再度擁有公民權。

傍晚，當我蓋上了打字機與旁邊的文件架子時，許多表格仍等

待著我打上相映的記號，我不禁覺得這些已不單只是墨水和紙張而已——這是病痛和解除痛苦的記錄，是憂傷和忍耐的記錄，是問題和解決了問題或者勇敢面對的記錄。

簡單來說，這些都代表了人們一部分的生活，而我有幸一一接觸。

其中有一些非比尋常的感覺，我雖然形容不出來，但是我知道，即使我再也見不到這個人——那些僅此一次的求診，對方所留下的印象也會使我終生難忘。

當一天又結束的時候，我關上燈，拿起鑰匙，走出了辦公室，把自己的一部分也留在那裡，心裡雖然明白我的職責就像我的名字縮寫一樣地微小，但是我仍有所貢獻。

電視台的新聞報導幾乎是人人必看，現在，請你試著想像一種情況——當你打開電視時，赫然發現坐在主播台上的是一位金髮外國人，同時他還正用著標準中文播報新聞，此時，你會有什麼樣的感受呢？

在美國，華人女士宗毓華（Connie Chung）是響叮噹的主播，她受人注目的原因除了華裔身分，最重要的還是擔任主播時的超強功力。

自認有著完美主義性格的宗毓華是個一旦投入工作，就會全心全意投入的人，她總是想辦法將每件事都做到最好，但又永遠覺得自己還有需要改進的地方。

一九七一年，美國三大電視網開始雇用少數族裔人士作為職員，宗毓華抓住機會向CBS（哥倫比亞廣播公司）申請工作，在面試通過之後，她成功地進入了CBS，也是首批進入美國電視網的四位少數族裔人

士之一。

　　剛進入CBS的宗毓華，經常會因為遺漏了某些新聞而煩惱不已，探究原因，她才發現，原來新聞工作並非採訪完就回家睡覺這麼簡單，而是要持續地追蹤與調查，才能在最後有更大的收穫。

　　有了這樣的觀念之後，宗毓華變得更敏銳了，她隨時留意新消息，採訪了許多大新聞，不論是美國總統尼克森的「水門事件」（Watergate scandal），或者洛克菲勒當時被提名為副總統候選人的過程等，她的報導不但比別人的更深入、更精彩，也讓她所屬的電視台收益迅速地提高。

　　得過三次的新聞報導艾美獎，並且成為全美票選最高的新聞主播宗毓華，照理來說應該滿足了吧？然而，即使在她的年薪高達兩百萬美元時，她仍然對自己充滿著期待，這份期待不是金錢的多寡，而是在於她所從事的新聞工作上，她覺得自己的執行力尚有不少進步的空間。

　　「我不斷地告訴自己，做一件事只要鎖定目標，全力以赴，成功的機會就會變大。」宗毓華如此說道。

註　宗毓華（Connie Chung，全名Constance Yu-Hwa Chung），原籍蘇州，生於美國首都華盛頓哥倫比亞特區。她是一位美國新聞記者，曾任多個美國電視新聞網的主播與記者。1993年，她被任命為《CBS晚間新聞》（CBS Evening News with Dan Rather and Connie Chung）的聯合主播。她成為坐上令人垂涎的美國主流電視網晚間新聞主播位置的第一位亞裔美國人和第二位女性。

這樣認真投入的態度是否讓你深有感觸呢？

認真的精神不但能讓一個人踏上成功的路途，甚至能影響別人對你的看法。

被稱為「經營之神」的松下電器創辦人松下幸之助（Konosuke Matsushita）說：「一個人對生活態度的認真與否，決定了他的一生。」

許多做事不認真的年輕人，由於已經虎頭蛇尾習慣了，在還沒發揮自己的潛力之前，就認為自己的天生資質不如人，因此得過且過，最後與成功擦身而過，豈不可惜？

有一次，松下電器不慎將有瑕疵的產品送給客戶，客戶發現之後，正怒氣沖沖地準備到松下電器大罵一番。然而，當他一進門，看到公司裡每個員工認真工作的態度之後，當下深受感動，不但不生氣，在換了商品之後便滿懷信心地回去，他相信有如此認真的員工，這個公司理當值得信賴。

正是因為員工認真的態度改變了客戶的看法，不但化險為夷，更再度贏得了對方的信任，這些都不是用金錢能輕易買到的，然而卻是企業與員工自身所擁有的最大資產。

曾經有人問愛迪生：「你認為成功的首要因素是什麼？」

愛迪生回答：「每個人都是整天在做事，如果你是早上七點起床，晚上十一點睡覺，那麼你做事就整整做了十六個小時。其中的多數人一定都是一直在做一些事，不同在於，他們做很多很多的事，而我卻只做一件。如果他們將這些時間運用在一件事情上、一個方向上，就更容易成功了。」

我們說一個人最大的損失，是將自己的精力不具意義地分散到許

多事情上。正如美國心理學家丹尼爾・高爾曼（Daniel Goleman）在著作《專注的力量》（Focus：The Hidden Driver of Excellence）中所提及的，他認為專注力是現今這個時代最缺乏的心靈資產，是財富、天賦、階級都無法逆轉、無法獨占的強大力量。

現在是注意力匱乏的時代，曾有廣告產業的人表示：「幾年前你還能為廣告商製作五分鐘的展示影片，現在已經必須縮短到一分半鐘，而且如果到時候無法讓他們把目光放在你的影片上，那麼臺下就會有很多人開始檢查手機是否有訊息。」許多人都有過這種經驗，只要一陣子沒看手機、滑個幾下，確認是否有新訊息，就會開始感到焦躁、不耐煩。這是因為人們會想念觸碰手機時發現有新訊息的感覺，我們明明知道與人談話時檢視手機是失禮的，但是如果手機就在眼前，人們不檢查便會顯得坐立難安的話，那就表示人們對手機訊息上癮了。

而注意力的好壞足以影響人們做任何工作的表現，如果不能發揮得好，我們的工作表現就會十分差勁，然而如果能充分地掌握，就能在結果上出類拔萃。

那麼大多數時候，人們的心思都在想些什麼呢？據高爾曼的研究表示，人們的心思除了有創造力之外，主要的重心較放在「我」和「我們」所關心的事物上。例如：「今天我必須要做的事情有什麼？」、「我和那個人說錯話了，那時候我應該那樣說會更好。」在我們周遭囉唆得沒完沒了的那些人，其實並不是最容易使我們分心的來源，最容易使我們分心的，反而是我們內心所出現的各種聲音，這種默想與憂心會產生一種低度焦慮，若你想要完全集中注意力在你的事情上，就得想辦法讓這種內在的聲音安靜下來。

高爾曼並提出，人們分心並不是一件好事，因為當人們的心思飄移時，通常他們的心情會轉向不快樂的部分，即使想法本身是中性的、無害的，但此時卻經常會被負面情緒所覆蓋。在部分或大半的時間裡，心思飄移本身似乎就是導致不快樂的原因。

　　相反來說，當你專心在一件具有挑戰性的事情上時，你將無法反覆地去想那些使你分心的事物，這也就是為什麼人們喜歡各種有危險性的運動，因為在那種情況下，人們必須保持絕對的專注，而強而有力的專注會帶來寧靜感，之後隨之而來的便是快樂。

　　其背後的原理是，注意力能有效調節個人的情緒，我們可以運用選擇性的注意力來安撫受到刺激的杏仁核，杏仁核是大腦負責情緒的中心。例如，觀察還在學步的小孩持續將專注力放在一些他有興趣的東西上，他的情緒就會平靜下來。

　　專注力除了能提高我們的良好情緒之外，更棒的是，若我們能刻意專注在較遠的目標上，就能有較好的發展。著名的「棉花糖測試」（Marshmallow test）的內容是，邀請孩子們進入只有棉花糖沒有其他玩具的房間，告訴孩子：「你可以拿棉花糖去吃，如果你想要，現在就可以吃一個，但如果你先不吃，等到我去辦點事回來，到時候你就能吃兩顆糖。」

　　這項實驗的自我控制將會使用到三種不同的注意力，一是出於自願，將自己的專注從欲望的目標脫離的能力（好吃的棉花糖）；二是「對抗分心」，讓自己專注於其他事物，不被誘惑自己的東西吸引回去；三是使自己能將專注力維持在未來的目標上（兩顆棉花糖）。

　　實驗結果是，約有三分之一的孩子能夠抵抗誘惑，這些孩子在展現自我控制上的表現十分良好，經過長期追蹤後，其未來的發展性也

較為優秀。

　　無論是誰，若不趁年輕時訓練自己具備快速集中精力的好習慣，那麼未來將很難成就什麼大事業。正因聰明人會將全部精力專注於一件事上，使目標提前達成，同時，還會利用他不屈不撓的意志力和永不間斷的恆心去爭取、實現他的人生理想。因此，集中力的習慣若沒有養成，那麼與成功的距離將會更加遙遠。

　　當你每天早上起床時，是不是能快樂地去上班、去上學，或者去做任何你該做的事？傑出人士喜愛他們所從事的工作，因為完全投入到工作之中讓他們感覺良好。

　　一個人的能力與時間都是十分有限的，若要樣樣精通，很難做到，如果你想成就一番事業，請牢記：一次只做一件事，並且做到最好（Do one thing at a time, and do well.），就像羅文所表現的一樣。

⚓ 解決問題能力大於經驗值

　　普通人只是「知道」，而成功者則是「做到」，這就是執行力。

　　多數人都會同意，「經驗」是有效領導的一個寶貴的、甚至是必不可少的要素。幾乎所有的工作都會要求面試者具有工作經驗，而許多時候，「經驗」更是雇用員工或晉升時最關鍵的因素。然而已有研究指出，「經驗」對於領導的有效程度並無決定性的作用。

　　因為有許多毫無經驗的領導者都取得了非凡的成功，許多具豐富經驗的領導者卻輸得很慘。例如，最受好評的美國總統亞伯拉罕‧林肯（Abraham Lincoln）和哈瑞‧杜魯門（Harry S. Truman），他們原本都沒有什麼當領袖的經驗，而經驗最豐富的赫伯特‧胡佛（Herbert

Hoover）和富蘭克林・皮爾斯（Franklin Pierce）卻是歷史上相當不成功的領導人。

註 哈瑞・杜魯門（Harry S. Truman），美國第三十四任副總統，隨後接替因病逝世的富蘭克林・羅斯福總統，成為第三十三任美國總統。他是一位素以友善和謙遜聞名的總統，他的名言如：「推卸責任，僅止於此」（The buck stops here!）和「怕熱就別進廚房」（If you can't stand the heat, get out of the kitchen.）等，都成為家喻戶曉的名言。

註 赫伯特・胡佛（Herbert Clark Hoover），第三十一任美國總統，除從事政治外，還是採礦工程師和作家，是美國迄今為止由內閣部長直接升為總統的最後一人。歷史學家大多相信胡佛輸掉連任的機會，主要是因為他未能抑制經濟下滑和人們對禁酒法的普遍反對。胡佛的其他缺點還包括缺乏吸引對選民的魅力，以及不善於與其他政治家合作等。因此，在今天對美國總統的歷史排名中，胡佛的排位通常都很低。

註 富蘭克林・皮爾斯（Franklin Pierce），第十四任美國總統，任內試圖解決美國南北之間的衝突，但最終失敗。而他任內簽訂的內布拉斯加法案成為他最被非議的法案，也使他成為廢奴主義者眾矢之的，該法案也成為美國內戰的導火線。皮爾斯被認為是最差的美國總統之一。

你可能會有疑問，為什麼「經驗」不能讓領導更有效呢？直覺

上，「經驗」能讓人在工作中提升領導的技能，但是這個問題要一分為二來看：

首先，「經驗值」與「工作時間」不完全是同一回事；其次，影響經驗之轉移性的情境有可變性。

「經驗管用」這種邏輯的缺陷，是假定工作時間的長短可以用來衡量經驗，但是工作的年資並不能代表經驗的品質，例如，一個有著二十年經驗的人與另一個只有兩年經驗的人相比，並不代表著前者的有用經驗就是後者的十倍整，二十年只是將一年的事重複做了二十次而已。甚至在相當複雜的工作裡，真正的學習往往在兩年之後就停滯了，到那時候，幾乎所有新的特殊情況都已經被經歷過了。

因此，試圖將經驗與領導的有效性連結起來的問題在於，沒有注意到經驗的品質和多樣性。而且，在一種情境下所獲得的經驗，很少就能直接套用在另一種新的情境下，所以，考慮過去情境與新情境的相關性是相當重要的，因為工作內容、支持性資源、企業文化、追隨者的特性等都有可能經過調整，而「情境的可變性」無疑是領導經驗與績效不能產生關聯的一個主要原因。

因此，在選拔領導人才時，要注意不要過於重視經驗，因為經驗未必就能有效地預測績效。假設一個候選人有十年的領導經驗，但這並不能確保其經驗就能運用到新的情境之下，重要的是經驗的品質，以及過去的經驗與領導者將要面臨的新情境之間的相關性是高或低。這正是彼得原理（Peter Principle）述說著領導人似乎總是不能勝任的主要原因之所在。

利卡‧先勒是巴西某家製造公司的總經理，他對於全員參與的

管理方式深信不疑，並將這項理念延伸到工廠裡每個人最關心的地方——員工餐廳，因為員工們覺得餐廳裡的飯菜很難吃，因此他鼓勵他們組成餐廳管理委員會，負責挑選供應商，監督餐點品質，並制定價格。傑・賓多是一名會計，他在工廠服務了二十五年，因此被推選為餐廳管理委員會的會長。

每個人都知道傑這個人凡事堅持到底，要是客戶賴帳的話，他就會像隻看門的杜賓狗對付半夜偷潛進來的小偷一樣。可惜的是傑對食物不夠講究，所以工人們決定督促他。

有一天，餐點中供應的點心幾乎看不出來是合格的布丁。當傑坐下來開始吃飯時，有個工人站了起來，他表情冷淡地將布丁放在傑的盤子上，然後一句話也沒說便走了。過了一會兒，另一個工人也如法炮製，將布丁放在傑的盤子上，後來又一個……不到十分鐘，傑的盤子上堆滿了布丁。

隔天，傑開始認真監督食物，他表示牛排已確定達到合約上所簽訂的一百二十五克標準，他對廚房上下一一監督管理。不久之後，大家果然不再抱怨餐點的品質了。

接下來的問題是價格，公司補助了餐點費用的70%，然而餐廳管理委員會所制定的一套「羅賓漢餐飲計劃」，卻是要依照員工的收入，按不同等級來收取費用。例如，經理和工程師要付餐費的95%，而清潔人員只需付5%。

一些管理階層的人士覺得受到了不平等的待遇，就以自帶便當來回應。委員會仍然默不吭聲，等到這些管理者了解到只付費95%還是比付費100%便宜之後，他們終於不再這樣做了。後來，這些管理者挺身為「羅賓漢餐飲計劃」說話，他們了解到

這對低薪的夥伴們來說，是非常用心的安排。

當你不知道或者不好解決問題的時候，千萬不要直接告訴你的老闆：「我不知道該怎麼辦。」因為，公司請你來工作，並不是要讓你作一個傳聲筒的，他是為了讓你可以幫上忙、可以解決事情而雇用你的。而你自己應該積極努力地去尋找方法，就像上述的管理者傑，嘗試去找到最合適的方法，那麼事情自然就能迎刃而解，這正是執行力的真諦啊！

⚓ 讓上司賞識的能力

作為一名員工，特別是作為一個下屬，你的高明之處就在於能夠準確地領悟出上司的真正意圖，然後恰到好處地、具創造性地執行他的指令。那麼，上司就能賞識、肯定你的能力，你也能在工作中運用專業與發揮更大的可塑性，也會更有成就感，對你的工作表現開始產生正向的循環，就像羅文上尉以積極、執行力強而被上級所知。

員工多半都希望能得到上司的重用，都希望能將最重要的工作交給自己完成，但是並不是所有人都能成為上司眼中的「紅人」。那麼要如何才能成為上司、老闆眼中的紅人呢？

首先，那些執行力強且腳踏實地工作的人更容易獲得上司的重用，因為當他們在委派工作時，尤其是重要工作，除了考慮到個人的工作能力之外，也會考慮到這個人的德行和人品。德才兼備的人絕對是承擔重要工作的最佳人選，而腳踏實地工作的人又有多數擁有良好的品德和紮實的實力。相反地，眼高手低、不能踏實工作的人難以獲

得重用，公司一方面擔心他們不具備相符的執行能力，另一方面又擔心他們可能洩露公司機密，甚至跳槽。

香港首富李嘉誠說：「不腳踏實地的人，是一定要當心的。假如一個年輕人不腳踏實地，我們雇用他就會非常小心。就像你蓋一座大廈，如果地基不好，上面再牢固，也要倒塌的。」

因此，如果你希望自己被賞識，並被委以重任，就應該踏踏實實地工作，從最簡單的事情做起，在實際執行當中提升自己的處理能力，按照自己既定的事業目標實現個人的價值。你應該摒棄以下幾種較為偏頗的想法：

例如，「憑我的學歷和能力根本不應該做這些小事。」

即使你擁有很優秀的學歷，明白許多先進的理論知識，仍需要從最基層的工作開始做起，因為每間公司的經營模式都不同，如果不了解具體的運作情況，就將個人的理論或作法強加進來，就可能給公司造成損失。因此，若能從基層工作做起，詳細地了解公司的整體運作方式，再運用個人的專業知識提出切實可行的建議，將會對提升效率與執行力更有幫助。

或者是：「現在的工作只是我的跳板，我只要完成工作任務就可以了。」亦不可取！

在「僧多粥少」的今天，要找到完全適合自己的工作是相當困難的，即使你目前所從事的工作並不是你的理想工作，或者完全不適合你，你也可以轉換你的想法，將它當成你的一個學習機會，從中學習執行任務的能力、人際來往的能力，或者僅僅只是作為從校園到社會的暫時緩衝，先認真地做好這份工作。如此不但能獲得許多知識，還能為將來的工作打下良好的基礎。

　　此外，偏頗的想法還有：「即使能力不足可能不能如期完成，我也要承擔下來這項工作，這樣其他人就會對我刮目相看。」許多人會為了表現自己的高人一等或者與眾不同，而特意去承擔對自己來說較高難度的工作，結果最後反而越幫越忙，把工作搞砸了。

　　要注意，在工作上做值得別人信賴的人，並做自己能力所及的事。森林中的象正是由於依靠著自己龐大的身軀和沉穩的步伐，才能在動物王國中建立起牠雄踞一方的威嚴。我們需要向踏實穩重的大象學習，從最簡單的事情做起，一步一腳印，才能沉穩地踏上成功之路。但兔子千萬別自以為是大象！

　　而樂觀、充滿自信的人也較容易受到上司的提拔，因為樂觀、自信的人無論遇到什麼事情都不會讓自己陷入沮喪之中，他們總是永遠充滿著朝氣。

　　日本經營之神松下幸之助說：「在這個令人憂患的年代，敝公司能夠很快地從混亂之中站起，邁向復興，其中一個根本的原因就是：我們比任何創業者都更具信心。」

　　此外，開會也是一個最好表現自己的機會，因為多數人在開會時，都會害怕自己的見解被別人認為是淺顯無知、毫無新意的，因此每當開會時，許多人就會傾向於躲到一個不被人注意的角落去。當上司詢問你是否同意大家的觀點時，你也總是唯唯諾諾地表示自己同意大家的看法，如果你已經習慣了這麼做，那麼就失去了一個表現自己的機會，這樣做不但對你非常不利，而且對於公司的利益也是非常不利的。甚至你的同事們會認為你只是隻會隨聲應和的鸚鵡，或認為你是一個毫無突破性想法的人。

　　相反地，如果你在開會之前，就提前將會議主題、自己在會議上

應該說的話，以及自己該如何去表達意見等具體事項都提前做足準備。在開會的時候，你再大膽地表現出來，並大方地把自己的見解表達出來，如此上司一定會注意到你的言論，同事間也會對你刮目相看。久而久之，說不定下次加薪或升遷的名單當中就有你。

最後，那些有實力和自我見解的人較容易獲得老闆的賞識，也就是說，你得有讓他們賞識你的理由和專業。

曾經有一個人很不滿意自己的工作，他氣憤不平地對朋友說：「我的老闆一點也不把我放在眼裡，從來都不重視我的付出，有朝一日我非得炒他魷魚不可！」

「這樣子啊，那麼你清楚了公司裡的各種流程嗎？你對公司如何做國際貿易的竅門完全都摸清楚了嗎？」他的朋友問道。

「這倒是還沒有……」

「君子報仇，三年不晚！我建議你，現在就開始好好地把他們的貿易技巧、商業文書、客戶來源和公司組織的運作等等的事情都摸清楚，甚至連怎麼排除影印機的小故障都學會，然後呢，你再辭職不幹！」

他的朋友又補充：「你把公司當成免費學習的地方，無論是什麼事情、甚至是辦公器材都研究清楚之後，再一走了之，這樣不是既出了氣，又能有許多收穫嗎？」

這人最後聽從了朋友的建議，從此在公司便默記偷學，甚至在下班之後，還在家研究商業文書的寫法。

一年之後，那位朋友偶然遇見他，便說：「我想你現在應該多半都瞭解了，可以準備辭職了！」

「你說的沒錯……但是近半年來，我感覺到老闆似乎對我另眼相看，最近經常委以我重任，我還獲得了晉升和加薪，我已經成為公司的重要幹部了……」

「這是我早就料到的！」朋友笑著說，「那時候你的老闆不重視你，是因為你的能力不足，卻又不試著去學習；後來你用心下了功夫，提高了業務水準並強化了執行力，當然會讓他對你刮目相看！只會抱怨公司，卻鮮少反省自己的能力，這就是人們常犯的毛病。」

讓老闆賞識你的最好作法，就是用真本事來武裝自己，要有出類拔萃的專業能力。當你期望得到老闆的重用時，首先要考慮的是自己的能力夠不夠？與其他同事相比，自己是不是最出色的？如果答案是否定的，那就更要提醒自己在工作中要不斷地學習、吸收經驗，因為有哪一位老闆會拒絕雇用才能出眾的人才呢？

有一個年輕人的在校成績挺好，但是畢業之後卻屢次碰壁，一直找不到理想的工作，他覺得自己無法得到別人的肯定，為此感到傷心絕望。

懷著極度的痛苦，年輕人來到了海邊，打算就此結束自己的生命。正當他緩慢地走入海裡，即將被海水吞噬掉整個人的時候，一個老人看見了，急忙地往前衝去，費盡所有氣力地拉起了這個放棄一切的年輕人。

老人問：「為什麼要走絕路？！」年輕人說：「……沒有人需要我……也沒有人關心我……我覺得我的人生沒有意義……」

老人從沙灘上撿起了一粒沙子，讓年輕人看了看，便隨手扔在了地上。對年輕人說：「你能幫我把剛才扔在地上的那粒沙子撿起來嗎？」

「這……不可能……」年輕人低頭看了看說。

老人聽了之後，從自己的口袋裡掏出一顆晶瑩剔透的珍珠，一樣隨手扔在了沙灘上，然後對年輕人說：「你能幫我把這顆珍珠撿起來嗎？」

「……」年輕人一句話都沒說，便把珍珠撿了起來。

「……你是不是能明白自己的境遇呢？你要明白，現在的你還不是一顆珍珠，所以很難去苛求別人能立即發現你、認同你。如果要別人一眼就發現你，你就得要想辦法使自己先變成一顆散發光芒的珍珠才行，這絕對是急不得的事啊……」

年輕人聽了只是低頭沉思，半晌無語。

是啊！只有珍珠才能自然地發出光芒，將自己和普通的石頭區別開來。無論是誰想要得到賞識、想要鶴立雞群，就必須讓自己更加獨特，讓自己有勝過他人的本領，如此才算找對了讓人賞識自己的關鍵點。

若想在工作上讓上司賞識，就要記住：永遠比上司要求的多做一點，比上司的標準再完美一點，比上司更晚下班，且更要主動發現、主動去做，做出結果才叫做執行力。

當你能富積極、創造力地完成老闆所交代的每一項工作時，你會發現，加薪不再只是奢望，升職也不再遙遠，工作所帶給你的回報就遠遠不只是眼前的這些了。

⚓ 尊重方可建立良好關係

俗話說，尊重別人就是尊重自己。這句話不難理解，無論在工作還是生活中，只要你處處尊重別人，自然也會贏得別人的尊重，就如同羅文上尉對待他的伙伴一般。

在一家新公司的會議室裡，傑克・豪瑞走到白板前面，畫上了一組平行線，打算以此來表示組織中的行為表現。他說：「組織裡有一連串的尊重。」當他說到「尊重」一詞時，有人皺起眉頭，許多人則是一臉疑惑，不明白豪瑞究竟要表達什麼。

傑克・豪瑞將這些反應都看在眼裡，他感到有些驚訝。他究竟為什麼要開始這個話題呢？他述說了這個故事：

「幾個月之前，有位印度來的女士住在我家，我的家裡有五個十幾歲大的孩子。她是位親切動人的女士，具有某種超能力，可以『洞悉』常人所忽略的事物。她的一言一行都顯得和別人相當不同──敬重看似平凡之物，卻教人見賢思齊。」

「她告訴我們，她的父親教導她和她的兄弟姊妹們對待萬事萬物都要恭敬尊重，他們甚至將家裡的物品也算在內。例如，像開門這樣的小動作，『不要用力拉門或者撞門』，她教著，『要慢慢轉動門把，小心地順著門軸打開門，要尊重它。』對門尊重？我注意到我的孩子們在偽裝客氣的表情之下，彼此交換著眼神。」

「『連吃個蘋果，』她在另一個場合說道，『長輩都教我們不

可以狼吞虎嚥，而要以雙手親切地握住，感謝它慷慨送給我們的美味和營養。』說到這裡，我就想到兒子艾利克吃蘋果時，總是塞得滿嘴都是，他還會一邊皺著眉頭，看著手中的掌上型遊戲。」

「我們寬敞的廚房令她著迷，而她的廚藝也叫我們讚不絕口。她不用花多久的時間就可以將從冰箱裡取出的肉和蛋做得輕巧而精緻。在準備好可口的飯菜之後，她會靜靜地禱告，把第一口保留起來，以表示感激。她這些細小的舉動開始對我們產生了潛移默化的影響。」

「這位女士到來的時候，正是耶誕節前夕，全家都沉浸在節慶的氣氛當中。也如同每年的慣例，全家人為了張羅著過節而忙得不可開交，各自忙碌，很少有機會能聚在一起。有一天我匆忙趕回家，一進門，正好碰到剛剛踏入家門的妻子露易絲，她手裡拿著一個新的聖誕花環。『很漂亮，』我說，『我們有五分鐘，把它掛上。』我拿起鐵錘和釘子，她拿起花環，我們快速地走到門外。」

「我們的印度女士非常喜愛這個花環，『哦，它多美，多綠啊！』她脫口而出，『這麼美妙的飾物。哦，看那葉子和果實多麼巧妙地長在一起……哦，多亮麗啊！』」

「『是啊！』我邊說邊將花環移到固定的位置上，讓露易絲拿住，我釘了幾下，『好了。』我得意地笑了一笑。當我開門正要進屋裡去時，哎唷！差點踩到那位印度女士，因為她正跪在石磚上膜拜，口中吟誦著特殊的祝禱詞，為花環祈禱！」

「如果有朋友正跪在你腳邊，為你的冬青祈禱時，你會怎麼

做？你會不理她悄悄地溜走，還是跨過去卻可能會冒失地撞到她？你會和她一起跪下來嗎？我們以前從來沒碰過這種事。因此，我們只是默默地站在一旁，等她結束。然而我們等了又等——一分鐘、兩分鐘、三分鐘……當我站在那裡等著的時候，我慢慢地從紊亂的自我節奏中緩和了下來，整個世界似乎在我的等待之中變得格外寧靜起來。真的，我體會到了，她說得沒錯，花環真的很美，它所代表的意義甚至還更多。」

「更重要的是，當我們站在那裡的時候，她的祈禱似乎發揮了功效！花環變得不僅僅只是個飾物，還充滿了某種意義。整整四分鐘，我站在那裡，花環掛在門上，與我肩膀同高。我站著，漸漸覺得它散發著迷人的力量——一種特殊的感覺，一種前所未有的力量。」

「這份力量持續了整個假期，家人的生活步調也逐漸慢了下來，不再那麼急促，寧靜的心緒滋長著，我們對四季的欣賞也與日俱增著。每一次我經過門口的花環時，都覺得『有一股力量』伸出手來，拍拍我的肩膀，讓我感到十分心安。」

尊重周遭的人，你才能贏得所有人的尊重，然後就可以建立起良好的人脈關係，一步一步走向成功。那些默默無聞的小職員，更值得你尊重，因為你尊敬他一尺，他會回敬你一丈，況且，他們之中不缺臥虎藏龍之人，不知哪一天就可能幫到你甚或晉升到你的頭上，如果你平時尊重他，日後他也會相同對待你，使你們能維繫彼此友好的關係，人脈存摺於焉建立。

⚓ 敬業比才華更重要

　　一個企業是由一群人共同努力達成最後的整體表現，而這一群人的努力相對於每個人而言貢獻程度不一，因此企業會以個人的績效表現做為年度的考核，說明團隊的表現固然重要，但個人的努力也被關注著，避免仗勢著其他人的表現，搭順風車的人，企業也會因此浪費隱形的人力資本，這正是中國「改革開放」的精髓。

　　企業期待整個組織的氛圍是共同努力、共創價值。面臨現在知識傳播快速、競爭激烈的環境下，企業開始逐步探討人和工作的關係，正所謂員工構成組織的核心資本，現在人才雖然很多，但在獲得好人才之餘，也要能激發他對工作的活力、奉獻與熱衷的心。

　　對工作敬業的人，能從工作上獲得成就感，即便工作再辛苦也覺得值得，就如同羅文上尉對自身使命的追求。企業要能助長內部人才的工作敬業心，進而能與產出連結，才能增加企業的競爭優勢。

　　當你來到一家公司時，不論你對這份工作是否感到滿意，最低標準都是忠誠地工作，只要在這裡工作的一天，就要能夠忠誠地對待這份工作。當然了，許多老闆並不要求你得信誓旦旦地這樣做，但是在日常的工作當中，你要能這樣做，這是每個人都應該具備的一種美德。如果你對他人忠誠，他也會願意委以你重任，也就是所謂的「投之以桃，報之以李，贈人玫瑰，手有餘香。」

　　一般來說，在剛開始工作的前三年，是屬於「過度反應」的階段，對任何要求都很容易產生較大的情緒反應。在尋找適合自己的工作過程當中，在衡量工作技能與特性時，人們很容易將任何升遷速度的減慢或者挫折都歸咎於體制上的缺失，人們總會認為自己是大材小

用。

在這種情況下，可想而知的，他們會利用換工作的方式來加快提升的速度，一種方式失敗了，就再換另一種試試。一些尖酸刻薄的人或許會說這些人以欺騙的手段求晉升，是因為他們相關的工作技能實在不怎麼樣，根本沒辦法擔當什麼重責大任。然而，這種說法是不準確的，他們忽略了這個年紀的年輕人在想成功的壓力下，個性原本就不穩定，實際上真正缺乏的是一種敬業精神。

對多數人來說，不論最後成功與否，二十二歲至二十四歲的三年間都將會是充滿戲劇性的時期，也是一段試驗各種智慧、魅力、身分與自信的時期，更是一個十足渴望達成目標與獲得成就的時期。

如果最後的贏家和輸家的作法其實都一樣的話，那麼到底是什麼因素造成他們之間的不同命運呢？

通常二十五歲至二十九歲的五年期間是決定晉升上限的關鍵時期，在這段期間內，那些未來的贏家將逐漸穩定下來。經過無數次的嘗試，他們終於找到了適合自己的定位，這對他們來說是非常重要的，只有這樣他們才有機會往其他方面求發展，而不是永無止境地在改正嘗試期所犯的錯誤。這時候，他們已不再集中精力去選擇通往高位的正確作法，而是投入更多的精力培養自己所需的核心競爭力，以便使自己能有更好的表現與發展。

智慧和體能是人的左手，性格是人的右手，這似乎很容易團結在一起，協助人們達到目標才是，然而實際上它們卻經常起衝突，這兩種因素能將人們帶往完全不同的兩條事業職涯。

舉例來說，有一個學工程的年輕人，名為凱爾，如果他以加強

工作技能作為第一要務的話，就很有可能走上生產與管理的路；但是如果他以面對人群的興趣作為優先考量的話，就會不知不覺地走上另一條通往銷售的路上。

有相當多的職場人士不想等待要經他人的仔細評估之後，才能來讚美他的工作表現的過程，他希望他的個性能夠馬上引起別人的注意，因為他想盡快獲得升遷的機會。這種想盡快得到升遷的心理，每個人多少都會有，但是那些學理科或工程出身的人往往會有不同的看法，他們通常會希望以專業的知識作為發展的工具，而非以個性。

他們最常用一句話來表明自己的態度：「我的工作績效是最好的證明。」意思就是說：「您不妨以客觀的立場來評定我的工作績效吧！我相信您會感到高興，說不定還會留下深刻的印象！」

假使凱爾當時清楚自己發展的方向，也許會試著去減緩或中止他的腳步。無論如何，他必須為了他的事業前途而有所妥協，他心裡多少也明白，雖然每一個人都希望能得到別人的認可，但是在工作上仍得拿出一些具體的成果來讓別人評價。

不過，個人的偏好和急功近利的希求已經將凱爾快速地推上了另一條道路，凱爾口口聲聲地說他的目標是當經理，然而事實上，他反倒很有可能變成一個熟練的業務人員或銷售人員。

如果凱爾這時能意識到自己的問題，情況也許就會有所不同。當人們以為自己是採取以成果或工作為導向的方式在謀求發展時，實際上他們所採取的卻是以個性為導向的相反方法，這也難怪在他們的職涯當中，免不了會遭遇到許多危機。事實上，

許多工作上的挫折也來自於他們對這種觀念的認識不清。

在凱爾三十四歲的那一年，他長久以來所面臨的危機終於爆發了。

由於凱爾的協助，公司一共達成了六筆的併購生意。而生意這麼好做，公司的知名度也因此提高了不少，高階層人士也就樂得反覆運用這種策略。然而，在這方面玩了四年之後，凱爾開始覺得吃不消了，在他過了三十二歲的生日幾天之後，他想試圖回到管理職的高端白領階層上。

有能力幫助他的是他的朋友班傑明，儘管過去四年來兩人接觸的機會不多，然而班傑明仍然和往常一樣地喜愛他、賞識他。當凱爾前來請求他幫忙時，班傑明說：「我一定要看到你重回到正途。」因為他仍然覺得凱爾是一個前途充滿了光明的年輕人，於是又說：「在公司裡，我實在幫不上你什麼忙，因為這裡的規模太大了，也因此升遷的速度比較慢。不過我知道另一家規模較小的消費型產品公司正在徵求一位總經理。」凱爾當時高興得快跳起來了，因為他迫切地想要得到那份工作。

凱爾的翩翩風度與善於說服人的個人魅力，是使他獲得這個職位的一大本事。凱爾當時這麼說：「面試時，我表現得實在很好，只可惜我不能依賴面試為生。」主持面試的兩位董事都很賞識他，但都在話中有所保留。其中一位告訴班傑明，凱爾沒有什麼管理經驗，並且拿不出實際的成績。而班傑明試圖安撫他們，他不斷地描述從前凱爾所說的話，他告訴他們：「凱爾能替你們創造出奇蹟！」

這句話出自班傑明之口，實在不是他的一貫作風，也因此是極

高的讚譽。隔天，凱爾就被那家公司錄用了。

在上任三星期之後，凱爾說：「我得激發公司裡每一位同仁的士氣！」他拓展了產品線，增雇了業務員，也將廣告和公關的預算增加了三倍，並且打算進行一連串的新投資。在那之後的兩年，凱爾每天都充滿了刺激與無止盡的工作熱情。

他不斷地用一句話來說明自己的策略：「我們要成長！」回想起來，他在公司所灌注的中心思想其實是：「我們必須拿得出一點東西來——無論是產品或服務，要盡力去討好每一個可能的顧客。」在凱爾所訂立的大方向引導之下，在那之後的兩年間，公司幾乎在所有可能的發展方向上都下了一番工夫，然而此舉卻使得公司的財務和生產部門同仁深感不安。第二年，凱爾氣憤地說：「這些人都是傻瓜！他們的眼光都只停留在手中的鉛筆上，根本談不上有什麼遠見！」

在當年年底，由於經濟蕭條，公司的資金很快地就用完了，凱爾進退兩難地說：「這些投資很快就會回收的，你們等著瞧吧！」於是，他甚至又完成了一次小規模的股權併購交易，並以此為傲。但是，用來進行併購的資金只會使原來的負債壓力更加沉重。

在下一次的董事定期會議時，原本和諧的氣氛被一股憎恨的情緒所取代，凱爾被炒了魷魚，而公司也被迫向法院申請破產重整。

「你根本不是一個管理者，你是一個破壞者！」在眾人面前，董事長向他咆哮道。凱爾崩潰了，喊道：「你們不能這樣對待我，我是你們唯一的希望啊！」凱爾的說服魅力顯然地在經營

赤字當中消失了。

「他們只是不停地嘲笑……」他告訴身邊的每一個人。

經過了那次慘痛的會議之後，十年了，凱爾仍然無法從自尊受創的痛苦當中解脫出來，更糟的是，他對這慘劇的起因與認知又不正確，因此錯誤越滾越大，正如當初他憤怒地說：「那是我最後一次替沒錢又想做大生意的公司辦事了！」

敬業精神是最重要的工作態度，沒有敬業精神，其他的態度都將淪為空談。工作是人的義務，只有透過工作，創造出價值，我們才能實現自己的人生價值，工作如同吃飯、睡覺、戀愛一樣，是生命中必不可少的部分。

工作如果不快樂，態度就會越來越消極，工作變成了痛苦的折磨，就不可能有敬業精神。

因此，一定要找到工作的意義與價值，如果上班工作只是為了一份薪水，比較不容易有敬業精神，因為你只是想到一分錢、一分貨，拿多少錢做多少事，你一點也不會想多做些事，又豈會有敬業精神呢？但是，如果你發現你的工作其實是很有意義的，你工作起來就會很帶勁。因此工作要能產生成就感，當你花費了很大的力氣完成一件工作之後，要能享受成就的喜悅，你才會更加喜愛你的工作，也才會有敬業精神，就像羅文上尉將送信任務看為自身的榮耀。

也許有人會說：「我們是在為老闆做事，為別人賣命，何苦要那麼積極？」此言差矣，企業是由員工組成的，如果每個員工都不好好工作，把工作當成領導的事情或者老闆的事情，那麼，企業怎麼可能創造良好的效益呢？沒有效益，我們的薪水又由誰來發？所以，企業

的命運和員工息息相關，為企業工作，就是為自己的未來工作。

很簡單的道理，任何一個公司的老闆都希望他的員工是敬業的、是付出的、是能帶給公司貢獻的，他們只會任用那些對公司敬業的人，而將那些只有遠大目標卻沒有執行力的人拒之門外，不論他們究竟多麼地有才華。

⚓ **最好**的**員工**是**行動型**人才

如果說執行型人才習慣在行動中發現問題，再用行動解決問題，並讓執行中的問題在執行中解決，那麼有可能讓你的團隊成員都成為執行型人才嗎？我們又該如何培訓？事實上，最好的成功訓練就是行動！

為什麼說「行動」是執行力養成與執行型人才培訓的最佳方式呢？「坐而言不如起而行」，行動才會改變命運、獲取結果、創造成果，但為什麼有些人的行動力特別低落？許多時候是因為他們總喜歡假設問題，老是想太多。例如：萬一賠錢怎麼辦？萬一有風險怎麼辦？萬一這樣做不恰當怎麼辦？萬一這樣做不對怎麼辦？他們過於期待把每一個問題都解決了之後，再採取行動，儘管目的是降低失敗風險，提高成功的機率，總是想要盡善盡美，但往往只是讓事情不了了之，或是錯失良機。尤其越聰明的人、讀越多書的人越容易出現這種狀況。

我親自跟這樣的人合作過，並且深受其害，我以為對方學歷高、學過企業管理、學過財務，還是留美歸國的雙碩士，簡直是難得的人才，於是歡天喜地把他聘請為總經理，結果在他任職總經理的兩年時

間裡，我真是痛苦得不得了。因為我是實踐派的、我是白手起家的、我是街頭派的、江湖派的，我是創業者，遇到事情或難題時的多數反應是「做就對了」，先不去管成功或失敗，不做怎知道一定會失敗呢？一切都是採取行動吧！但每當我準備要衝刺了，他就說再等一等、再考慮清楚，反正什麼事都要再等等、再想想。後來我受不了了，問他：「事情不該是這樣做的！競爭對手都已經超越我們了，你還想什麼、等什麼呢？」他說：「我受過的教育是這樣教我的。」我只好告訴他：「我沒受過像你那麼多的教育，可是我知道，成功者都是做出來的，我受的教育是行動的教育，你受的教育是理論教育。」

　　惠普公司總裁曾說：「這麼多年有一點大錯特錯，我們企業全部是一群高智商的人才，我們強調企業文化，我們總是要先瞄準後開槍，但面對現在的社會我們要反過來說，先開槍後瞄準，只要從今以後，我們惠普要先開了槍，再來決定如何瞄準，我們就會成功。」聰明的人一定問：不瞄準如何開槍？惠普總裁的回答是這樣的：「你以為你瞄準好了，但瞄了半天也不出手，等到認定自己百分百瞄準了才開槍，結果一開槍依然偏了，各位信不信？所以最後既沒有命中紅心，還浪費了時間。其實唯有開槍了，你才能知道離紅心有多少距離，然後再開一槍、再修正，再開一槍還是得修正，不斷地開槍，才知道如何對焦。但是你老是不開槍，如何能知道離紅心多遠呢？不開槍又怎會知道如何準確瞄準呢？」

　　這就是「執行中的問題在執行中解決」，很多人說萬一我們做錯決定怎麼辦？如果錯了，最終把它執行成對的，不就好了嗎？什麼叫執行力？做就對了，執行決策後發現決策錯了，就是去執行改正的指令，把錯的事執行成對的事！

⚓ **最偉大**的人必定是**眾人的僕人**

一個人無論從事什麼樣的工作，都應該盡職盡責，只要在工作的過程當中，盡到自己最大的努力，就能獲得不間斷的進步。

雖然我們都知道人的本性難免自私，但是於公於私，如果每個人在決定自己「是否要對某人、某事付出心力（哪怕只是一丁點兒）」的時候，都要先在內心裡暗自撥撥算盤，精確估算一番，例如：「我這麼做，老闆對我的印象會更好嗎？」、「我這麼做，是不是很快就能加薪？」等才肯於付出的話，這就說不上是「積極」了……

在克里米亞戰爭爆發後不久，「護士之母」南丁格爾（Florence Nightingale）便主動請纓前往戰區服務，她帶領著一群護士來到位於前線的野戰醫院。她們完全沒有顧慮自己的舟車勞頓，在抵達醫院後，隨即開始工作。

註 克里米亞戰爭（Crimean War）為一八五三年至一八五六年間在歐洲爆發的一場戰爭，作戰的一方是俄羅斯帝國，另一方是鄂圖曼土耳其帝國、法蘭西帝國、不列顛帝國，後來薩丁尼亞王國也加入這一方。一開始此戰爭被稱為「第九次俄土戰爭」，但因其最長和最重要的戰役皆在克里米亞半島上爆發，後被稱為「克里米亞戰爭」。

眼看醫院裡的床鋪不夠，許多傷兵被迫睡在地上……

她們便徹夜一邊用稻草趕製床墊，一邊將骯髒至極的地板用水刷洗乾淨。看到醫院裡非常缺乏餐具，而傳染病病人的用具也並未與他人分開使用，南丁格爾便拿出自己的積蓄，為病人們添購所需要的盤

515034

子、叉子，以及毛巾、繃帶等用品。

　　她認為充足的營養是病人恢復健康的要素，因此，她也極為關心醫院為傷患供應的伙食品質。並且，凡是病患身上令人感到毛骨悚然的傷口，她都會親手為病人輕輕地洗滌傷口，上藥並包紮。

　　遇上畏懼開刀的病患躺在床上又哭又鬧時，她同樣會來到這個病人的床邊，握著他的手，溫暖地鼓勵他。當然，南丁格爾與護士們的工作，還包括幫助不能動彈的病人翻身、餵病人吃藥等等……

　　這些工作就像永無止盡，即使她的工作已如此繁重，每天晚上，當醫院裡的每一個人都已沉沉地睡去，南丁格爾仍然會提著一盞小燈，輕聲地、緩緩地，獨自在病房裡來來回回巡視好幾次。她為病患蓋好被子、扶好枕頭，並柔聲安慰那些睡不著的病患。

　　或許，南丁格爾所做的這些事，在多數「胸懷大志」的現代人看來，根本是不值得一提的小事。然而，對於這些看似微不足道的小事，她卻都心甘情願盡心盡力地去做，於是便被定位為護士之典範。

　　註 佛蘿倫絲‧南丁格爾為英國護士和統計學家。克里米亞戰爭時，她極力向英國軍方爭取在戰地開設醫院，為士兵提供醫療護理。她分析堆積如山的軍事檔案，指出在克里米亞戰爭中，英軍死亡的真正原因是在戰場外感染疾病，以及在戰場上受傷後，因缺乏適當的醫療和照料而傷重致死，真正死在戰場上的人反而不多。南丁格爾讓昔日地位低微的護士，社會地位與形象都大為提高，成為崇高的象徵，她被稱為「克里米亞的天使」，又稱「提燈大使」。

　　德國詩人歌德（Johann Wolfgang von Goethe）說：「我在，必我

行。」

一般人立志要積極前進的時候，內心想的僅僅只是「自己的成功」，他們全然忘卻在那些毫不起眼，甚至是自己不屑一顧、懶得去做的「小地方」上，若也能夠無私地竭盡心力，這才會是我們點點滴滴累積成功實力的穩固基石。

這裡還有一位名為雪莉的護理長的故事：

尼瑞，一名男性，他被送到急診室，並且住進心臟科病房。他有一頭雜亂的長髮，與滿臉的髒鬍子，又胖又有股異味，擔架底下放著一件破舊的黑色外套。

一個街頭流浪漢闖進了這個乾淨、專業的無菌世界。很顯然地，每個人都明白不能貿然地去碰他，護士們都愣著看著這個病患，每個人都用極度不安的眼神偷看著護理長雪莉，「拜託……不要讓他做我的病人，不要叫我幫他擦澡……」大家不約而同地從內心發出了無聲的懇求。

而領導者的特質之一，就是完美的專業人員選擇去做「無法想像的事」、碰那些「碰不得的事」，他們會主動向不可能挑戰。

沒錯，雪莉是這麼對大家說的：「我自己收這個病人。」

以護理長這個職位來說，這是很不可思議的。當雪莉戴上了橡皮手套，開始替這一個髒兮兮的大漢擦澡時，她的心幾乎碎了……「他的家在哪裡？他的母親是誰？他小時候是什麼樣子？他是什麼時候變成這個樣子的？……」

雪莉一邊工作，一邊輕輕哼著歌，希望能減輕這個流浪漢的恐

515034

懼和尷尬。她突然有一個念頭，說：「近來醫院裡不太有空替病人擦背，不過我保證擦背真的很舒服，可以幫助你放鬆肌肉，有助於治療。這個地方就是這麼回事⋯⋯療傷的地方。」又厚又髒的紅皮膚透露出這個病人曾有過的窮困生活。

雪莉仍舊一邊擦著這樣緊繃的肌膚，一邊哼著歌，並為他祈禱。

最後，當雪莉為他抹上溫熱的乳液和爽身粉之後，這名大漢轉過身來時，下巴抖動著，淚流滿面。他對著雪莉微笑，棕色的雙眼露出了些許光芒，語帶哽咽地說：「⋯⋯好久沒人碰過我了⋯⋯謝謝⋯⋯我覺得好多了⋯⋯」

在我們強調肢體接觸的正當性時，在這個充滿傷痛的世界裡，真正的挑戰是敢於碰觸那不可碰觸之處，透過眼神的接觸、親切的握手、關懷的話語，或者塗抹溫熱的乳液和爽身粉。

所謂的客服部（客戶服務部），就是一份需要依賴嘴巴進行溝通與提供客戶良好服務的工作。然而，美國航空公司位於加州橙縣機場的特別服務部經理吉歐夫・格里高爾有更好的見解，他總是認真地將這一段話當成自己的處事準則──「你們之中最偉大的人，必定是眾人的僕人。」

哈伯德第一次與吉歐夫見面的情形是──吉歐夫在無意中聽到哈伯德說想換一個靠近走道的座位，於是他立即著手處理這件事，他請另外一位乘客（那恰巧是他的朋友）和哈伯德換座位，那是一次短暫卻令人愉快的相遇。第一次相遇，哈伯德就

發現吉歐夫是如此真誠地盡力去滿足旅客的要求。

顯然地，吉歐夫很留心每一天航班的旅客名單。之後，哈伯德又有一次機會搭飛機到加州橙縣，為了出席一場受到邀約的演講。沒想到吉歐夫特地來迎接哈伯德，並祝福哈伯德旅途愉快。不過吉歐夫也經常這樣歡迎其它他叫得出名字的旅客。

哈伯德再一次見到吉歐夫，是在哈伯德主持的一個研討班上，哈伯德稱讚了吉歐夫的領帶。隔天，吉歐夫在登機口旁邊和哈伯德碰面，他告訴哈伯德，自己想把那一條哈伯德稱讚過的領帶送給他，因為哈伯德對他來說是特別的，使得這一件特別的禮物更有意義。日後，每當哈伯德戴那條領帶時，都會感覺到自己獲得了真誠的祝福，而正是領帶的背後意義使得它更加地與眾不同。

後來，哈伯德又去了一趟加州橙縣出席演講，吉歐夫就坐在聽眾席當中。當哈伯德急忙到機場趕著下一班到德州達拉斯的飛機的時候，他已在那兒等著哈伯德了。我們不能告訴你哈伯德與吉歐夫會面的細節，但是他確實又一次地幫助了哈伯德，他行雲流水般地解決了哈伯德的困難，使得哈伯德又能再一次放鬆地踏上歸途。

在這個廣闊無邊的世界，能遇到一個像吉歐夫這樣的人，是一件令人多麼感到喜悅與值得感謝的事，為什麼我們不能學習吉歐夫那種抱持著真正的關心為別人服務的精神呢？

愛因斯坦（Albert Einstein）說：「我不知道你們的天命會是什麼，但是我知道，你們當中只有那些曾經尋求並發現了如何去為別人

服務的人會真正快樂。」

美國作家亨利・米勒（Henry Miller）說：「如果你想要成功的話，就為人服務吧，這是生活的最高原則。為人造福的人就在偉大的僕人當中，這是獲得成功最佳途徑。給予而後，你會被給予。把社會當成你的債務人，你便會在不朽者之中發現自己的位置。」

「多做一點點」也許是微不足道的，但是，就是這微不足道的一點點，就能讓你的工作結果產生巨大的變化。盡職、盡責完成自己分內工作的人，只能是一名合格的員工，但是如果每天多做一點點，就可以成為一名極優秀的員工，在未來的職涯上發光發熱。

記住：付出者終將收穫。

Chapter 5
從改變價值觀開始

忠誠勝於能力，團隊勝於個人

為了自己，而非老闆

改變價值觀，就能改變行為

不再抱怨是成長的開始

責任稀釋定律

發現你的天賦

車好馬壯，不如方向正確

想過更好的生活，就必須冒險

不只找問題，還要找答案

打破常規也是責任之一

我們應當學習羅文的價值觀──我們需要打破常規，不僅要有創新精神，還要有冒險精神，更要敢於勇闖禁區，因為最大、最好、最甜的果實，往往就生長在那一個又險、又遠、又痛苦的地方。

⚓ **忠誠**勝於能力，**團隊**勝於個人

美國革命領導人班傑明‧富蘭克林（Benjamin Franklin）說：「如果生命力使人們前途光明，團體使人們寬容，腳踏實地使人們現實，那麼濃厚的忠誠感就會使人生正直而富有意義。」

喬治和艾倫畢業於同一所知名大學，他們是好朋友。喬治的成績處於中等或中等偏下的程度，沒有特殊的天分，只是個性正直憨厚，在校園生活上也不是很活躍；而艾倫個性活潑，成績優秀，反應靈敏，他總想做出一番大事業。

畢業幾年之後，喬治一直在那家規模不算大的公司上班，他對自己的工作兢兢業業，忠誠盡責，進步地非常快，已經從一般職員升職為部門主管。沒過幾年，他又從部門主管被升為公司副總經理。

艾倫畢業之後，其實是和喬治一起進入了同一家公司工作，然而和喬治形成鮮明對比的是，他自以為是名校出身的高材生，並不滿足於在這樣的小企業上班，總想著會有更好的發展，於是他不斷地跳槽、換工作，如此不停地折騰了幾年，依然一事無成。

忠誠是一個人的基本品格，忠誠的人能在自己的職業生涯中始終保持著負責的態度，不管這樣的人是否總能待在同一家公司任職，也不管他將來是否要調換部門，他們都會對現有的工作維持著責任感，他們能冷靜地面對自己的工作，把職場中的每段時期、每件人事物都

當成自己終身事業的一部分，如同羅文上尉的任務表現。

霍華德是一家公司的採購主任，來自波士頓，他有著一頭的褐髮，稍嫌胖了點的體型，是一位見多識廣的紳士。比起那些年輕的採購人員，他的年紀算大了，外表看起來一點也不起眼，他的西裝翻領太寬，穿在他矮胖的身軀上，總是皺巴巴的。

然而，他卻是一個再好不過的榜樣。霍華德每年都得為公司採購好幾億元的食物和飲料，那種慷慨的交易，每個人都彷彿天生就知道可以從中收回扣、貪污等做些偷雞摸狗的事，許多人都對這種作為不當一回事，但是霍華德可不會聳聳肩就輕易了事。

面對這一類的貪污情事，霍華德總在正途上行走地光明正大，因為他總能誠實到小心翼翼、絲毫不差的程度，例如：他甚至連一條雞尾酒會領巾或免費的一支原子筆，也不會從廠商的公司拿回去。此外，霍華德絕對不會接受喚他為「朋友」的眾多業務代表請他喝的酒，霍華德總是說：「我會和你喝一杯，不過我自己付錢。」他友善地微笑說。霍華德最終必定會被提拔為合夥人之一。

「忠誠」勝於能力，這和我們的人生是緊密相關的。怎麼說呢？人生要能產生價值，就必須先確立正確的人生目標，並要能實現人生目標；而要能實現人生目標，就必須融入到社會當中，成為社會所需要的人，獲得社會的幫助；而要能融入社會、被社會接受，就得要忠誠，對你所在的團體忠誠，對你所在的組織忠誠，對你的家庭忠誠，

因為忠誠是一個人一生當中首先要確立的價值觀。

而「誠信」更是一種常被低估的競爭力。

話說戰國時代，縣城南街開著兩家米店，一家名為「永昌」，另一家則是「豐裕」，在兵荒馬亂的時局裡，各家生意都很慘澹。這時，「豐裕」的老掌櫃想到一個能讓利潤加倍的方法。一天，他把星秤師傅請到家裡（編按：「星」為秤桿上的金屬計數點），並避開眾人對他說：「麻煩師傅替我特製一桿十五兩半為一斤的星秤，我會多加一串錢作為報酬。」一般來說，標準的星秤是十六兩為一斤，老掌櫃利用這半兩的誤差，就是想省點成本多賺錢。而星秤師傅為了多得一串錢，職業道德也拋到九霄雲外，當即點頭答應。老掌櫃吩咐完畢後，留下星秤師傅自行作業，接著就踱步回到米店前廳去招呼客人了。

米店老掌櫃有四個兒子，小兒子的妻子是個塾師的女兒，她正在屋裡刺繡，無意間聽見了老掌櫃和星秤師傅的對話。老掌櫃離開院子後，小媳婦沉思了一會兒，便走出房門對星秤師傅說：「我爹爹年紀大了，有些糊塗，剛才一定是把話講反了。麻煩師傅打造一桿十六兩半為一斤的秤，我再送您兩串錢。不過，千萬不能讓爹爹知道。」星秤師傅為了再多得兩串錢，更是滿心歡喜地答應。一桿十六兩半為一斤的秤很快完成，星秤師傅也信守承諾，沒把秤的變化告訴老掌櫃。老掌櫃曾多次請他調秤，非常相信他的手藝，因此沒有多加檢驗，當天就把新秤拿到米店使用了。

一段時間過去了，「豐裕」米店的生意蒸蒸日上，原本是「永

515034

昌」米店的老客人也前去光顧，紛紛到「豐裕」買米。過了一段時日，連縣城東街、西街的人也捨近求遠，穿街走巷來「豐裕」買米，斜對角的「永昌」幾乎是門可羅雀。到了年底，「永昌」最後撐不下去，只好將米店轉手讓給「豐裕」。

這天，「豐裕」米店一家人正圍在一起吃年夜飯。老掌櫃很開心，要大家猜猜米店發財的祕訣。大家七嘴八舌，有的說是老天爺保佑，有的說是老掌櫃管理有方，有的說米店風水好，也有說是全家人齊心合力的結果。老掌櫃神祕一笑，說：「你們都錯啦，我們是用秤發財的！我們的秤十五兩半一斤，每賣一斤米，就少付半兩，每天賣幾百、幾千斤，就多賺幾百幾千個錢，日積月累，當然就發大財啦！」他把年初多花一串錢，讓星秤師傅以十五兩半為一斤秤的經過說了一遍，兒孫們都十分驚訝，直說老人家實在高明。

這時，小媳婦從座位上慢慢起身，對老掌櫃說：「我有一件事要告訴爹爹，在沒告訴爹爹以前，希望您老人家答應原諒我的過失。」老掌櫃點了點頭，小媳婦才不慌不忙，把年初多掏兩串錢，以十六兩半為一斤秤的經過講給大家聽。她說：「爹爹說得對，我們確實是靠秤發財的。我們的秤每斤多了半兩，讓客人知道我們的買賣很實在，喜歡買我們的米，生意也就開始興旺。儘管每一斤米的獲利少了不少，但賣得越多，獲利也就越大，而這是誠實才讓我們發財的呀！」聽到這裡，大家面露驚訝，一個個張大了嘴巴。

老掌櫃不相信，拿來每日賣米的秤，果然是每斤十六兩半。老掌櫃為之驚訝，一句話也沒說，便慢慢走回自己的臥室。第二

天，老掌櫃把全家人召集起來，解下了腰上的帳房鑰匙說：「我老了，不中用了，琢磨了一晚，決定讓小媳婦擔任掌櫃，往後米店的大小事都要聽她的！」從此以後，由於小媳婦的誠信，使「豐裕」的生意益發壯大，蒸蒸日上。

有句諺語：「誠實為上策。」（Honesty is the best policy.）「誠」經常是被人們所低估的強大競爭力，但收穫卻往往出乎意料。雖然誠信看不見，摸不著，但它確實是一筆「財富」，可以帶來龐大的經濟效益。

有位英國商人曾說：「信譽，是一筆巨大的無形資產。」誠信除了是一個人最基本的道德品格，更是做任何事的一大利器。若秉持著誠信處事、誠懇做人，成功必定會相伴而行。

事實上，大多數的人總是害怕誠懇會暴露自身的弱點，遭人欺負，下意識地便將自己的才能、功勞誇大，同時極力粉飾自己的過失，以期博得對方的好感，因此躊躇滿志於雕蟲小技，或是運用旁門左道的技倆；最終真正名利雙收的卻往往是那些什麼都沒多想，憑著一顆真摯的心，對待所有人事物的人。

現代社會更強調了團隊的功用，如果團隊中的成員們都能忠實於伙伴、忠實於團隊，具有強大的團隊精神，那麼個人在工作中就會抱有更強烈的責任心，更能夠細心並周全地體察上司和老闆的意圖，並致力於完成它，同時更不會以此作為尋求回報的籌碼。

一個人想要成功，不是組建一個團隊，就是加入一個好的團隊！在這個瞬間萬變的世界裡，單打獨鬥者，路越走越窄，選擇志同道合的夥伴，就是選擇了成功。用夢想去組建一個團隊，用團隊去實現一

個夢想的人，會因夢想而偉大，因團隊而卓越，因感恩而幸福，因學習而進步，因行動而成功。一個人是誰不重要，重要的是他此時站的位置，以及在他身後站著是群什麼樣的人。

　　個體對團隊的忠誠，下級對上級的忠誠，會使得個人的成就感和自信心增強，更能使團隊的競爭力增強，使組織更蓬勃發展，而這就是許多決策者在決定用人的時候，要考察其能力，然而更看重個人忠誠度的原因。

　　《今周刊》曾獨家針對三十五位CEO與高階主管調查發現，老闆心中理想的部屬條件以重視團隊合作與正面思考特質最重要，而說謊、沒責任感則是老闆最討厭的員工特質。

　　根據問卷結果顯示，老闆理想的部屬最重要的條件為：團隊合作（占37％）、習慣正面思考（占37％）、適應力強（占31％）、願意承擔責任（占28％）、勇於接受挑戰（25％）等。

　　此外，針對「您討厭部屬有以下哪些行為？」的調查結果顯示，依照嚴重程度排列，分別是：說謊（占62％）、沒有責任感（占51％）、執行力差（占40％）、愛抱怨（占40％）、不肯承認錯誤（占25％）等，「專業能力不足」反而落在最後，顯示出了老闆的想法也逐漸改變，正因為忠誠的人是稀有的，在現今這樣充滿了各種誘惑的時代裡，一個忠誠又有能力的人更難尋求。

　　忠誠的人無論能力大小，決策者多半都會給予重用，因為這樣的人能使管理者、決策者真正放心。相反地，如果一個能力再優秀的人，卻沒有絲毫的忠誠度，那麼再好的企業也不會願意採用他。畢竟，在人生中需要用智慧來做決策的大事實在是太少，而更多的是需要用行動來執行的小事，而「忠誠」就體現在日常工作的點滴當中。

⚓ 為了自己，而非老闆

許多人在進入社會打滾多年之後，認為自己工作累得不成人形，都是為了老闆，然而從長遠來看，其實工作完全是為了你自己，因為認真、敬業的人能從工作過程中累積比別人更多的經驗，而這些經驗就是你未來向上發展的墊腳石，就算你以後從事的是不同行業，你獨門的工作技法與歷練也必然能為你帶來助力。

當你能從內心真切地感受到——你是為了自己而做事時，就會願意主動把事做好，並能發揮最大的潛力做到最好。

你知道要如何從待售的一萬戶房子當中，找出最好的五十戶嗎？

在紐約一本名為《房屋誌》的雜誌裡，有一個叫做「Best Buy」的單元，專門替讀者介紹好房子。為了完成這樣的超級任務，雜誌社不但請來專業人員諮詢與執行編輯工作，還向仲介公司要求，希望能親自到現場看房子。

「你們要去現場？」聽到這樣不尋常的要求，仲介公司以非常輕視的口吻說：「不然這樣好了，我將房屋平面圖傳給你們看。」

「不行，我們一定要親自去看。」

原本仲介公司以為雜誌社的人只是隨便看看而已，沒想到一到現場，卻發現這些人都帶來了各式各樣的裝備，他們將房子上上下下丈量勘驗了一番，看得仲介人員每個人都傻眼。

「你們……為什麼要這樣做？」一位仲介人員感到非常納悶。

「雖然我們不知道自己看到的是不是最好的房子，但是，我們所推薦的房子一定要經過現場的檢查和勘測才行。」就憑著這樣的精神，無論颱風、下雨，或者寒流來襲，總可以見到「Best Buy」的人員帶著幾十公斤重的儀器，穿梭在大大小小的巷子裡。

「如果像你們這樣，每一間房子都要檢查到這種程度，一定會累死！」仲介人員迅速地下了結論。

這樣累嗎？想想看，如果要你一天檢查五間房子，並且房子的地點有可能散布在紐約市的四面八方……不累才怪！

那麼，負責「Best Buy」單元的人員為什麼非得這樣做呢？正是因為他們對這個單元、對這份工作抱持著自己要買且要「做到最好」的態度，即使外人覺得這樣很傻、很累，他們就是能甘之如飴、享受其中。

正是因為秉持著這樣的信念，不僅讓他們在工作上表現優秀，更贏得了外界的掌聲和信任。而由於有著同樣的工作態度而成功的案例，在這個社會上可說是不勝枚舉。

　　一個把公司業務視為自己的事業，盡職、盡責去完成所被交付工作的人，最終將擁有自己的真正事業。許多管理制度健全的公司，都正在創造機會使員工能成為公司的股東，因為人們已經發現，當員工成為企業所有者的一員時，他們會表現得更加忠誠，更有創造力，並且更努力在工作上。

　　有一個永遠值得人們銘記在心的道理，那就是——把自己看成公司的主人，你就能邁向成功。

正因為每個人對「好」這個字的認知不同，有的人覺得及格就是好，有的人覺得要滿分才是好，然而，對一個認真、用心在自己本分上的人來說，「好」的定義是——不管別人用什麼眼光看待你，只要自己做到自己所認為的好就是完美。這樣的要求和執著即使在實際上不能達到十全十美，也一定能在你的人生中留下無悔的經驗與成果。

 改變**價值觀**，就能改變**行為**

每個人都期待能創造出一種充滿意義的生活，因此自然而然，我們希望能在職場上被別人關心，也關心別人；我們願意相信自己對公司的價值和主管一樣重要；我們想做有意義的工作；我們期望自己和同事、老闆都有著相同的熱忱。

而我們生命中的大部分時間都花在工作上，這是事實。在一九七三年的美國，每週的平均工作時數縮減到四十個小時的史上最低點，後來又增加到將近四十六個小時。每週的休息時間減少了，也就是說工作時間增加了，這也改變了人們的生活方式。

如果我們將生命的大部分時間都花在工作上，那麼顯示了「價值觀規範」就格外重要，「價值觀規範」指的是相信自己有不可磨滅的自我價值，也相信他人潛在及根本的價值。

對我們這些到二十一世紀仍須努力工作的人來說，價值規範更是非常重要。因為相信價值規範者在經過思考，並在符合興趣的情況，才會遵從指示。因此工作時，他們能承擔責任並全力以赴，具有價值倫理觀念的管理人員更能用心地協助員工成長，充分發揮其才能和技巧，以獲取自己努力後應得的回饋，並促使有價值的產品和服務大量

地出現。

價值規範帶給企業與帶給員工的的好處是一樣多的，在工作中，當人們發覺自己的價值受到外界肯定時，他的工作能力和工作熱情就會大大地提高，這是為什麼呢？

許多資深管理階層人士表示，上級如何對待員工，員工就會如何對待顧客，當你關心他們，他們就會親切而有效率地服務顧客，一旦如此，公司的整體盈利將會大幅提升。

管理者可憑藉著「授權給他」、「回饋他」與「讚美他」來創造員工的向心力，但是大多數的管理者顯然並沒有做到。例如，許多公司允許員工與上司之間有公開的溝通與不同的意見，但是實際上他們的內心並不鼓勵這樣做。

只有少數具前瞻性的經理會運用這種新方式來領導員工，他們了解公司裡的每個人都想要有能力，又有權力，因此他們針對員工這個部分來訓練，以期發揮最大的潛能，為各層次的職責提供挑戰，並且能以充滿彈性和關懷的制度進行管理，促使員工在工作中能有良好的個人貢獻，並發揮團隊綜效（synergy）。

一九八〇年設立於加州聖塔克魯茲的Odwalla果汁公司，其創辦人葛雷格‧史德登波（Greg Andrew Steltenpohl）與蓋瑞‧裴西（Gerry Keith Percy）推出了「符合人性的新鮮純果汁」這個經營理念。Odwalla從以手工榨取新鮮果汁賣給當地幾家餐館，成長到每年銷售量達數百萬瓶，員工人數也從四人擴增為七十五人。史德登波表示，他們始終希望「以關懷顧客和員工為主的人本精神來經營Odwalla」。

那麼，我們又該如何以個人單薄的力量使老闆關注到自己？許多管理者長久以來已形成一種思維習慣，他們認為不該與員工太親近，

也沒必要設身處地去體會他們的感受。除非不得已，否則他們大多不想聽員工傾訴委屈和個人的想法，當然，這是不對的。但如果你的上司剛好是個拼命三郎、超級工作狂，那麼你可以不用指望他或她改變原先的態度，能對你表現得更親切一些。

只有一個人願意先改變自己的想法，他的行為才能跟著轉變。羅斯福總統（Franklin Delano Roosevelt）夫人艾莉諾（Anna Eleanor Roosevelt）更明智地指出：「沒有你自己的同意，誰都無法使你自卑。」

因此，若你想改變上司、老闆或同事對待你的方式，就得先改變自己的態度才行。舉例來說，你可以先從分享意見、將個人的想法表達出來，或者理清自己生活中事物的優先順序等方面來改變態度。

價值觀規範建立在自我尊重的基礎上，並且將隨著你的成就和自信共同成長。一旦你擁有它，就會發現上司開始頻頻讚美你的工作表現，並願意給你更多機會來施展你的才華。這是為什麼呢？理由有：一是當你的自我價值觀越強，聽見並接受他人讚美的能力也會隨之大增；二是，當你因成就越大而越感到滿足時，他人便會開始好奇你的轉變，他們會問：「你怎麼了呢？整個人都不一樣了。」你可以說：「是價值觀的改變改變了我！」

作為員工，一定要能了解公司的使命是什麼，自己的使命又是什麼？如此，才能在工作中產生真正的動力。當我們是為個人的使命，並非只是為金錢工作時，我們就不只能獲得更多的金錢，還能獲得更多的成就感，就像羅文上尉為使命而置個人生死於度外。

⚓ **不再抱怨**是成長的開始

日常生活中，我們經常能聽到各式各樣的抱怨，例如，抱怨薪水太少、福利不好、考核制度不公平，或是抱怨上司或老闆獨裁蠻橫、不聽他人意見、不會管理等諸如此類的苦水。有些是別人說給我們聽的，也有我們說給別人聽的，但是唯獨沒有人會去抱怨自己，沒有人會去反思——為什麼我總是有這麼多的抱怨呢？

當人們遭受了挫折或是不公平的待遇時，往往會採取「消極對抗」的態度。不滿通常會引起牢騷，希望獲得別人的注意與同情，這是一種正常的心理自我保護行為，然而卻是許多管理者心中的痛。因為大多數的老闆都認為，牢騷和抱怨不僅惹事生非，而且很容易造成公司內部的彼此猜疑，影響團隊精神。

因此，當你牢騷滿腹時，不妨讓自己先冷靜下來，思考自己做這份工作的初衷為何，自己又可以如何改善這樣的狀況。

曾有一個受過良好教育、才華洋溢的年輕人，他長期在公司無法得到升遷。外人看來，他不僅不願意自我反省，也缺乏獨立創業的勇氣，於是漸漸地養成了一種嘲弄、吹毛求疵、抱怨和批評的惡習。其實，他根本無法獨立去做任何事，他只有在監督和被迫的情況之下才能工作。然而在他的眼裡看來，敬業是老闆剝削員工的手段之一，忠誠是管理者愚弄下屬的工具之一。他在精神上與公司格格不入，因此無法從職場上受益，就更不用提個人的發展了。

對他最好的勸告是：「有所施，才有所獲」。如果決定繼續工作，就應該忠心地給予公司老闆同理心、忠誠、以及他所應得的你的工作績效；然而如果你無法停止責怪和輕視、甚至中傷老闆和公司，

不如就放棄這個職位，另謀高就更好。

　　記住，只要你依然是某個公司、機構、團體的一分子，就避免去誹謗它、傷害它，因為輕視自己所從事的職務，就等於輕視自己。

　　無論是誰，做任何事情，都會有受到批評、誤解，甚至中傷的可能。從正面意義上來說，批評是對那些優秀人物的一種考驗，因為優秀無需證明，而證明自己優秀的最有力證據就是容忍無理的漫罵而不受其影響。

　　美國總統林肯做到了，他知道每一個生命都必定有其存在的理由，他讓那些輕視他的人意識到，自己如種下分歧的種子，必然會自食其果，所謂「不遭人妒是庸才」是也。

　　如果你是一個大學生，應該充分利用學校的資源，衷心地去理解老師與學校，並且引以為傲。先有付出，才有收穫，與老師站在同一陣線，因為他們盡職、盡責給學生教誨，如果你認為學校存在著諸多不完美的地方，那麼你應該去思考，該如何能使它改善、變得更好，而不是一直處於批評的階段，那麼什麼都不會改變。

　　同樣地，如果你任職的公司有一些問題，而老闆是一個從不聽他人建議的人，那麼，你或許仍然可以嘗試找老闆談談，你可以心平氣和地對他說：「我們有一些想法希望您能知道，如果這些想法能對公司有任何幫助的話，那就更好了。」總之，要能因應上司或老闆的不同個性，思考不同的應變方法，而非只能一味地指責他，讓自己的工作表現也受到影響。

　　試著這樣去做，但如果由於某些原因你無法做到，那麼請作出選擇，究竟是要「堅持」還是「放棄」，你只能兩者擇其一，而你必須要選擇。

在世界上每個地方你都能找到許多失業者，與他們交談時，你會發現他們充滿了哀怨、抱怨、痛苦和責怪，這就是問題所在——吹毛求疵、器量狹小的性格使得他們搖擺不定，也使他們自我發展的道路越走越窄。他們的表現顯然與公司格格不入，也不再能幫得上忙，只得被迫離開。每個雇主總是不斷地在尋找能夠助他一臂之力的人，當然他也在考察那些不能發揮作用的人，任何成為公司發展障礙的人都會被「清理」掉。

如果你對其他同事說：「老闆是個吝嗇鬼」，那麼表明你也可能是器量狹小的人；如果你對他們說：「公司的制度不健全」，那麼這個「不健全」最明顯的表現可能就是你。

那些只願意將時間花在說人道短、毀謗他人的人，是不可能成功的。因為工於論人者，察己常疏！人的時間、精力、金錢都是有限的，你必須謹慎選擇使用它的方式，如果你決定以貶低別人來抬高自己，那麼你會發現自己將大部分的時間和精力花費在這些是非上，可用的時間就會所剩無幾。如果你愛散佈惡意傷人的內幕消息，就會喪失他人對你的信任。

有句話說得好：「論人是非者，便是是非人。」只有放棄抱怨，才能使自己更多的聰明才智放在事業發展上，才能使自己的內心更加地安寧平和，使自己的人生道路走得更為順遂。

⚓ 責任稀釋定律

在我的「TSE絕對執行力」課堂中對學員所屬的公司做了一項調查，發現了一個企業現況，老闆認為——重要的事＝大家做；大家做

＝人人做。而員工卻解讀成——大家做＝別人做；別人做＝我不做。這就出現了所謂的「真空結果」

心理學家曾經做過一個研究，他們讓一個人在大街上模擬癲癇病發作，如果只有一位旁觀者在現場時，病人得到幫助的機率是85%，而有五位旁觀者時，他得到幫助的機率卻會降低到31%。

另外一次實驗中，他們設計讓一個建築物的門底冒煙，如果只有一個人在現場，這個人報警的機率會有75%；然而在同樣的冒煙事件中，如果看見冒煙的人是三個人，報警的機率就會降低到38%。

這樣的實驗似乎與我們的常識相反。在我們看來，千斤重擔眾人挑呀，人越多，問題就越容易被解決。例如某人在大街上被追殺，我們當然認為，大街上人越多，此人獲救的機會就越大。但科學實驗得出的結論是：在旁觀者越多的情況下，此人獲救的機率反而越小。

假設有一天你走在鬧區大街上，有非常多人在逛街，其中有一個人喊著：「救命！有人要殺我！」請問，你認為出手救他的人多還是少？多數人會說少。你認為你自己會不會出手救他？多數人會說看情況。鬧區明明人這麼多，現在有一個人在那裡求救，這應該是最安全的、最多人會出手援救的，但為什麼反而出手救他的人不多？甚至可能沒有人救他？

為什麼？這涉及到群體或組織環境中的責任界定問題。從責任的兩個角度，我們很容易看到問題的真相：

因為人越多，每個人越感到這件事與自己無關。當周圍有很多可能幫忙的人時，每一個人會覺得自己的責任感降低了：「其他人一定會幫忙的，說不定他們已經打電話報警了。」因為同時有那麼多人都聽到了，為什麼是我去救？不是別人救？每一個人都認為責任是別人

的，結果卻是沒有人擔負起責任來。

因為每一個人的內心世界，永遠在重覆一個永恆不變的主題，那個主題叫做「逃避責任」，每一個人永遠都在迴避一個叫做責任的東西。人越多，就會感到事件的發生過程越難控制，在形勢模糊不清的時候，每個人都希望看看別人會怎麼做，以此來決定自己的行為。這種傾向就稱為「多元無知」，每個人都不採取措施，每個人都在觀察別人，這就是責任稀釋定律——責任在人多的環境中，就會像化學溶劑一樣被稀釋，人越多，個人責任感就越淡薄。

由此，我們就不難解釋經常看到的新聞：一兩名歹徒僅憑一根木棍就打劫了長途汽車上的全部乘客；某大街上人來人往，眾人在圍觀兩人打架，無人制止。

所以，如果被追殺，最應該做的就是將已經稀釋了的責任重新凝聚起來，例如大聲喊：「穿夾克衫的那個小夥子，你快來救救我！」如果這樣做還不足夠的話，那麼就抓住身邊任何一個人，緊緊地抱住他說：「我被壞人追殺，請救我！」因為一般人都不喜歡「責任」，你要怎麼做才能得救呢？你大喊救命是沒有用的，你要指定一個人讓他救你，一定要指著他或抓住他說：「請救救我！」這種時候獲救的機率才是最大的。

想想看，如果立場反過來了，你被求救的人抓住了，那麼你的心態是不是就跟剛才的情況不一樣了？剛才這個人大喊救命的時候，你覺得不關你的事，現在他直接抓著你喊：「拜託你救我！」這時候你的心裡就會起了很大的變化，你會覺得如果自己不救他，看著他在你面前死去，你會內疚，甚至有負罪感，怎麼他明明向你求救了，你竟然還看著他被殺死？你一輩子都會為此良心不安。或者是，你覺得他

既然都抓住你了，如果你不救他，搞不好連你都會被他連累，只得趕緊救他。

這時候產生的變化就叫做「責任一對一原則」，什麼是「責任一對一」？就是一個責任只能給一個人承擔，才會有效，如果一個責任同時給兩個人以上承擔，就沒有人要承擔，責任乘以二，其實就等於零，責任只能給一個人承擔。

身為團隊領導人，你要知道很多事情找「大家」是沒用的，你只能找幾個人，一個責任給一個人承擔，反過來，一個人可以同時承擔兩個責任、三個責任、四個責任，可是一個責任不能讓二個人承擔、三個人承擔、四個人承擔，因為每個人的內心都有一個主題叫做「逃避責任」，所以在管理你的團隊成員時，請牢記「責任一對一原則」。

當我們的管理人員在抱怨員工沒有責任心時，也請反問自己：我們是如何交辦工作的？是不是經常犯了上述的錯誤？如果是，試試看，戒掉你習慣性使用的「我們」、「你們」，看執行會發生什麼樣的變化。

如果業績不好，請說「上個月我們的業績不好，這個月我們部門要加油，小陳的目標定在五萬，小林的目標定在六萬……」交辦工作任務時，請你說：「小王，你來負責做這個整體策劃方案，你可以找小李要相關資料。但是，你要負全責。」

要防止責任稀釋定律發生，解決方法就是一定要把責任明確地放到具體的某一個人身上，並且告訴他：「這件事很重要，馬虎不得。若是誤了事，唯你是問！」記住一個恆等式：責任×2＝0要讓下屬有執行責任，當你在交辦工作的時候，就要讓他們只有「我」的責任，

沒有「我們」的責任，這才是正確的執行力與競爭力的入口。

⚓ 發現你的天賦

現在，和我們一起來發現你的天賦所在。請拿起紙和筆，寫下你所擅長的活動：

1.在部落格或臉書寫的文章被很多人按讚分享。

2.規畫出很多很成功的活動。

3.說服廠商降價。

4.激勵員工，凝聚向心力。

5.能解決客訴。

6.快速設計網頁和海報。

7.開會時常常提出被大家接受的新點子。

8.快速蒐集和整理資料。

9.…………

10.…………

思考一下，這些活動需要什麼能力？

1.在部落格寫的文章被很多人按讚分享＝文字表達。

2.規畫出很多很成功的活動＝企劃能力。

3.說服廠商降價＝溝通能力。

4.激勵員工，凝聚向心力＝領導能力。

5.能解決客訴＝問題解決能力。

6.快速設計網頁和海報＝美編能力。

7.開會時常常提出被大家接受的新點子＝創意提案。

8.快速蒐集和整理資料＝資料處理能力。

9.…………

10.…………

其實只要靜下心來，問問自己內心深處的渴望是什麼？就可以誠實地聽到來自心海的回應。但是千萬不要因為內心深處的回應與你本來的想法不符，就馬上否決了來自心海的聲音。

想想，你是不是因為工作的慣性，讓你已經忘記熱情許久了？如果是的話，就跳脫舒適圈吧。真正的頓悟往往來自於生活上的小事，你的人生中，你最記得的是哪些時刻？回想這些時刻，你是否能找出什麼樣的價值或熱情之所在？例如，你的目標可能是「達到身心的健康、幸福與快樂」、「建構一個家庭或團體」、「打造財務自由或廣義而大範圍的財富」、「成為一個更完美的人」、「覺悟並普渡眾生」等等，但是記住：結果比原因更重要！你的天命為何與熱情之所在，其實並不太需要去解釋原因為何，因為真正的熱情往往是不帶任何目的的。

我曾經認識一個人，他為了追女朋友，便充滿幹勁地去寫了一本書，最後並沒有追到那個女孩子，自此之後也不再寫書了，這表示寫書並非他的熱情所在。因此，為了國家民族、為了信念與理想、為了某某人，而去做了某某事的話，往往此事並非熱情之所在，只是一時的「激情」。

有個人曾說：「我原本打算設法找一個教職，但我知道，如果我不現在寫完這本書，我可能一輩子也寫不完了。於是我卯起來拚命

寫，並下定決心一定要寫完它！只要潔西卡一睡著，我就立刻推著她衝進最近的咖啡館，發瘋似地振筆疾書……」這是哈利波特作者J.K.羅琳（Joanne "Jo" Rowling）。

有個人曾說：「為麵包而寫，會窒息我的天分，會毀滅我的才華，任何剛勁的東西，任何偉大的內容，都不會從一支唯利是圖的筆下誕生，讀者的需求和出版商的稿費會使我寫得快些，卻不會使我寫得好些。」這是法國思想家盧梭（Jean-Jacques Rousseau）。

有個人曾說：「不管想到什麼都立刻寫下來吧！那些不請自來的想法往往也是最有價值的想法。」這是英國哲學家培根（Francis Bacon）。

有個人曾說：「我在喜悅與悲傷中寫作，我在飢餓與乾渴中寫作，我在好日子與壞日子中寫作，我在陽光與月光中寫作……」這是美國作家愛倫坡（Edgar Allan Poe）。

有些人曾說：「只要能寫出一本令自己自豪的著作，很奇怪地，錢就會自己不斷地進來……」這是英國劇作家莎士比亞（William Shakespeare）與《浮華世界》作者等多人的心得。

沒有熱情，碰到挫折就會想放棄，沒有冒險，就不會有持續的創新。只有勇敢冒險，才有機會成功。挑戰未知前去冒險，當然有可能失敗，但是不冒險，就沒有任何成功的機會。只追求安逸穩妥，展現在你面前的就是一個平庸無建樹的人生。你知道嗎？安寧病房的病人通常都不是後悔做錯了什麼，而是後悔「沒有去做什麼」，因為只有做，才有希望！

⚓ 車好馬壯，不如**方向正確**

《戰國策‧魏策四》有則名為《南轅北轍》的寓言：

有個人要前往楚國，卻駕馬車朝北而行。有人問他：「往楚國怎麼會往北邊走呢？」他回答：「我的馬好！」那人說：「馬雖好，這仍然不是往楚國的路。」他答道：「我的盤纏豐足！」那人又說：「盤纏雖多，這仍然不是往楚國的路。」他答道：「我的馬夫本領高。」那人嘆口氣道：「這些東西再好，方向不對，離楚國只會越來越遠啊！」

美國頗具影響力的成功學大師博恩‧崔西（Brian Tracy）也認為：「成功就是實踐你的目標。」你的目標在哪裡，成功就在哪裡，因為目標的存在得以減少失敗的可能，告別浪費時間的活動。

目標對人生有巨大的導向性作用，你選擇什麼樣的目標，往往就會有什麼樣的人生。

但為什麼還是有大多數擁抱目標的人沒有成功？統計數據指出，那些懷抱理想的群體中，真正能完成計劃的人只有百分之五，大多數人不是將自己的目標捨棄，就是淪為缺乏行動的「空想」。

貝爾納（Bernard）是法國著名的作家，一生創作了不少的小說和劇本，在法國影劇史上占有出眾的地位。有一次，法國一家報紙進行了一次有獎徵答，其中有這樣一道題目：如果法國最大的博物館羅浮宮（Musee du Louvre）失火了，但情況緊

急，時間可能只允許搶救出一幅畫時，你會搶救哪一幅？結果在該報收到的成千上萬份回答中，貝爾納以最佳答案獲得該題的獎金。他的回答是：「我會搶救離出口最近的那幅畫。」

對於一個追求成功的人來說，成功的最佳目標不是最有價值的目標，而是最有可能實現的目標，而那也正是屬於你的優勢目標。只有即時準確地確立優勢目標，才不會白白浪費寶貴的時間，以最快的速度抵達成功的彼岸。

就像「速度」（velocity）≠「速率」（speed）。

在物理學中，「速度」（velocity）是由「速率」（speed）和「方向」（direction）所組成的，所謂速度，指的就是在明確的方向上加快你的速率。

意思是，每小時跑五十公里是「速率」；每小時由西向東跑五十公里是「速度」。

註 物理學上所有的「量」中，帶有方向概念者稱「向量」，不具方向內涵者稱「純量」。

這裡談的是速度，而非速率！「提速」絕非沒有方向感地橫衝直撞，而是在正確的方向上追求速度。速度是向量，而非純量，而企業追求速度的前提一樣是——方向必須正確，否則再有效率的執行也將是白費工夫。

也許，你心目中的成功定義十分模糊，但是你一定有個追求的目

標，一個亟待實現的夢想。旅遊頻道節目主持人謝怡芬（Janet）曾表示，她從十六歲開始就立志要玩遍世界，即使沒有豪華的五星級飯店，也堅持要踏遍世界各個角落。而她的事業成就就是從這個目標「無論做什麼，都要去旅行」開始發跡，這也是成功學大師拿破崙·希爾十七條金科玉律中的第二項——對目標永保追尋的熱忱。

而幫助你確定有效目標的「SMART」原則，必須符合五個條件：

1. Specific：具體的。

2. Measureable：可以測量的。

3. Achievable：能夠實現的。

4. Result-oriented：結果導向的。

5. Time-limited：有時間期限的。

如果再簡化一點，可將有效目標的核心條件概括為兩個：一是「量化」，另一是「時間限制」。這樣就可以使目標的可操作性變得更加明顯，有利於我們精準掌握目標的進度。

「量化」有兩種意義，一種是指「數字具體化」，意即要寫出精確的數字。例如，你在三年內要實現的收入狀況，就可以量化為一百五十萬元、一百萬元等具體的數字。第二種是指「形態指標化」，意即將其表現形態全部以數字化指標來補充描述。如你的目標是想買一間房子，應該具體說明：多大面積、幾房幾廳、多少價格、具體位置、房屋朝向、周邊環境的要求等。

「時間限制」指的是你所確定的目標，必須有明確的期限，可以具體到某年某月。沒有時限的目標，不是一個有效的目標。因為你很容易為自己找到拖延的藉口，使目標實現之日變得遙遙無期。目標要能實現，就必須將目標分解為具體的行動計劃，使自己知道現在應該

515034

為達成目標做些什麼努力，使目標具備具體的行動基準。

把目標分解量化為具體的行動計劃，通常是採取「逆推法」，即確定大目標的條件後，將大目標分解成為一個個小目標，由高層級到低層級，層層分解，再根據設定的期限，由將來反推回現在，即能明確自己現在應該做什麼，這種流程稱為「以終為始」。

用「逆推法」分解量化目標為具體行動計劃的過程，與實現目標的過程正好相反。分解量化大目標的過程是逆時推演，由將來反推回現在。而實現目標的過程則是順時推進，由現在往將來的方向推動。

目標不怕高遠，但要衡量自己的能力，具備到達目標的實力，才能事半功倍。要想達成目標，則必須要有計劃、有進度、有預算，把自我的人生當成企業專案進行全面的量化管理。善用SMART原則的目標管理，就能成就最SMART的人生。然後運用「多米諾骨牌理論」，即可一步步完成更大的目標！

⚓ 想過**更好的生活**，就必須**冒險**

《冒險》一書的作者維斯戈說：「如果想過更好的生活，就必須具備冒險的性格。」即使處於未定狀態甚至危險之中，但為了持續前進，就必須暫時離開安全的處所，暫時忍受冒險可能在精神或實質上帶來的損失。

此時，要讓冒險的決策完美進行，首先就要面對內心的恐懼。心理學家研究發現，恐懼往往不是來自於外界的事物，而是來自於自己內心深處的思維意識。並不見得是客觀事物本身有什麼可畏之處，而是心理對災難的想像引發的恐懼。所以世界潛能開發大師安東尼‧羅

賓（Anthony Robbins）的「走火大會」就是要想方設法地讓與會者克服恐懼。

戰勝恐懼的力量只在我們直接面對恐懼事物的瞬間產生。如果想得越多，潛能就會被自己封鎖得越嚴謹，最後，只會相信自己終究要受制於恐懼的束縛。因此，我們說：面對恐懼，膽量會加倍；逃離恐懼，膽量則會縮水成二分之一。

當成功的跳板就在眼前時，就看你能不能戰勝自己的恐懼一蹬而上。縱覽古今，凡是取得成功的人，都是因為他們相信自己能夠完成艱鉅的任務，絕不會因為眼前的障礙而失去前進的膽識，進而勇敢地在顫抖中成長，這也同樣是羅文成功完成送信任務的原因。

許多強盛的意念很容易受時間與環境的影響而鬆懈，因此一定要找一個方法強迫自己去持續當初的信念，並讓強盛的信念激勵你跨出第一步，讓心動化為行動，而不是一想再想，規劃再規劃，遲遲踏不出成功的第一步。

自我命運的控制，是成功的試金石。積極者感覺自己的命運操縱在自己手中，如果事情發展趨向不妙，他便迅速採取行動，尋找解決方法，擬定出新的發展與行動計劃，並且博採眾說之長。消極者則覺得自己處處受命運的擺佈，因而遲遲不肯行動，認定自己無計可施，也不打算向他人求教或求助。切記：只有行動才能改變命運！

美國賓州匹茲堡市卡內基美隆大學的心理學家麥可‧沙爾說：「你的才能當然重要，但相信自己一定能成功的想法，卻是決定成敗的一個關鍵性因素。」卡內基也曾說：「建立自信，相信自己終將成功。」積極的人與消極的人在遇到同樣的挑戰和挫折時，其採取的處理方式是截然不同的！

在一項專業課題研究中，美國賓夕法尼亞大學的心理學家馬丁・塞立格曼（Martin Seligman）和同事彼得・舒爾曼（Peter Schulman），對人壽保險公司的業務員做了一項調查。結果，他們發現資歷較深的業務員當中想法較積極的人，他們的銷售成績，比想法消極的人高出37%。另外，新雇用的人員中，積極者的銷售成績也比消極者要高出30%。

有鑑於此，保險公司破格雇用了一百名在應徵過程中本來應該落選，但卻有著明顯樂觀性格的人。這些人，在過去根本不可能被雇用，在這次卻出乎意料地被錄取，其平均銷售成績比公司其他營業員的平均成績還高出了20%。

他們是憑什麼做到這一點的呢？按照塞立格曼的說法，積極者成功的祕訣，在於他們的「解讀方式」。當事情出了差錯時，積極者會去實地尋找出差錯的原因，消極者若非自憐自艾，就是怨天尤人，長久沉溺於負面情緒。若是事情進展順利，積極者會歸功於自己，而消極者卻會把成功視為一時的僥倖。

⚓ 不只**找問題**，還要**找答案**

二十一世紀，是一個沒有標準答案的時代。日本管理大師大前研一在名著《即戰力──成為世界通用的人才》中，將「問題解決力」置於新世代菁英必備能力的首位，即能從錯誤的結果，推導出形成錯誤的鎖鏈，從中抽絲剝繭看穿問題核心，進而清除形成問題的根源，在沒有標準答案的前提下「創造答案」。

數位科技的誕生如同雙面刃，既營造日常生活的便利與效率，卻

也同步攜來更多毫無前例依循的問號。正如大前研一所言「舊道路再也無法通往新的成功」，若能超脫紙本理論與昔日經驗的根基，掌握「問題解決力」的精髓，即可將種種不確定性逐一攻破，墾拓出自己獨一無二的成功捷徑，就像羅文上尉也在沒有前例的情況下想辦法完成任務。

「發現問題」是一門藝術，「解決問題」則是更為深層的功夫，在問題當前保持從容沉著，剝除繁瑣的知識外衣，透過傑出的邏輯思考、創新的方案發想，生產出能與問題百分之百契合的鎖鑰，就能在既有的荊棘叢間，開啟一扇通往藍天的大門。

隨著網路資源唾手可得，幾乎只要問題一拋，就會有無數答案如雪片般紛飛而來。然而，省卻了尋找答案的訓練，形同啃蝕問題解決能力的鍛鍊，將在無形之中削弱自身邁向成功的資本。

Youtube創辦人陳士駿，在不到三十歲的年華，透過這個全球共享影音平臺的魅力，狠狠擊敗搜尋引擎龍頭Google，一夕之間從債臺高築變成百億身價，這一切的根源，即是他曾在伊利諾數學與科學學會附屬高中（IMSA）與伊利諾大學香檳分校受過的「問題解決」教育，以及他後來為了解決問題付諸的實踐行動。

在一次陳士駿與友人的聚會上，與會者拍攝了許多活動短片，卻在會後發現沒有合適的影音平臺得以分享，其中不外乎是上傳功能的限制、或是網站審查機制，讓影片分享步驟繁瑣、資訊無法即時交換。陳士駿本是主修電腦科學出身，面對眼前的技術問題不由躍躍欲試，決定與同事攜手建構一個便利的影音

分享平臺，克服這個當時全世界都可能遇到的障礙。

為了解決當時影片分享的困境，陳士駿經由「換位思考」，把自己假想為消費者，推出了「嵌入式服務」這項創舉，讓上傳影音的使用者，可以輕易在自己的網頁上瀏覽畫面。除此之外，上傳影片不需使用特定軟體、不需經過審查機制，甚至還有會員專屬的片單管理與訂閱系統……等，不僅為消費者遇到的分享「問題」提供了一個完美的「答案」，更率先解決了許多消費者尚未提出的問題。

找問題，就像在前往目標的旅程中，先行勘測出路面的起伏與窟窿，預見未來可能遭遇的顛簸；而找答案，則是用智慧的結晶填補這些坑洞，鏟平所有通往成功的險阻。因此，找問題固然重要，但應隨時讓「不只找問題，還要找答案」的哲學縈迴於心。

根據法國心理學家愛德華・波諾（Edwardde Bono）的「六思考帽」理論（Six Thinking Hats），打造個人無往不利的問題解決力，可以依循下列解決問題的思考步驟：

1. 白帽──釐清問題。

德國物理學家維爾納・海森堡（Werner Heisenberg）曾說：「提出正確的問題，往往等於解決了問題的一大半。」因此，先感受到問題的存在、釐清問題的本質，即是解決問題的第一要務。例如當一臺機器停止運轉時，試著提問：是操作錯誤還是什麼零件壞掉了？試著從客觀的現實中歸納出問題的原貌。

2. 綠帽──發想解決方案。

綠帽象徵創新與冒險，可以跳脫既有的線性思考模式，探索出多

元的問題解決途徑。思考的主軸在於解決問題，因此舊有的方法不見得必須淘汰，但如果從原有的資料庫中無法調閱足以改善現狀的資源，就必須自行另闢蹊徑，想出新的解決方案。

3. 黃帽──評估方案優點。

列出幾種問題解決方案之後，先以象徵樂觀的黃帽思考法，聚焦於諸案的優點，想像若使用該案，問題可以得到怎樣的抒解？會得到多少正面效益？……利用這種方式，依照勝算（優勝率）之多寡為指標進行排序。

4. 黑帽──評估方案缺點。

與前一步驟相反，此次改以保守與批判的態度衡量各方案之可行性，聚焦於諸案的缺點，想像若使用該案，需要花費多少的成本？解決問題的可能性與效率多大？需要考量哪些潛在的風險？……利用謹慎的態度篩選構想，並將各種風險因素納入考量。

5. 紅帽──進行直覺判斷。

紅帽象徵直覺與情感，經過上述幾個步驟，手邊的可行方案幾乎已經抵達一定水準，此時即可透過直覺或情緒判斷，根植於過去的經驗或對情境的感受，嘗試最有可能緩解問題的途徑。

6. 藍帽──總結方案。

在實踐前的最後一個思考步驟，透過冷靜的系統檢視與理性評估，整合所有思考過程，進而提出摘要與結論，擬定行動策略，確實將問題解決，付諸行動。

透過六思考帽的縝密思維，發想針對問題的透徹攻略，就能無畏任何緊急情勢的挑戰，成為能為二十一世紀提供問題之答案的黃金人才！

⚓ 打破常規也是責任之一

「責任」不僅表現在對自己的工作盡職盡責、兢兢業業上，還應該表現在勇於挑戰與打破常規上，我們該學習羅文上尉勇於挑戰的精神。

現實中，我們經常被「非此，即彼」的二維思維模式所束縛住。結果，在舊的思維模式的無形框架之中，思維的靈活性被扼殺了。而現在已是求新求變的時代，跳脫傳統思維框架的創意思維，絕對會是助你在職場上無往不利的最大優勢！

拿破崙在滑鐵盧戰役（Battle of Waterloo）失敗之後，被終身流放到聖赫倫那島（Saint Helena），他在島上過著非常艱苦和孤獨的生活。後來，拿破崙的一位密友聽說此事，便透過秘密方式贈予他一件珍貴的禮物──一副西洋棋。這是用象牙和軟玉所製成的西洋棋，拿破崙對這副精緻而珍貴的西洋棋相當愛不釋手，經常一個人默默地下棋，以此打發孤獨和寂寞的流放生活，直到最終慢慢地死去。

拿破崙死後，那副西洋棋多次被以高價轉手拍賣。後來，西洋棋的持有人在一次的偶然之中發現，其中一個西洋棋的底部是可以被打開的。當持有人打開之後，他目瞪口呆，裡面竟藏著密密麻麻寫著如何從島上逃出的詳細計劃。隨後，這件事成為世界的一大新聞。

拿破崙曾不厭其煩地把玩這副西洋棋，然而卻沒有在玩樂時領悟到摯友的用心良苦。因此，拿破崙至死也沒能逃出聖赫倫那

島，這恐怕是拿破崙一生中最大的失敗。

拿破崙一生征戰南北，縱橫歐洲，運用許多他人想不到的方法，征服了一個又一個的國家，但是，他沒有想到的是，最後竟然栽在了常規思維上。如果，他能用征戰的方法思考一下西洋棋，解讀寂寞之外的用意，那麼很有可能上帝會再一次地向他微笑。

註 滑鐵盧戰役為一八一五年六月十八日大英帝國，荷蘭聯合普魯士王國與法蘭西第一帝國在布魯塞爾南部的滑鐵盧進行的一次戰役。這是拿破崙的最後一次戰役，也是軍事史上最著名的戰役之一。在這場戰役中威靈頓公爵和馮・布呂歇爾指揮的英普聯軍擊敗了拿破崙指揮的法軍，這代表著拿破崙帝國的徹底覆滅，後世因此將重大的失敗比喻為「滑鐵盧」。

「常規」是慣常奉行的規矩，也是我們解決問題的一般性思維，它能憑經驗容易並熟悉地完成一些工作，解決平常的問題。然而打破常規能使我們看到另一片新天地。

心理學家曾說：「只會使用錘子的人，總是把一切問題都看成是釘子。」這就像是英國喜劇演員卓別林（Sir Charles Spencer "Charlie" Chaplin）主演的《摩登時代》（Modern Times）裡的主人公一樣，由於他的工作是一天到晚轉螺絲帽，所以一切和螺絲帽相像的東西，他都會不由自主地拿出扳手去轉。

註 卓別林是一位英國喜劇演員及反戰人士，後來也成為一名非常出色的導演。卓別林在好萊塢電影的早期非常成功活躍，他奠定了現代喜劇電影的基礎。而卓別林戴著圓頂硬禮帽和禮服的模樣幾乎成了喜劇電影的重要代表，往後不少藝人都模仿過他的表演方式，卓別林已成為一個文化偶像。

　　規則儘管非常重要，但是，如果我們想得到創意，那麼遵守規則反而會變成一種枷鎖。創造性思維既要求具有建設性，更要求要能打破陳規，否則眼前只有死胡同可走。

　　若我們能經常地反省、思考、檢查，就能使我們的思維活絡起來，不因規則而僵化。打破常規意味著「變通」，變通能讓我們的思維靈活起來，進而可以觸類旁通，不偏限於某一方面，不受消極思維定向趨勢的桎梏束縛，能從多種角度與方面選擇和考慮問題，越過思維定勢的障礙。

　　也許有人會說，打破常規，尋求創新，主要都是運用在一些較大的事情上，其實這種想法是不完整的，在「小事」上的創新也可以達到很好的效果。

　　有一個百貨公司的老闆，他去找了一個新來的銷售員，問他：
「你今天服務了幾位顧客？」
「一個。」小伙子回答。
「只有一個？」老闆驚訝地說：「那麼，你的營業額是多少？」

這個年輕的銷售員回答：「嗯，是二十五萬六千八百二十美元！」

老闆聽了大吃一驚，趕緊要他解釋這件事的來龍去脈。

小伙子只是攤了攤手，輕鬆地說：「一開始，我賣給那位先生一個魚鉤，然後，又賣給他魚竿和魚線。後來，我問他都是在哪裡釣魚的？他告訴我在海濱，所以我建議他應該要有艘自己的小汽艇更方便行動，於是他在我們這裡訂了一艘二十英尺長的快艇。後來，他又說他的轎車可能無法帶走快艇時，我又帶他到機動車部，賣給他一輛福特卡車……」

老闆吃驚地說：「你賣了這麼多東西給一位原本只想買魚鉤的先生？」

小伙子回答：「不，那位先生最初只是要來買治太太頭痛的阿斯匹林，我告訴他：『夫人的頭痛，除了服藥之外，更應該注意好好放鬆。周末快到了，你們可以考慮去釣魚！』」

瞧，這個小銷售員的思維是多麼地靈活，如果他按常規去做，那麼就只是很簡單、快速地賣出了一瓶阿斯匹林藥丸，這麼做其實也沒錯，但是他卻能將身體疾病的治療，延伸到了精神上的療癒和對自身的調養上，使顧客更加受益，自己和公司也十足受益，是非常了不起的。

我們正處在一個前所未有資訊爆炸的競爭時代，一個對自己負責任、對公司負責任的人不會安於現狀，而是會主動地打破常規，試圖創新與進步，並以行動將執行力發揮得淋漓盡致。

相信以下的故事讀者朋友們可能都聽過，儘管有著各式各樣的版

本，但是我們還是不厭其煩地想再講述一遍。

在一家效益不錯的公司裡，總經理經常叮囑所有的員工：「誰
都不能走進八樓那一個沒掛門牌的房間。」然而他始終沒有解
釋為什麼，員工也都牢牢記住了總經理的囑咐。

一個月後，公司又雇用了一批新員工，總經理對新員工又交代
了一次所有要注意的事項。

「為什麼不能進去那一個房間？」有一個年輕人小聲地嘀咕了
一聲。

「不為什麼。」總經理滿臉嚴肅地回答。

回到個人座位之後，年輕人還不解地思考總經理的叮囑究竟是
為什麼，其他人便勸他先做好自己的工作，別瞎操心，聽總經
理的準沒錯，別惹麻煩。

但是這個小伙子卻偏偏要走進那個房間看看是怎麼回事。

他輕輕地敲門，裡面沒有任何回應，他再輕輕地一推，虛掩著
的門就開了，只見裡面放著一封事先寫好的信，信封上面用紅
筆寫著：「請把這封信交給總經理。」

新人擅闖禁區，同事們都為他非常擔心，勸他趕緊將那封信送
回原處，假裝沒有這件事情，大家都可以為他保密。然而年輕
人就是想知道真相，他照著信封上的指示，拿著那封信，想都
不想地直奔總經理的辦公室。

當總經理看到這一個新人拿著信走進來時，嚴肅的臉上突然露
出了笑容。他當場宣布了一個驚人的消息：「從現在起，你被
任命為業務部經理。」年輕人不解地問：「等一下，只是因為

我把這封信交給你嗎？」

「沒錯，我已經等了近一年了，我絕對相信你能勝任這個工作。」總經理相當有把握地說。

又過了半年，這一個小伙子在自己的崗位上做得有聲有色，任何的衝鋒陷陣他從不害怕，使銷售業績不斷地上升，他竟成了公司裡不可或缺的戰將。

從這個故事當中，我們可以認知到「打破常規，不僅要有創新精神，還要有冒險精神，更要敢於勇闖禁區，因為最大、最好、最甜的果實，往往就生長在那一個又險、又遠、又痛苦的地方」，也就是所謂的「敢為天下先，才可成就大事業」。

自25年前至5年前，台灣補教界傳奇名師王擎天博士，以其「保證最低12級分」的傳奇式數學教學法轟動升大學補教界！但更為傳奇的故事是王博士5年前不再親授數學課程，卻成立了王道增智會投身入成人培訓志業！會長王擎天博士，是台灣地區唯一以100單位比特幣「挖礦」成功者，至今於兩岸三地創辦了19家文創事業，期間又著書百餘冊，成為兩岸知名暢銷書作家。

王道增智會下轄十大組織，其中「擎天商學院」共有28堂秘密系列課程，上過此課程的會員們均稱受用匪淺、受益良多，尤其對創業者與經營事業者均能高效幫助他們在事業上的成長，可謂上了這28堂秘密系列課程之後，勝過所有商學院事業經營系學分之總合！

雖然擎天商學秘密系列內容豐富實用廣受學員歡迎，然而這28堂秘密系列課程只限王道增智會500名會員能報名學習，更可惜的是王道增智會僅收500人。以至於即使佳評如潮、推薦不斷，受惠者也僅只有500名會員。因秘密系列如此可貴，創見出版社深感如此有效度與信度之內容若不能與人分享太可惜，便和王博士情商合作，由總編輯親率編輯團隊與攝錄製團隊，傾全社之力，耗費兩年時間全程跟拍擎天商學院全部秘密系列課程，出版了整套資訊型產品：包括書（紙本與電子版）、DVD、CD等影音圖文全紀錄，以書和DVD的形式來嘉惠那些想一窺28堂秘密課程的讀者們，才有了這套書的誕生！

此外，套書、DVD、CD並額外贈送價值不菲的多種課程票券，讓有心學習的讀者都能免費進場，可說是難得一見的好康，機會不把握就沒有下次了！

《成交的秘密》是28堂秘密課程的首本著作，融合王博士向大師學習成交心得與多年實戰經驗精華，買了這本書，就等於上了多位世界級銷售大師的菁華課程，你絕對不能再錯過！感恩。

Chapter *6*

要的是結果，而非過程

我們應當學習羅文的執行力──許多時候不要等「理解了才行動」，而是「行動了就能理解」，這也正是TSE絕對執行力課程為何強調「行動式學習」的原因！請牢記：行動才能改變結果，行動才能創造成果！

⚓ 執行力最強的團隊

　　世界上執行力最強的團隊是什麼樣的團隊？答案很可能出人意料，卻又令人覺得理所當然。

　　其實世界上執行力最強的團隊，就是軍隊！這個答案相信就算名列全球五百大的企業主也會欣然同意。當然了，也許有人認為這不是同樣性質的類比，畢竟企業是營運的一個事業體，軍隊最主要是保衛國家與人民，但事實上我們可以就此探討兩個重點：首先，企業也好，軍隊也罷，兩者在本質上都叫做「團隊」，都是由一群人所組成的一支隊伍、一個團隊。可是就「執行力」來說，為何軍隊能有高達百分百的執行力，企業團隊卻存在著執行力低落的問題？其次，如果將企業團隊打造成一支市場上的強力軍隊，並且有系統、有計畫地培訓員工，讓他們充滿自信、訓練有素，共同為了捍衛企業存亡而戰，那麼團隊執行力不就能獲得增強了嗎？

　　以下藉由美國西點軍校（The United States Military Academy at West Point）的案例，我們將能從該校教育訓練制度的特點，進一步思索團隊執行力養成的課題。

　　競爭殘酷，造成進步飛速，美國西點軍校的全名為「美國陸軍軍官學校（The United States Military Academy at West Point）」，它不僅是美國歷史最悠久的軍事學院，也曾與英國桑德赫斯特皇家軍事學院（Royal Military Academy Sandhurst，RMAS）、俄羅斯伏龍芝軍事學院、法國聖西爾軍校（Special Military School of St Cyr）並稱「世界四大軍校」。由於西點軍校校區位於紐約市哈德遜峽谷河的肘狀三角岩石坡地上，該地帶又被當地人稱為「西點」，漸漸地大家就習慣以西

點軍校代替校名全稱。

自從西點軍校成立以來，在兩百年的歷程中，它培養了眾多的美國軍事人才，其中有三千七百人成為將軍，最被人熟知的有美國前總統格蘭特（Hiram Ulysses Grant）、艾森豪（Dwight David Eisenhower）及美軍太平洋總部最高司令麥克阿瑟（General Douglas MacArthur）、美國前國務卿海格（Alexander Meigs Haig）以及我國名將孫立人等人，而除了軍界之外，它更為全球培養和造就了眾多的政、商界領導人、教育家和科學家。

毫不諱言地說，西點軍校堪稱一流人才的培養基地，然而要順利進入該校就讀可不輕鬆，僅僅從報考開始，就得一路接受嚴苛考驗，不斷地與人競爭。

首先，無論性別，都要經過嚴格的報考條件篩選，才能獲得正式的報考資格，緊接著，必須參加一輪又一輪的考試和測驗，然後各軍種學員入學資格評審委員會將從德、智、體等方面進行全面衡量，最終擇優錄取。這意味著在取得西點軍校學籍之前，你必須盡可能地保持最佳應戰狀態，並隨時做好被淘汰的心理準備。

等到正式錄取入學後，你以為從此就高枕無憂順利到畢業嗎？不，你沒有悠閒的機會，因為西點軍校的學員從入校那一天開始，就持續進行嚴格的檢驗、篩選、優化與淘汰，光是第一學年的新生淘汰率便有23％，而最終能在四年後領取畢業證書的學員只占入學總人數的七成不到。

西點軍校四年制的教育制度中，有兩個特點值得一提。

一是「野獸營」的傳統。西點軍校的第四任校長西爾維納斯‧薩耶爾（SylvanusThayer）在任內十五年之中，為西點軍校創建了完善的

教育訓練制度，其中最著名的作法是按照德、智、軍、體的教學目標，建立起嚴格卻又單調的生活制度，而野獸營則成了新生入學教育階段的篩檢程式，往往這個階段的淘汰率就有15%之多。在野獸營中，精力旺盛的中高年級學員把捉弄新學員當作發洩的最好方法，甚至可以隨意對新學員進行嚴酷的懲戒與考驗，直至麥克阿瑟擔任校長，這種情況才有所改變。不過嚴格來說，由於野獸營已經成為西點軍校乃至於全美軍嚴格訓練的傳統，因此麥克阿瑟所能做到的，也只是讓野獸營的手段稍微溫和一些罷了！

二是「類比敵對狀態」。在西點軍校，學員和戰術教官之間存在著一種類比的敵對狀態，這樣有利於保持軍人在戰場上的緊張感。

據說，某年西點的學員們在學校裡養倉鼠當寵物，這當然是西點教官們所不能容忍的事，沒想到，在學員們的巧妙偽裝和團隊默契的配合之下，巡查的教官們都只能找到倉鼠的爪子印！後來有一名綽號叫「貓頭鷹」的教官進行了徹底的地毯式搜查，雖然最終仍是一無所獲，但是他的「敬業」精神，以及他在搜查過程中所展現的智慧，卻意外贏得學員們的認可，因此當他回到辦公室的時候，他看見了一隻裹著停戰旗的小倉鼠！

上述兩個特點讓我們思考到：從野獸營的挑戰傳統中，彰顯出保持警覺的頭腦、靈敏的反應、不斷提升自我，個人才能在各種考驗堅持下來；而類比敵對狀態的背後，代表著團隊合作的精神，以及敵我對戰的進退策略。最重要的是，無處不在的「競爭、競爭、再競爭」，促進了每個團隊成員將自己調整到最佳化，同時注入了內部自我革新的力量，經久不衰。

事實上，從西點軍校的案例中，我們可以觀察到它的教育體系隨

515034

處可見「競爭意識」的身影，與此同時，它也強調了團隊合作的精神，而堪稱披荊斬棘的修業競爭旅程，確實不負它「人才搖籃」的美譽，不僅培育出大批軍事人才，同樣也培養出璀璨的商界領袖與奇才。有份資料數據顯示，它為世界五百強企業培養了一千多位董事長、兩千多位副董事長、五千多位總經理，培養的企業領導人比起哈佛、牛津、華頓、史丹佛等知名學府的總和還要多。

當然了，你可能會產生一種疑惑，西點不是一所歷史悠久的軍校嗎？為何在企業界，它的風頭能蓋過諸多全球知名商學院？而且西點軍校並沒有開設工商管理必修課。這要歸功於西點軍校在對領導力、執行力、人格魅力方面與眾不同的培養。說明如下：

領導力：在西點人看來，領導力的關鍵並不是簡單地服從，而在於引導、激勵部下，讓他們與你的思維、理念同步，跟隨你的事業一起奮鬥。

執行力：執行力意味著除非命令本身有問題，否則必須執行，沒有任何藉口。在西點軍校裡，士兵回答問題的時候，只能有四種答案：「是，長官」；「不是，長官」；「不知道，長官」；「沒有藉口，長官」。

人格魅力：人格魅力指的是人的美德。西點軍校的榮譽信條是：絕不欺騙和偷盜，也絕不容忍任何人做出這種行為。

此外，廣為流傳的「西點軍校二十二條軍規」中亦可窺得一斑——「無條件執行、工作無藉口、細節決定成敗、以上司為榜樣、榮譽原則、受人歡迎、與人合作、團隊精神、只有第一、敢於冒險、火一般精神、不斷提升自己、勇敢者的遊戲、全力以赴、盡職盡責、沒有不可能、永不放棄、敬業為魂、為自己奮鬥、理念至上、自動自

發、立即行動。」

　　其實我們只要具備其中幾項，距成功也就不遠了！而這二十二條不也正是老闆希冀員工的夢幻條件嗎？我們從西點百年來所培養的各界人才中，不難發現他們既能與他人合作成為團隊中的中堅份子，又能「單兵作戰」成為統領一方的佼佼者，這意味著「競爭意識」既能使個人脫胎換骨，也能錘鍊出團隊戰力，換言之，良性的競爭對企業中的員工個人乃至整體團隊而言，均能帶來正面作用。

　　最重要的是，藉由西點軍校的案例，我想凸顯出一個道理：「競爭」可以打磨團隊執行力！

⚓ 對自己**負責**

　　在我悉心研究諸多成功者案例的時候，除了本書主角羅文上尉，我發現有像毛澤東那樣具備高深想法的人成功，也有像張飛那樣目不識丁的人成功，也有像柯林頓那樣風流倜儻的人成功，也有像司馬遷那樣不問世事的人成功，還有像朱鎔基那樣性格剛烈的人成功，有像周恩來那樣包容謙和的人能成功，更有像甘地一樣宅心仁厚的人也成功了，當然也有像曹操那樣心胸極度狹隘的野心家、陰謀家也能成為一代梟雄。既然這些成功者可以說是什麼樣的性格都有，不就顯現出一個道理：你能不能成功，跟你的個性無關！

　　無論一個人的性格如何，都不足以阻礙他追求成功的腳步，也更不影響他坐上功成名就的榮耀寶座，所以我的結論是成功和一個人的性格沒有關係，和一個人的心胸沒有關係，和一個人的種族沒有關係，因為什麼樣子的人都有成功的例子；所以你想要創造屬於你的成

功與財富，並不需要去改變自己的個性，因為世上沒有十全十美的人，每個人都有缺點。

　　不過我也發現到一件事，儘管世界上所有的成功者性格各異，但是他們都具備了一個共通點：永遠對自己的行為與結果負起百分之百的責任，更簡單地說，他們都對自己負責。

　　事實上，我們公司對新進人員的第一句話，就是告訴他：「要對自己負責。」因為只要是一個對自己負責的人，他這輩子就注定會與眾不同，他將開始脫穎而出、出類拔萃，展現耀眼風采。很遺憾的是，在生活中、在職場上，大多數的人並不懂得為自己負責，許多人喜歡把自己面臨的種種問題、困難、挫折一股腦地推到別人身上，也經常抱怨自己的不如意是因為父母親不好、環境不好、國家不好、制度不好、市場不好、客戶不好、產品不好、我的另一半不好、是我朋友不好、是我員工不好、是我合夥人不好。這類喜歡推卸責任的人，由於總是習慣把自己置身於「我是受害者」的框架中，反而更容易令自己陷入人生的窘境，無法爬出這該死的泥沼。

　　為什麼呢？因為當你是以一個受害者的角度來解釋自己人生的時候，你就把自己的成功與財富聯結到外界環境，你就沒有辦法、沒有能力去改變一切，因為一切的不順「都是別人造成」的，遭遇挫折或不如意的事，就會尋找理由，自己永遠都沒有錯，永遠是別人的錯，完全不關你的事，責任都在別人身上，彷彿將責任推卸出去之後，所有的一切都與你無關。但其實你錯了，而且大錯特錯！因為責任本來就在你身上，你要推也推不出去，即使你推卸給別人，最終要承擔這一切後果的人還是你自己，責任即使推出去了，它還是在你肩膀上，只有我們當一個負責任者才能承擔起所有。

成功是要我們自己爭取的。環境就是因為不好，我才要改造環境；市場本來就不好做，所以才有我生存的空間，要是好做，別人早就都成功了，哪裡輪得到我來分一杯羹？產品本來就不好賣，所以才需要我去推銷給別人，也因此公司才會給我優渥豐厚的報酬。當我願意承擔起這一切責任後，我便把成功與財富當成與我自己高度相關。

　　什麼是與我自己高度相關？就是不與環境掛勾，僅僅與我自己掛勾。所有的成功果實或者是失敗苦果，誰承受？自然還是我來承受。就算有一萬個苦衷、有一萬個藉口、有一萬個緣由導致了我的失敗，但只有一個原因將促使我獲得勝利的獎賞，那一個原因就叫做：「成功是誰要的？答案是：是我要的！」當你負起責任的時候，責任、權利對等。當你的責任感一旦強化了，便會產生「權力在我」、「衝刺在我」，「我要改變這一切、我能夠改變這一切」的想法與動力，於是，所有的能量都將湧現而出，與你一同奔赴成功的盛宴。

　　責任與權力是對等的，最後的利益也是由我承受，對嗎？這就是我要再次告訴你的一個最重要的關鍵──那就是成功的一切與個人的性格、心胸、性別、種族等均無關，只與你是不是一個對自己負責任的人有關。

　　如果你明白了這一點，那麼接下來我要解說：什麼叫對自己負責任？又要怎麼做？事實上，「負責」的具體行為表現就落實在兩個字──行動！這是什麼意思呢？就是說，如果不滿意現狀，就採取行動，去做出改變，更進一步來說，為了掌握自己的命運、實現自我人生的理想，就要立刻採取必要且積極的行動。

　　一個人內心的決定，往往決定了自身未來的命運，這便回到我前面所說的──成功者勇於為自己負責，為了掌握自己的命運、實現自

我人生的理想，他會無畏艱難，採取必要而積極的行動。

是什麼決定了一個人的命運？有人認為外在環境的客觀條件影響甚劇，例如在不同的環境之中，人會被改變成不同的樣子，尤其近朱者赤、近墨者黑，物以類聚、人以群分，因此環境因素很重要。

然而，以口足畫家謝坤山、和志剛等多人的案例來說，無論外在環境也好，客觀條件也罷，他們顯然並不具備優勢，可是他們的命運卻也沒有因此搖搖欲墜，反而勇敢活出不一樣的精彩人生。

以我自己本身的經驗來說，我可以直接而負責地告訴你，人的命運無關乎環境如何，因為我自己就是從很差的環境中出身的人，所有的一切都只與你內心的決定有關，你內心的決定將引導你的人生如何展開。和志剛因為一想到自己失去雙手，就要去街頭乞討一輩子，簡直比斷了手還慘，所以他寧可選擇挑戰學畫，再難他都要努力去克服，而當他起心動念「我不要乞討的人生，我要改變」，不是只有「想」而是「一定要」，於是，他內心的決定帶著他走上積極進取的人生之路。

事實上，失敗者跟成功者有一個很明顯的區別，是什麼區別呢？那就是失敗者常常把自己的失敗歸咎於外在，例如是父母沒給我好的家世、好的成長環境，是他們沒給我讀書的機會，或者是政府沒好好地治理這個國家跟社會，是媒體太糟糕了，一天到晚只報導負面，不報導正面向上的東西，總之，失敗者都喜歡把自己的失敗歸咎於不是我的錯，一切是別人害的，嘴上老是說：「我也不想這樣，但我實在沒辦法……」在現實生活中，你一定遇過不少這樣會把成功與失敗跟別人聯繫在一起的失敗者。

反觀成功者是怎麼面對挑戰或不如意的？他們認為就算環境有一

百個理由不好，父母有一百個理由不好，政府有一萬個理由不好，媒體有一千萬個理由不好，別人有一億個理由不好，外面有一萬萬個理由導致我失敗，但只要秉持一個理由，我就一定要成功，那就是「成功是我要的」！生命是我的，人生是

筆者杜云安於臺灣開課「TSE絕對執行力」。

我的，生活到最後也是我承受一切或擁有一切，既然我想要獲得成功，就朝此目標，採取行動前進。

換言之，成功者喜歡把「成功」這件事與自己聯繫在一起，這讓他們堅強，讓他們不找藉口自我欺騙，讓他們對自我人生負起百分之百的責任，讓他們聰明而勇敢地面對傷害與挑戰，也讓他們總是積極地採取必要行動去改變劣勢，創造優勢！

⚓ 讓你的工作進入**良性循環**

以人為本，尊重自己和每一個人，才能意識到工作對個人代表著什麼。而實際上，尊重工作，就是尊重你自己，這是最基本的工作態度。

有一個廣為人知的三個砌磚工人的故事，其中所透露出來的工作態度很有意思：

有一個路人對著正在工作的三個建築工人問：「你們在做什

麼？」

第一個工人說：「砌磚。」

第二個工人說：「我正在做一件每小時工資九點三美金的工作。」

第三個工人說：「你問我啊！我可以老實跟你說，我正在建造世界上最棒的教堂。」

這個故事雖然沒有提到這些工人後來的際遇如何了，不過我們可以自己想像一下，最可能的情況是──前兩個建築工人繼續砌磚，因為他們沒有遠見，不夠重視自己的工作，不會追求更大的成就。但是那位回答建造最棒的教堂的工人，一定不會只是個工人而已，也許他已經成為工頭或者承包商，甚至變成很有名的建築師，他還會繼續發展得更好。為什麼呢？因為他善於思考，他已經明顯地表現出他想更上一層樓。臺灣的趙藤雄董事長是「土水」出身便是一例。

哈伯德曾經與一間家庭用具工廠的人事主管有過一次長談，他們談到如何塑造新的領導人物，他將自己在人事管理方面的經驗告訴了哈伯德。

「我們公司有將近八百個員工。」他說，「我和一位助理每六個月就和所有員工面談一次。我們的目的很簡單，就是想知道每一個員工的工作情形，然後盡力地輔導他。因為我們認為每一個員工都很重要，否則當初就不會錄用他了。我們在發問時，總是盡量避免吹毛求疵，並鼓勵他們多說，這樣做的用意是希望他們對我們能產生一種誠懇的好印象。在每一次的面談結束之後，我們就會把他工作上的某些特殊態度填在一份調查

評估表上。」

　「現在，我已經學到了一些經驗，」他繼續說：「依據他們對工作的看法，可以分成A、B兩種類型，B類型員工談話的內容不外乎工作保障、公司的退休計劃、請假手續、額外休假制度、為改善保險計劃應該如何努力，以及會不會像去年六月那樣突然強迫加班。他們也提到一些對工作不太滿意的地方，以及對同事的不滿等等。可以說，80%的員工都屬於這一類型，他們並沒將自己的工作看得非常重要。」

　「然而A類型的員工卻是從不同的角度來談，他們所考慮的事情都是未來的事情。他們非常希望知道『還能做什麼才能更好』，希望我們多給他一些機會，此外其他方面的事都沒提到。他們的想法很多元，會提出改進公司業務的建議。他們都將這種面談看成一種有助於日後作業方向的面談，但是B類型員工卻認為是一種疲勞轟炸，往往希望很快就打發過去。」

　「我們用一種特殊方法來分析這兩種員工的工作態度與工作績效的關係。員工的升遷、加薪以及特殊情況，都由該員工的直接主管送到我這裡。結果，能夠獲得獎勵的人幾乎都是A類型員工，而那些較容易有狀況的員工也都屬於B類型。」

　「我的工作就是將那些B類型的員工變成A類型。而這不是一件簡單的事，因為在員工心中樹立『我的工作很重要』、『如何才能改進』的觀點之前，他永遠不會有什麼長進。」

　一般員工通常不太看重自己的工作，因此不能投注所有心力在工作上，進而使工作的表現低落，因此更厭惡自己的工作，也就產生了所謂的惡性循環。據研究，企業中的員工有80％是屬於惡性循環當

中，只有不到20％的員工是良性循環，這些不到20％的員工熱愛自己的工作，全力以赴地解決所有問題，使得工作表現相當優異，因而進入了能不斷獲得成就感的良性循環當中。

態度決定成敗，你有什麼樣的想法往往決定你是否會成功，因為你的思想不知不覺使你轉變成你所想的那樣。如果你認為自己很虛弱、條件很差、一定會失敗、是二流的人才等等，那麼這些想法就注定了你會平庸一輩子；反過來說，如果你認為自己非常重要、擁有足夠優秀的條件、是第一流的人才、認真看待自己的工作等等，那麼你很快就能找到前往成功的階梯。

贏得一切的關鍵在於你能不能積極地思考，他人判斷你能力的基礎來自於你的行動，而你的行動卻從你如何思考而決定。

如果一個人輕視自己的工作，將它當成煩躁、甚至低賤的事情，那麼他絕不會尊敬這份工作及其背後的意義。瞧不起自己工作的人，也不會尊重自己，更不會受到他人的尊重。而我們說，請你試著重新調整自己的心態，認真看待自己的工作，找回自信心，試著投注心力在你的工作上，就能進入一個良性循環，你能工作地更快樂，更能給予別人一個好印象，而這些都是成功必不可少的基礎條件。

⚓ 行動才能改變命運，創造成果

一直以來，我常聽人家說：思想要改，潛意識要改，要先有成功的思想，要我們擁有正面積極的思考模式。我想了很多年，最後才發現結果還是沒有改變，原來是他們都說錯了；現在我在演講授課的場合中總會說明，不要只是強調積極思考或正向思考，光憑思考是不會

產生結果的，只有行動才會產生結果，不要等思想改變行動，很多人認為思想改變了結果就會跟著改變，這是錯誤的。如果只是片面強調積極思考、正向思考，卻不去正視採取實際行動的必要性，很容易就讓人淪為「思想的巨人，行動的侏儒」，你的生命並不會因此產生更好的改變。

我認為僅僅思考不會改變結果，只有行動才會改變結果。很多人說思想只要改了，行動就會改了，這是錯誤的。因為思想即便改了，很多人的行動還是處於靜止模式。舉例來說，我在課堂上問學員：「你們認為運動重不重要？」大家都認同說很重要。我再接著問：會每天運動的學員人數有多少？結果卻只有不到一半的人數做到。

這顯示出什麼？這表示就算你在思想上十分認同運動很重要，但只要你不以實際行動去落實它、貫徹它，結果將沒有任何本質上的不同。以此推論，再積極正面

筆者杜云安於臺灣的大學講授羅文精神。

的人生思考，只要沒有行動的配合，一切都是空談而已！

那麼問題來了，採取行動很難嗎？如果以運動當例子，我會告訴你，你去運動就會體驗到運動能讓你感到舒服、有精神，而當你運動了一段時間後，就能發現原來你的體力變好了，人也格外地有活力了，於是慢慢地你就深刻領悟到「原來運動很重要」這句話是真的，而且養成了自動自發去運動的習慣。而執行出「運動」這個行動帶來

的「體能改善」這個結果！

許多時候，我們必須用「行動改變思想」，而不是以思想去改變行動，若是枯等思想改變行動，往往是很多年後依然沒有任何改變，但只要以行動帶動思想的改變，很多事情的發展局面或結果就立刻出現不同的感覺了。這也就是行為學家所證實的：「肢體狀態的行為模式能改變一個人的大腦的思維模式。」

好比公司老闆有了一項決策，他跟員工商量說：「這樣好不好？大家能理解嗎？我的用意如果理解的話，請大家多多支持配合。」這是思想上的溝通，讓人理解了再執行決策，如果員工的積極行動力是足夠的，那麼這項決策的高度執行成果是可以預期的，但要是員工並不理解決策用意，難道老闆就要放棄執行決策的計畫？或是對著團隊執行力的低落慘況乾瞪眼嗎？

不，如果你是老闆，你應該告訴員工：「我與你們溝通這項決策的用意，無非希望你們理解後支持，認真執行，如果你無法理解我的決策用意也沒關係，因為無論理解與否，你們都要徹底執行，而一旦採取行動加以執行，你們自然就能理解這項決策的重要性了。」

為什麼行動了就會理解？這就好像是你當了爸爸之後，才會知道你父親以前為什麼那樣對待你、要求你？你當了媽媽後，你才會知道當媽媽有多不容易，你當老闆了，才領悟到昔日老闆的營運艱辛。在現實生活中，思想上的理解程度和行動的落實程度，並不是正相關的關係，尤其企業團隊的實務運作中，你可能經常要面臨「以行動帶動思想改變」的狀況，例如推行一項決策，員工可能體會不到重要性，若是又遇到團隊成員的基數過大，你難道要千辛萬苦召集所有人來參加為時漫長的說明會嗎？倒不如簡單扼要說明決策的核心用意，下達

操作步驟，直接讓他們採取行動、讓他們去執行，他們反而能在行動過程中理解到貫徹這項決策的重要性。

　　眾所周知，全球最大零售商沃爾瑪創辦人山姆‧沃爾頓（Sam Walton），他創造了全世界最大的零售王國，曾經創下過在一天之中全球業績高達二千五百億美元的紀錄，換算成台幣約等於一兆元，這真是令人難以想像，對不對？而且這家公司的員工平均學歷不超過高中，他是如何成功的呢？

　　我們都知道沃爾瑪商店的特色是標榜「天天低價」，就是我是最便宜的，歡迎大家都來找我買東西，因此物美價廉是他們吸引客戶的方法，可是有一年競爭對手也說，我比沃爾瑪更便宜，於是所有人都轉而跑去競爭對手那裡買東西。人們預期雙方將出現激烈的價格割喉戰，出人意料的，僅僅過了一週，顧客卻又回流到沃爾瑪商店買東西，為什麼呢？因為沃爾瑪的客戶服務好得沒話說。

　　事實上，諸如「顧客至上」、「顧客永遠是對的」等等被服務業奉為圭臬的金科玉律，以及許多關於顧客服務的公司培訓課程教材，幾乎都是從沃爾瑪商店推廣出來的，換言之，沃爾瑪商店是全世界第一個強調顧客至上的企業，也是「客戶服務決策」執行力度最徹底的企業。那麼他們的老闆又是如何服務顧客的呢？有個關於沃爾瑪創辦人山姆‧沃爾頓的故事是這樣的：

　　某次，有位記者依約前往辦公室要採訪他，但人到了辦公室卻發現總裁不在，記者等了快半小時就問祕書：「你們老闆怎麼不在？我明明和他約四點採訪的。」之後就怒氣沖沖地離開了。

　　沒想到，記者在開車經過一家沃爾瑪商店時，居然看見一位很眼熟的老先生站在門口，仔細一看，那不就是總裁山姆‧沃爾頓本人

嗎？記者馬上把車停靠路邊，下車後走過去詢問他：「你忘記你有個約會嗎？我之前跟你約了四點進行採訪，但你怎麼現在還在店裡工作？」山姆‧沃爾頓正好在服務客人，他一邊快速幫客戶拿貨，一邊幫客人照看小孩，等忙完之後，他才跟記者說：「我記得與你四點有約，不過我忘了告訴你，這裡就是我的辦公室。」記者又問：「你的辦公室不是在總部嗎？」他說：「其實這十多年來，我每天都會在商店現場服務客戶，我忘了告訴你，嚴格來說，這裡才是我真正的辦公室。」後來那位記者把這段經歷寫了出來，很多人才知道原來去沃爾瑪購物，還能享受到總裁本人親自為你服務的待遇。

因此與其說沃爾瑪能成為世界最大零售商，是依靠低價策略，不如說它是透過物美價廉的商品吸引顧客流量，再用高效率的營運與服務真正留住顧客對企業的認同感。換言之，沃爾瑪的成功關鍵，不是價格、不是商品，而是客戶服務，這恰恰也是最難掌握執行程度的一點。因為沃爾瑪的客戶服務不僅要求員工要對客戶展現最大的友善，還要提供超過客戶期望的服務，甚至還要求只要任何客戶走進員工的三米視線之內，員工必定要笑臉相迎，熱忱接待。

那麼，想想看沃爾瑪旗下那麼多的員工，要如何確保他們都能明白做好客戶服務的重要性，並且採取行動去貫徹執行？

山姆‧沃爾頓這位企業領導人的確做到了。以「三米微笑原則」來說，他透過視訊會議向企業旗下所有的沃爾瑪員工發表了一段演講，並且要求所有人起立，舉起右手，全體共同唸了一段宣誓詞：「我宣誓，我承諾，無論何時，當我與顧客的距離在三米之內時，我必須看著他的眼睛，問候並詢問：有什麼可以幫您的嗎？我一定要做到這一點，這其實很簡單，也並不花費什麼，但我相信它能夠創造奇

蹟，對顧客來說也絕對是一個奇蹟。我雖然天生可能害羞，有時也不願意打擾別人，但我如果這樣做了，我一定能夠成為一個領導者。三米微笑可以讓我樂觀自信地和任何人打招呼，無論貴賤，還是老幼，我都可以輕鬆面對，展示良好的自我。因為這樣做，我的人格將更加健全，性格將變得外向，我在未來將成為領班、主管或者經理，甚至是任何我想要的職位。」於是員工們不管對誓詞是否深刻理解，他們都記住了一件事——喔，只要有任何顧客走進我的三米視線之內，我就要笑臉相迎，親切地詢問他：「請問有什麼可以幫您的嗎？」

　　山姆・沃爾頓的這場視訊演講，其實沒有陳述多麼高深的理論，也沒有大聲疾呼、苦口婆心地說明為何保持微笑會對爭取客戶的企業認同感有很大的幫助，或是長篇大論地教育員工為何做好「三米微笑原則」的客戶服務就能讓營業額成長，他的演講主題就是簡單的「三米內遇到客戶要微笑招呼」，然後大家一起舉手宣示，這等同於帶引員工做一次「三米微笑原則」的執行動作。與此同時，每當他巡店時，他都會鼓勵員工說：「我希望你們能夠保證，每當你在三米以內

遇到一位顧客時，你會微笑看著他的眼睛，與他打招呼，同時詢問能為他做些什麼。」

　　事實上，這場演講可以定位成員工培訓課程，他的培訓完全鎖定在

筆者杜云安於課堂中講授提升執行力的方法。

「行動」上，要求你行動，然後你就理解用意，並且會持續做好它，當然實際結果證明了這樣的培訓是能帶來耀眼成果的。這也意味著當你帶領團隊時，當你想打造強大的團隊執行力時，必須保有一個觀念，許多時候不要等「理解了才行動」，而是「行動了就能理解」，這也正是「TSF絕對執行力」課程為何強調「行動式學習」的原因。請牢記：行動才能改變結果，行動才能創造成果！

⚓ **集中力**的練習

美國政治家亨利·克萊（Henry Clay）曾有這樣的言論：「遇到重要的事情時，我不知道別人會有什麼反應，但是我每次都會全身心地投入其中，根本不會注意到身外的世界。那一瞬間，無論是時間、環境，還是周圍的人，我都感覺不到他們的存在。」

註 亨利·克萊為美國參眾兩院歷史上最重要的政治家與演說家之一，也是輝格黨（Whig Party）的創立者。亨利·克萊曾任美國國務卿，五次參加美國總統競選，儘管均告失敗，但他仍然因善於調解衝突的兩方，並數次解決南北方關於奴隸制的矛盾，維護了聯邦的穩定而被稱為「偉大的調解者」，並在一九五七年被評選為美國歷史上最偉大的五位參議員之一。

一天早上，雅各正好路過了一家理髮店，便決定進去修整頭髮。這家店的理髮師就像多數的理髮師一樣，是個樂觀開朗、極為健談的人。在他為雅各理髮時，還興致勃勃地說了一大堆

毫無意義的趣聞軼事和道聽途說的傳聞，雅各對此沒有感到任何興趣。

這個理髮師說起話來真是漫無邊際，沒完沒了。好不容易挨到他把最後一段故事說完，雅各終於吐了長長的一口氣，他坐在椅子上開始閉目養神。理髮師注意到了雅各態度的變化，於是暫時放下了手中的剪刀。

「哎呀，我說，」理髮師一屁股坐在椅子上，重重地嘆了一口氣，「我滔滔不絕、生動活潑地說了二十分鐘的故事，你怎麼都沒有反應呢？」

雅各聽了之後，微笑地說：「我的朋友，我這樣做是想讓你知道，你的工作是為我理髮，而我的任務是好好坐在這裡讓你理髮。如果我們都能集中精力，認真做到自己的職責，那麼我們的工作就接近完美了。」

理髮師在聽了雅各的話之後，在剩下的時間裡竟然管住了自己的嘴巴，再也沒說過一句話。因此雅各得以有空瀏覽他最喜愛的最新一期的《汽車與駕駛》雜誌，並在離開之前，付給這位理髮師一筆數目不菲的小費。

在現實生活中，如果每個人都能毫無怨言、一心一意地做好自己該做的事，這樣一來，許多事情就會變得更簡單。而事情越簡單，你能從中獲益的東西反而越多。

一天當中，我們得應付各式各樣的資訊，有許多電子郵件要回覆，也有電話要接聽，更有會議要出席。當我們埋頭工作的過程中，可能得認真回覆不少郵件，偶爾接聽電話，不時會有人打斷我們的工

作，擾亂我們的思路，並且需要我們做出反應或與之交流，總是有著需要處理的各種狀況會發生。當這些事結束之後，我們又得重新坐下來，重新調整思緒，再繼續剛才的工作。

要有絕佳的工作表現，關鍵在於我們要在工作當中真正做到心無旁鶩、全神貫注，這是個簡單的道理卻實行不易。

我們需要良好的集中力，才能追求卓越。美國心理學家丹尼爾‧高曼（Daniel Goleman）提出，當人們的注意力越集中，做任何事情的表現都會更好，而他在著作中也提到，每個想要成功的人都需要培養三種集中力：

首先是練習「聚焦於自身」，也就是聆聽自己的聲音，意識自己的感受，理清什麼事情對你來說最重要；其次是「聚焦於他人」，也就是能以同理心去了解別人的內在想法與感受，並且願意幫助對方；第三則是「聚焦於外在世界」，也就是培養系統意識，你必須了解你的企業所面對的大環境或生態體系，這對於策略的制定、組織的管理和創新來說，都非常重要。

而集中力是可以練習的，就像你到健身房練肌肉一樣，不斷地重複訓練，就能練出強壯的肌肉。例如，先緩慢地吸一大口氣，然後緩慢地呼出一大口氣，接著一直重複，讓自己意識到這些呼吸。如果你發覺自己的注意力開始不集中，就要將它找回來，重新再回到呼吸上。

試著做這樣的集中力練習，可以的話應用在你的工作上，全力以赴於你的人生目標，如此你就將成為最受公司歡迎的優秀員工，也能在自己的人生道路上順利前行。

⚓ 別忽視每一件小事

　　每一個踏進職場的人，都會有一種固有心態——希望能很快地做出成績，受到老闆的肯定和同事的認同，這種想法並無可厚非，因此他們往往會急於去做一些重要的事，想以此求得表現，證明自己的價值。然而事情並沒有那麼容易，甚至結果往往會違背他們的期待。畢竟作為一個員工，老闆在還沒有了解你的時候，是不會放心把重要任務交給你去執行的。

　　全世界最大的肌膚保養和彩妝品公司之一的玫琳凱（Mary Kay）化粧品公司創辦人兼名譽主席玫琳凱‧艾許（Mary Kay Ash）說過一個這樣的故事：

　　「每個人都很特殊，我真心這麼認為。每個人都會希望自己很棒，但是對我來說，讓別人產生同樣的感覺也很重要。因此，每當我遇見別人，我都會假想他身上掛著一塊牌子，上面寫著：『讓我覺得我很重要！』」

　　「我就會立刻對這個掛牌作出回應，結果通常都非常好。」

　　「然而，有一些人永遠只在乎自己，他不明白別人也想受到重視。我曾經排隊等著和一位業務經理握手，等到終於輪到我的時候，他卻好像當我不存在一樣。我想那個人一定不記得這件事，他大概一輩子也不知道他那時的舉動深深地傷了我的心。那一天我學到了很重要的一課，我永遠不會忘記：『不論你多忙碌，你都得挪出時間讓別人感覺他受到了重視！』」

　　「許多年前，我想買一部新車，那時候雙色車剛剛上市，我看

上了一部福特的黑白雙色車。我的個性是，買不起的東西我從來不會想去買，我都是存夠了錢，才直接付現金的那種人。當時，我想買那部車作為我自己的生日禮物，我帶著錢包就往福特汽車的展示中心去了，但是那一個業務員顯然沒把我當一回事，因為他看見我開著舊車來，他斷定我買不起新上市的車。那個福特業務員真的一點也不想在我身上浪費時間，但我心裡想著，如果他讓我覺得不受重視，那麼他也辦不成什麼好事。到了中午時，他藉口說有一個午餐會議便離開了。我想買他們的車，卻遭受到這樣的待遇，於是，我要求見他們的業務經理，經理不在，要下午一點之後才回來。好吧！因為我還是想買福特的那部黑白車款，便決定等到下午一點，而為了消磨時間，我在附近隨便逛逛。」

「對面剛好是通用汽車經銷商的展售中心，他們展示了一部黃色車款，雖然我很喜歡，不過金額卻遠比我的購車預算要貴。然而他們的業務員彬彬有禮，讓我感受到他真的很在意我，當他知道那天是我的生日時，他離開了一下子。十五分鐘後，一位祕書捧來了一束美麗的玫瑰花，原來是那位業務員專程訂給我、祝福我生日快樂的。剎那之間，我彷彿覺得自己有著百萬身價……我感受到他誠摯的心意，不用說，最後我當然買了通用汽車的那輛黃色車款。」

「那位通用汽車的業務員之所以能談成這筆交易，是因為他讓我覺得自己非常受到重視。他不以貌取人，在他的眼中或者在他的心裡，我就是個非常重要的客人，他看見了我身上掛著的那塊隱形的牌子——『讓我覺得我很重要！』我們應該明白，

上帝在每個人身上都埋藏著偉大的種子……」

　　每一件事都值得我們去做，並且應該用心地去做，不要小看自己所做的每一件事，即便是最普通的事，也都應該全力以赴，盡心盡力地去完成。小任務的順利完成，有利於你對完成大任務的成功把握，只要你一步一腳印地踏實地向上攀登，你便不會輕易地就跌落崖底。

⚓ 認真第一，聰明其實並不重要

　　無論你從事什麼職業，都應該盡心盡力、盡自己最大的可能，將工作做好。這不僅僅是你職責上的需要，也是你人生中的必要。如果人沒有了事業和理想，生命就會失去意義。無論你的處境如何，即使在貧窮困苦的環境當中，如果你能全身心投入到工作中，盡職、盡責，忘我地工作，最終就能獲得你想要的一切。那些在人生中獲得成就的人，一定都在某一特定領域裡付出過堅持不懈的努力，就像羅文。
　　分享一個真實的故事：

　　有一位階級很高的將軍要到營區視察，車子到了大門口，因為沒有判斷的證件，就被守門的士兵擋了下來，說什麼都不放行。
　　「我是某某將軍，難道，你不認識我嗎？」
　　「非常抱歉，我的任務是憑證放行，就算您是將軍也一樣。」
　　將軍因為忘了戴識別證而不能進門，但是他並沒有對士兵動怒，反而點頭說：「這是他的職責，我必須尊重他。」

在這個社會上，不論做什麼工作都需要認真，只要認真，做任何事都會產生成果，都會被尊重，這就是所謂的「認真第一，聰明第二」是也！

與上述類似的故事也發生過在某電視臺，該電視臺必須憑證進入。

有一次，一位當紅明星忘了帶證件而被擋在門外，警衛說什麼也不讓他進門，明星告訴警衛：「我是某某某，你不認識我嗎？」

警衛回答：「我當然知道你是誰，但是，你沒帶證件，就是不能進電視台。」

折騰了老半天，警衛還是不放人進電視臺。這位大明星最後還是靠著聯絡臺內的工作人員出來帶他進去，才算解決了事情，否則，他恐怕就得再跑一趟，回家拿證件了。

相信讀者朋友們也認同，國際上普遍公認有兩個國家出產的商品最有品質保證，一個是德國製、一個是日本製。在人們的認知裡德國人與日本人的民族性當中，流淌著一絲不苟、執著、堅持的基因，儘管有時這會讓人感覺他們彷彿是一根筋通到底，做事情不太懂變通，但不可否認的，嚴謹認真的態度促使他們生產、製造了許多聞名世界的高品質商品。

如果你觀察某些商品廣告，有時會發現文案或旁白出現一些與「德國工藝」相關的關鍵詞，這背後透露出的廣告訊息是：該商品出

自於德國技術，代表著消費者可以安心購買，完全不必擔憂商品品質。事實上這也突顯出人們對於嚴謹認真、執著做好每個環節的做事態度給予肯定，而當全球商品同質性越來越高的時候，在「細節」上下功夫，就變成了競爭焦點。

「聰明文化」害了我們多少事？在現實生活中，面對工作任務，有些人會抱持一種心態：多做一點事、少做一點事，上司或老闆又不知道，就像縫製鈕釦，你少縫幾針老闆也不知道，還不是照領同樣的錢，又能早點下班？幹嘛傻傻地一針不差地縫到滿針數？乾脆少做一點事，還不是照樣領一樣的薪水。對這類員工來說，他們認為這才是聰明人的行為，可也有句俗話說「聰明反被聰明誤」，在工作上投機取巧、鑽營漏洞、賣弄小聰明，最後執行的成果自然會顯現出差異，長久以往，他們的職場價值只會一落千丈。

如果把「鑽營規則漏洞」與「占便宜」當作是聰明人的真正表現，只會使人失去更多有價值的事物，尤其在職場上或商場上，如果你足夠聰慧、遇事能快速應變，請記得把聰明用於正確方向，執行工作任務時，更應該信守「認真第一，聰明不重要」的行動方針，許多時候，與其不停地轉換方法想找出捷徑或偷吃步的方法去完成工作，不如用一個雖然較差卻能真正獲得結果的方法，甚至有時我們寧可得到較差的結果，也比沒有結果來得強。

無法否認的，華人世界都比較推崇聰明，比較不鼓勵認真，這種文化叫「聰明文化」。從小我們也經常聽到大人喜歡讚美小孩子「你好聰明」，或是羨慕別人家的小孩有多麼聰慧，反而比較少聽到大人讚賞小孩子讀書很認真、做事很細心，久而久之，誇人「聰明」被認為是給予對方高度評價，誇人「認真」卻被戲稱為想不出對方有什麼

優點時，只好讚賞他是個做事認真的人。

　　事實上，企業主或團隊領導者在選擇人才、培育人才的特點排序上，不要落下「聰明就是好人才」的迷思，不妨把「認真」視為首要考量，慢慢地將「聰明」放在其次。很多時候，你與其希冀團隊成員全都是聰明人，不如讓大家先成為一群認真做事、執行力高的人，因為那可能更容易讓你們達成目標，獲得成果。

　　然而在這個社會上，有些人的職位雖低，卻從不看輕自己，但也有些人會因此怨天尤人，成天要老闆給他一個高收入的職位。仔細想想，那些對自己現在的職位都不能認真對待的人，又怎麼能得到別人的信任，被交付做更重要的事呢？

　　法國軍事家拿破崙（Napoléon Bonaparte）一生都非常敬重認真的人。有一次，他和太太在街上散步，走著走著，路上被正在搬東西的工人擋住了，他的夫人看了，馬上前去斥責工人，要工人讓開，而拿破崙卻急忙阻止太太，他說：「即使是最低微的搬運工作，也對人類有很大的貢獻，這比起那些不認真工作、只愛享樂的人要好得多，我們應該尊重他們才對。」

　　有許多人總是不停地抱怨，不是說上司不好，就是說薪水太低。不過，傑夫可不是這樣想的，他對工作的看法十分特別，他說：「天底下哪有這麼好的事呢，拿別人的錢來學自己的本事，可不真的賺到了？」他認為在公司裡工作，其實就是學自己的本領，既可以學習、練習，又可以領薪水，這簡直是再好不過的事情了。

傑夫的第一個工作是在紐約的一家事務所，當時，他做的是收文件的工作，上司看他很認真，索性也將發文件的工作交給他，後來又讓他學習寫公文。最繁忙時，傑夫一個人竟兼著做公司三份工作，他說：「我每天這樣認真地工作，讓我學到了很多原本不知道的事情。」正因為如此，遇有升遷機會時，當然就非傑夫莫屬。

無論做什麼事，試著竭盡全力去做，先把你的聰明放一邊，以主動盡職的態度工作，那麼，即使你從事的是平庸的職業，也能為你自己帶來更多發展的機會。

⚓ 執行力等同於沒有任何藉口

談到團隊執行力，首先，我先問一個問題：所謂的「執行」，到底是誰去執行？在一個團隊裡，執行是高層主管、中層主管、還是基層員工去執行？是董事長執行？是總經理執行？還是所有的員工一起去執行？還有，又要執行什麼呢？

正確的答案是：「高層做戰略，基層做執行。」

意思是指，上面的人做規劃，下面的人去行動。也就是說，在一個組織裡面，越高層的人做的事越是戰略層面，越是基層的人做的事越是執行層面。你可能會想：「不對啊，身為Leader應該以身作則。」但是領導者以身作則的目的也是為了讓基層員工去執行，而不是他去執行成功了，底下的人就沒事做了。你可能會疑惑：「不對啊，做老闆的應該要身先士卒啊。」但是老闆身先士卒的意義也在於讓底下的

人去行動，如果他不需要以身作則，底下的人就可以去行動的話，那他就不必一定要以身作則了。

意思是說，假設你是基層人員，你去執行的就是老闆的規劃，也就是公司的戰略規劃。所以，當員工聚集在一起的時候，團隊就會開始出現問題了，這個問題叫做「底下的員工不執行老闆的規劃、不執行老闆的戰略」。就像是老闆請你往東打，你不努力往東打，卻偏偏要往西打，現實中有沒有這種情況？

如果你帶領的是這樣子的團隊，你會怎麼做？如果你的團隊是一百個人、如果你手下有五十個人，你要求他們改變成什麼狀態，他們卻改變不了，只搪塞給你一堆理由，例如「早上很冷耶」、「星期六放假耶」、「我哥哥結婚」、「我妹妹生小孩了」、「我有事」、「我行程排得很滿了」、「我來不了開會」、「我沒辦法去開發市場」、「我沒辦法承擔這麼大的目標」、「這個責任太大了，我做不到，這些事情還是你去處理啦」，現實中是不是會出現類似這樣的各種理由？

遇到這種情況，大部分的公司或團隊在市場上，不僅比較難以成功，往往也很難達成巨大的目標。假設出現了這種情況，而你是團隊的領導者，你會怎麼辦？是不是只能一籌莫展？就算換新的一批成員上陣也是一樣，把員工送去上課也沒有幫助，就像老牛拖破車，你只能龜速前進。於是，你看著別人的公司越來越大、達成越來越大的目標，開拓市場越來越神勇、收入越來越高，而自己的公司卻依然維持現狀在原地踏步，這就是因為這個領導人缺乏領導力，同時也是他的團隊缺乏執行力。團隊沒有執行力是因為你沒有領導力，你沒有領導力才造成他們沒有執行力，都是一樣讓人「很沒力」。

身在職場，會遭遇到最糟糕的事情就是每個人去推卸眼前的責任，最常用的方法就是尋找各種藉口。例如，當一件事情無法做好的時候，我們會聽到的是「抱歉，我不會」、「對不起，我沒有足夠的時間處理」、「他太挑剔了」、「這不是我的錯吧」、「是他沒有告訴我細節」等藉口；遲到的時候，我們會聽到「路上塞車了」、「鬧鐘沒有響」等藉口；產品沒賣出去時，有藉口；顧客不滿意時，也有藉口……久而久之，就會形成一種習慣，那就是每個人都努力找藉口來掩蓋自己的過失，推卸自己本應承擔的責任。

　　因為害怕承擔責任，所以每個人都努力找藉口，藉口讓人們暫時逃避了眼前的困難和責任，獲得了些許的心理慰藉。然而一味地尋找藉口，無形中會提高彼此的溝通成本，削弱協調作戰的能力。如果已經養成了找藉口的不良習慣，那麼，當人們遇到困難和挫折時，就不會積極地想辦法克服，而是去找各式各樣的藉口，而藉口的背後也代表著「我不行」和「我不想去努力」。

　　成大事的人無一例外都是責任感強、敢於承擔責任的人，正因為他們有著強烈的責任感，就不會去找藉口推卸自己應負的責任。

　　曾經有一個故事是這樣子的：

　　一九六五年，有一個瘦小的男孩來到西雅圖一所學校的圖書館，他是被推薦來這裡幫忙的。第一天，管理員為他講解圖書的分類法，然後，讓他把那些剛歸還給圖書館，但卻放錯位置的圖書放回原處。「像是當偵探嗎？」男孩問。「當然！」管理員笑著回答。

　　男孩開始在書架之間穿梭，就像在迷宮裡前進，一會兒，他就

找到三本放錯位置的書。

第二天，男孩來得很早，而且更加努力。這一天快結束的時候，他請求正式擔任圖書管理員。兩個星期過去了，男孩工作地很出色，但他告訴管理員，他的家要搬到另一個街區，他不能來這裡了。他擔心地說：「我不來了，誰來整理那些放錯位置的書呢？」

不久，小男孩又回到這個圖書館，他告訴管理員，那個新學校不讓學生做管理員，他媽媽又將他轉回這個學校，由爸爸接送上下學。「我又可以來整理那些放錯位置的書了。」他還說：「如果爸爸不送我，我就自己走路來！」

男孩的負責態度，令管理員很感動，他認為，這孩子一定能作出了不起的事業，只是他沒料到，他日後成為資訊時代的天才，他就是世界首富、微軟公司創辦人比爾‧蓋茲（Bill Gates）。

作為一個偉大的成功者，比爾‧蓋茲從不找藉口推卸責任。一次，比爾‧蓋茲在公司高層會議上說錯了一句話，祕書向他指出，他立即承認：「對不起，我說錯了」。

不找任何藉口，對自己的言行負責，這便是成大業者必備的素質之一。

我們要學會在問題面前、困難面前、錯誤面前，勇於承擔起自己的責任，努力尋找解決方案，而不是在發生問題時，四處推託和尋找藉口。

無論做什麼，都應該盡力而為，只要現在能夠做到，就不要推

辭，哪怕只有一個小時，甚至一分鐘。只要戒除任何藉口，自動自發，所有的障礙都將變得微不足道。凡是身處要職、有卓越成就的人，都具備這種優秀性格。

一些人在出現問題時，不是積極、主動地加以解決，反而是千方百計地尋找藉口，導致他的工作經常不能產生績效，甚至荒廢業務。

有一個印刷廠，照例為老客戶——一家出版社印刷了一本圖書，當書印刷完成，裝訂時才發現了重大紕漏，有一小部分必須作廢，重新印刷。

印刷廠的業務員打電話給這家出版社，先是為自己辯解一番，然後告訴對方，重印的費用要由出版社承擔。業務員說：「這個責任，我個人不能負。」出版社當然很生氣，說：「明明是你們出了錯，費用就該由你們出啊！」在協調不成之後，這老客戶出版社再也不和這家印刷廠合作了。失去了一個老客戶，印刷廠廠長很惱怒，堅決地辭退了這個業務員。

我們工作時難免會出現一些失誤，明智的人主動承擔責任，而愚蠢的人總要找各式各樣的藉口搪塞，於是，藉口變成了一面萬用的擋箭牌，只要事情搞砸了，就趕緊找一些冠冕堂皇的藉口，好取得他人的理解和原諒。

找藉口表面上能將自己的過失掩蓋掉，使自己的心理得到暫時的平衡。但是長此以往，人就會疏於努力，不再盡力做到完美、爭取成功，而是把大量的力氣放在如何尋找一個合適的藉口上，這根本是本末倒置的作法。

　　日本著名漢學家安岡正篤先生也認為：「知識只要翻開百科全書或字典就可以學到，既沒有必要強記，也無需填鴨式地過度汲取，否則也只是流於常識豐富而已。比吸收知識更重要的是將知識組合成有條理、有邏輯的信念，變成比知識更有用的見識；不過即使擁有見識，如果不去實行這些理念，對提升自己的助益還是不大，因此有必要將見識提升為膽識，也就是轉化為執行力。」

　　每個人都知道知識很重要，常識、見識不可少，卻往往忽視了膽識。古語有云：「讀萬卷書，不如行萬里路」，點出了常識與見識的重要性，但有了知識、常識和見識並不能保證你能成功，你還需要有膽識，也就是擁有敢於行動的勇氣和膽量，從實踐中獲取真知，有了膽識之後，就沒有什麼事是不可能辦到的了。也就是說，知識能改變命運，常識引導生活，見識指導工作，膽識成就事業。

　　像美國微軟公司的比爾‧蓋茲、蘋果電腦的賈伯斯，都是沒唸完大學就創業的人。他們憑著一股無比的膽識，冒險挑戰未知領域，終於成功證明了自我。

　　冒險，曾經是個經常與「失敗」、「魯莽」、「意氣用事」等負面辭彙相連的名詞；其實，冒險和成功卻經常是一體兩面。美國麻省理工學院教授，也是全球知名經濟學家梭羅（Lester Thurow）說：「有膽識的冒險，雖然有失敗的可能；但沒有冒險的膽識，注定會失敗。」縱觀歷史即不難發現，如果人生中缺乏冒險性格，就會失去許多機遇的青睞。

　　什麼是「膽識」（guts）？膽識並不是莽撞無知的匹夫之勇，不是《論語》中「暴虎馮河」、「死而無悔」之流；膽識是在認清問題的規模與風險的形貌之後，經過縝密思考，義無反顧地犧牲當前的安

穩，接受超出自身能力範圍的挑戰。

有這樣的一句話：「沒有卑微的工作，只有卑微的工作態度。」相同的工作，用消極的態度與積極的態度去做，結果將會截然不同。既然是必須做的事情，無法推託，那麼為何不積極去面對呢？與其埋怨工作，不如行動起來將事情處理好，這才是最佳的捷徑！

一般而言，執行力強的人做事有兩個特點。一，他對事情會做出明確承諾，並且信守承諾；第二，他會專注於讓事情獲得結果，只要有實現目標的機會與方法，他都會加以嘗試。換言之，執行型人才至少有三大標準：信守承諾、結果導向、永不放棄。

你有沒有聽過一句俗諺：「不管白貓黑貓，能抓到老鼠就是好貓」？這是已故中國領導人廣為流傳的「貓論」名句之一。眾所周知的，鄧小平在中國大陸實施經濟改革，當時很多人批評說：「你走的路線是資本主義，你要賣土地、你要用股份制、你要引進外資、這簡直就是違反馬克思主義，土地是國有的、人民的，財產是人民共有的，不可以有資本階級，更不能讓外國人來賺中國人的錢，你的路線完全違背了共產主義路線。」他說：「是有很多問題，沒錯。」但是他認為發展中的問題在發展中解決，行動中的問題在行動中解決，這是行動邏輯，就是說不管社會主義還是資本主義，都不要再談理論了，什麼道理都不重要，重要的是要有錢賺，我們要有結果，他叫大家行動吧，於是「實踐才是檢驗真理的唯一標準」也成為流傳至今的名言。

另外，例如「發展才是硬道理，行動就對了」、「不發展只是死路一條」等等也是很有名的口號，箇中精神就是發展不一定保證會成功，但不發展一定會失敗；行動未必會成功，但不行動注定會失敗；

行動不一定有結果，不行動卻一定什麼都沒有。

更進一步來說，執行型人才做事是「以結果為導向」，這讓他們經常採取的行為模式是：行動中的問題在行動中解決，不行動永遠不知道有什麼問題存在，就算想清楚有哪些問題了也沒有用，只有行動才能解決問題，取得結果。

正因為老闆的心態是「結果論」，員工的心態是「免責」，所以若出了問題，員工往往就會找藉口。但是記得，無論什麼時候，都不要再找任何藉口為自己開脫，而是要努力尋找解決問題的辦法，這才是最有效的工作原則，也是責任心的最好體現，更有助於你專業能力的成長。

事實上，每一家企業都應該建立自己的「軍校」，才能將個人執行力轉化為組織執行力，而「培訓課程」則是老闆最划算的投資！

請牢記一件事：「沒有天生的高手，只有培訓出來的人才！」特別是職場新鮮人、剛就職的新員工，以及剛剛晉升到管理階層的管理者，他們就像才學會如何飛翔的雛鷹一樣，雖然振翅欲飛卻經常因為欠缺專業訓練而屢屢碰壁、舉步維艱，企業老闆如果能適時給予相應的教育訓練，不僅能讓雛鷹式的人才早日蛻變成雄鷹，也能為組織的長遠發展奠定厚實基礎。

對於企業來說，我們一方面要找到合適的人才，另一方面也要做好內部的人才培育訓練，唯有雙管齊下地做好管理工作，才能確保人才的供給庫源源不斷、不匱乏，進而讓企業團隊打贏每一場商業戰爭！

⚓ 執行的二十四字行動戰略

接下來要分享的主題是「執行的二十四字戰略」，這共計二十四個字的執行戰略，其實也可以稱之為執行階段三部曲，它們分別是：

執行前：決心第一、不計成敗。

執行中：速度第一、不計完美。

執行後：結果第一、不計理由。

以下，我將按照執行前、執行中、執行後必須注意的行動要點，逐一說明：

執行前：決心第一、不計成敗。

在日常生活中，你是不是經常遇到一種狀況？當你想做一件事時，只要考慮到如果做了這件事情，你雖然可能成功，但也可能會遭遇失敗，最後你多半就不會採取任何行動，直接讓事情不了了之。這是為什麼呢？這是因為只要你的思路一往成敗問題上打轉，很容易就開始設想失敗之後的退路，隨著思考越多，顧慮也跟著增多，事情的執行難度更會被你想像得越來越艱難，緊接著，趨吉避凶與追求安逸的人性本能就會膨脹，漸漸地，你就失去了執行的動力。

執行力是怎麼來的？執行力是經由「行動不一定成功，可是不行動一定會失敗」的信念而來。換言之，當我們說「不做一定會失敗」的時候，那其實是一種「決心語言」，而不是實際意義上的成敗語言，更直白的說，那種激烈的決心類似於：眼前已經無路可退了，再退一步就死無其所，只能拼命往前走了。

歷史上很有名的成語典故「破釜沉舟」，講述的是楚霸王項羽

率軍渡彰水，救援被二十萬秦軍圍攻的趙國。項羽十分懂得戰士的心理，他下令把大家吃飯用的鍋砸了，又把船砸破了弄沉至江底，示意眾將士這是決一生死的大戰，大家都沒有退路了，所有人只能往前進，你不把敵人殺了，你也後退無路，退無死所，既然退後是死，被敵人擊殺也是死，不如奮勇殺敵，搏鬥出一條生路、一線生機，這就叫做決心。

　　身為領導者必須懂得激發團隊成員們的決心，這意味著在任務還沒有執行之前，你就要先激發出大家的鬥志與決心，關於任務的成敗並不必花太多時間去討論，而應該著重在溝通團隊成員們為什麼要這麼做，再不做可能面臨哪些窘境，例如組織失去發展前景、下個季度的業績會萎縮、營收不佳可能裁員等等，這也就是執行前的行動戰略：決心第一，不計成敗。

　　有時企業發展持平或是團隊組織進入穩定期，又或是目前當下看來一切順利，你反而越要保持危機意識，因為市場環境變動得太快，競爭的速度與程度更令人驚嘆，越是停留在安逸狀態中，越是會失去奮鬥前進的決心。

　　換言之，福禍相依，穩定的好處背後隱藏著衰退的弊病，掙扎生存的艱苦背後也隱藏著開創新局的可能性，很多事情都是一體兩面，身為團隊領導人要站在高處看、要往遠處想，適時激勵團隊成員的決心與鬥志，才能確保組織與個人持續發展，尤其當現實社會存在著貧富差距兩極化的狀況時，我們更該對避免陷入窮者越窮、富者越富的漩渦抱持著高度的警惕心，並且付出最大程度的努力去做出因應改變，要不然等到發現強勁的競爭對手出現了，或是你的利基點被瓜分

蠶食了，往往就要花費相當大的力氣才能扭轉頹勢。

執行中：速度第一、不計完美。

什麼是速度第一，不計完美呢？目前我們處於一個講求速度、追求效率的時代，對於執行的標準是「速度快」比「完美」更重要，如果為了追求完美而延宕執行速度，很可能要付出錯失市場良機、企業組織發展遲緩、競爭敵手趁勢攻擊的諸多代價。

正如前述，我們曾提到「發展中的問題在發展中解決」，這意味著什麼意思？這表示儘管明明知道執行時會遇到問題，還是必須採取行動，特別是當有些障礙既然無法在執行前就完全化解，那麼執行時如果真正遭遇到了困難，或是意外地出現了不曾預料到的阻礙，也不過是面對問題、解決問題而已，要是一心想等解決完所有的問題才肯執行，不如隨時做好被時間與市場淘汰的心理準備。

讓我們看看全球企業鉅子對於速度的極致追求是如何的：

「所謂執行力，就是速度、準度、精度、深度、廣度的全面貫徹。」鴻海集團總裁郭台銘曾表示在全球化經濟競爭過程之中，「執行力」的全力貫徹將是勝出的重要法則，而執行力的第一要素就是速度。

聯華電子榮譽董事長曹興誠受邀為包熙迪及夏藍的著作《應變》撰寫推薦序時，在序中他開宗明義地說明了速度對高科技產業的重要性：「置身於瞬息萬變的高科技產業，面臨競爭者經營模式的轉換，我始終認為，經營企業不管是現在還是未來，迅速應變是唯一取勝方式。」

台積電董事長張忠謀在接受《數位時代》雙週刊的專訪時，談及台積電所面臨的新挑戰是「要能快速改變思考模式。我的感覺是二、

三十年前犯一個錯，即使持續一陣子，你還可能可以解決，但限在沒有那麼多時間讓你一直嘗試，要改變得非常快。」

亞都麗緻大飯店總裁嚴長壽在其著作《御風而上》中表示：年輕人面對新世紀，必須擁有輕、快、準、顯、繁、稠等六個特性，他對「快」（Quickness）所做出的新詮釋是：「在這新的世紀，必須以更快節奏的速度去面對生命，而快速、敏捷、有生命力的態度，可以使未來有無限的可能。」

「有完整的情報，才能真正掌握顧客的需求。情報就好像車子的速度表，根據這個表，我們才知道調整自己的時速。」統一超商前總經理徐重仁在接受《e天下雜誌》訪問時，分析該如何抓住消費者心理。

燦坤集團董事長吳燦坤的個人風格是好學的精神、追求速度以及對黃色的酷愛。他最喜歡的是黑豹牌的運動鞋，因為黑豹這種動物能讓他感受到絕佳的速度感。他曾說：「一個企業決策者所需具備的能力就是速度和果斷的決定，即斷、即決、即行，唯有這樣才不會錯失任何使企業獲利的機會。」

彼得・杜拉克（Peter Drucker）說：「處在劇烈變動的時代，我們無法駕馭變化，只能設法走在變化之前。」彼得・杜拉克對於知識工作者的觀察與思想，對照現今社會的演變，他早在三十年前就預見了今天的趨勢。

奇異（通用電器）集團前CEO傑克・威爾許（Jack Welch）說：「外在變化速率一旦超過內在變革速率，末日就在眼前。」，他更經常問員工：過去三年你的競爭對手做了什麼？與此同期你做了什麼？他們今後可能會怎樣打擊你？你計畫怎樣來反擊？

微軟創辦人比爾‧蓋茲（Bill Gates）強調「時間優勢」的重要性，常以這句話警惕微軟所有員工：「如果微軟不能對市場變化快速反應，那麼微軟就離倒閉只有十八個月。」

　　通用汽車前CEO瓦格納（Rick Wagoner）過去常因官僚作風飽受批評，後來奉行「高效率原則」，凡公司開會前一定讓所有人員預先瞭解開會內容，開會時方能最有效率地作出決策。他曾說：「公司必須能夠對現況立即反應；『速度快，做對80％的事情』，比『速度慢，做對100％的事情更好。』」

　　戴爾公司總裁麥克‧戴爾（Michael Dell）強調除了快速的思考決策與行動之外，沒有別的方法可以打敗對手，因為「在這個行業裡其實只有兩種人，行動快的人和死人。」

　　杜拜蘇丹告訴他的子民：「我們要快，因為唯有快才能吃大，因為我們的競爭者並沒睡著，他們跟我們一樣都在賽跑」，他更說：「沒有人會記得第二名！」

　　香港首富李嘉誠的成功祕訣就是「努力」、「組織」和「管理」，「努力」的致勝重點就是要「快」。他曾說：「比競爭對手好一點，就像奧運賽跑，只要快十分之一就會贏。」

　　假設你希望有朝一日自己當老闆，那麼從你下定決心到自行創業成功當老闆，這逐步執行的過程中間會不會遇到問題？一定會的，比如缺錢、缺人力、缺方法、缺人才，那該怎麼辦？很簡單，速度第一，早一點為你的目標出發，不要再等了！當你踏出執行的第一步之後，接下來，就是逐步去解決問題，例如欠缺資金就去找錢，缺少人才找人才，缺方法找方法，缺人力找人力，缺人脈找人脈，一步一步地往你的目標靠近就對了。

　　如果你總是想等一切萬事齊備才邁出腳步，總是認為等自己學會怎麼當個老闆再創業，總是要等完美創業方案出現，你基本上很難有「我準備好了」的那一天，因為就在你原地準備的時候，市場環境與潛在的競爭對手並非跟著靜止不動，很多事物會隨著時間改變，等到你反應過來，你的行為模式又將重複「等我學會了新事物，一切準備妥當後再創業」的套路。

　　事實上，你沒當上老闆之前，你永遠準備不好怎麼當老闆。有很多人是因為害怕創業失敗、害怕公司倒閉的心理，而阻礙了邁開執行的腳步，但是「在行動中學習」卻又是最有效的執行方式。

　　法國物理學家里德瑞克・波格（Lyderic Bocquet）在打水漂遊戲中發現，決定石頭是「撲通下水」還是「一直彈跳」的主要原因有下列幾項：旋轉的速度、石頭的質量、石頭的角度、與水面的角度還有水平速度。他同時根據能量的損耗，估計了水漂可能的彈跳數。目前打水漂的世界紀錄是三十八下。

　　由於流速越大液壓越小，所以在打水漂的時候應該用比較扁的物體（受力面積大）儘量平行與水面，以儘量快的速度扔出去（獲得比較大的流速），打水漂的物體掠過水面的時候，可以帶動石頭周圍的水在非常短的時間裡在表層小範圍內快速流動，從而壓力減小，而下層的水是靜止的，產生的壓力較強，可以把石頭壓出水面，然後出現第二次或者以此類推更多次的水漂。水漂要打得漂亮，就要讓扔出去的石頭快速飛旋起來，原因也是為了使與它接觸到的水流速變快，從而使壓力與阻力都變小。

　　意思是在瞬息萬變的競爭環境中，不應先瞄準再射擊，而應射擊與瞄準同步。今天的企業拼行銷、作決策、求生存，最關鍵的是速

度！正如《孫子兵法》所言：「激水之疾，至於漂石者，勢也。」速度可以使自己減壓，速度可以助你以小擊大，速度可以迎擊規模，速度能使沉重的石頭漂起來，同理，速度也決定著企業的盛衰成敗。

創業也是在邊創業邊賠錢中學會賺錢，你不創業開公司，怎麼知道如何才能營運成功？你不倒閉幾家公司，又怎麼了解不讓公司倒閉的秘訣。這其實不是顛覆你的思想，而是你從來沒有把「決心放第一，不計成敗」的觀念，又欠缺對「速度排第一，不計完美」的理解，如果你觀察許多創業成功的人，你將發現他們很多人都是白手起家，有的人甚至是在毫無準備的狀況下就開始創業，這意味著「在行動中學習」的執行力可以為人們造就精彩的人生風貌，而「追求完美」的心理往往是執行力最大的敵人。

很多人會受到「完美才能戰勝一切」的心理制約，進而被完美主義所迷惑，例如商品不夠完美就不能推出、問題還沒有提出解決方案就不能行動，但現實狀況所揭露的真相卻恰恰相反。舉例來說，微軟公司的Windows系統足夠完美嗎？不，你知道它存有錯誤與瑕疵嗎，比爾·蓋茲也知道，但這並不妨礙他銷售Windows系統。為什麼？因為推出之後有了獲利，可以再進行投資，一邊修正當前的版本問題，一邊推出升級版本，那升級版本推出後就完美無缺了嗎？不，它仍存有某些瑕疵，於是就再進行修正，再改版。比爾·蓋茲就是靠著販售不夠完美的產品成為了世界首富。

當時比爾·蓋茲的競爭對手早就開發出類似的軟體，但為了追求完美，不斷地進行測試改進，他發現這件事之後，立即搶先推出Windows系統，就算它不夠完美也沒關係，因為不推出的結果是零，為了追求完美的1而不行動的結果也是零，但推出的結果就算是0.1也比零

大，無數的0.1加在一起就大於1。換言之，比爾‧蓋茲的策略就是「速度第一，不計完美」，搶先占領市場，再進行修正改版，當市場占有率逐步擴大時，競爭對手即便推出了更完美的商品，也難以搶食市場大餅。羅文上尉當時若等準備周全才出發，歷史又會變得如何？

市場競爭是很激烈而殘酷的競賽，許多時候，與其為了追求最好的結果而不行動，寧可要一個差的結果、一個次好的結果，也好過沒有任何結果。所以同樣的道理，在執行任務的過程中，你對於完美與速度該如何進行排序？

想想，飛機為什麼能飛上天呢？飛機之所以能飛行，是因為當飛機的速度夠快時，物理上有四種力量交互作用的結果，這四種力量分別為：引擎的推力、空氣的阻力、飛機自己的重力、空氣的升力。

飛機的起飛是引擎的推力產生速度，速度透過機翼的形狀變化產生升力，推力大於阻力，升力大於重力，飛機就能起飛爬升。

機翼的剖面如下圖：上翼面的氣流較快，依據「伯努利定律」流速快的流體壓力較小，所以翼面會受向上的升力。

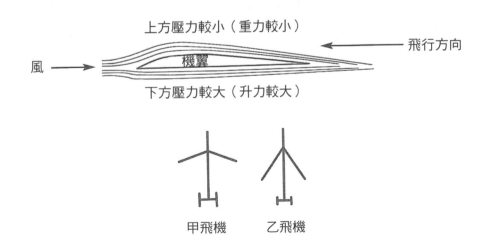

機翼掠角的影響：上頁圖中的甲飛機有比較大的升力，乙飛機有較靈活的操控性，但因升力較少相對也較危險，客貨機屬甲飛機形式，戰鬥機屬乙飛機形式。

　　根據伯努利原理，飛機速度越快，所產生的氣壓差（也就是升力）就會越大，升力大過向下拉的重力，飛機就會向上竄升。這個原理與打水漂的原理是類似的。

　　英國兩次工業革命，利用煤和蒸汽讓運輸速度更快，稱霸全球一整個世紀；美國發明電腦，以快速的資訊和科技主導了全世界。它們當時（相對於其他國家）都極為「速度導向」。若飛機就是你的企業，利用各方壓力（或自行掌握控制權）不對等的「白努力」定理。飛機便可以加速飛起來！再調整機翼掠角：不論你要的是廣體客機還是戰鬥機，皆可以靠著高速翱翔天際。

　　此外，你知道嗎？讓諸燈泡亮起來的電流設計有兩大基本類型：串聯電路（Series Circuit）和並聯電路（Parallel Circuit），如下圖：

　　串聯之連接是電流流過每一燈泡時的電流值都是相同，如果其中一個燈泡壞掉，就會造成整排燈泡都不亮，並聯電路所產生的電流是相加的，使用並聯電路產生的電功率比較大，所以燈泡會比較亮，並且即使其中一個燈泡壞掉，也不會影響到其他燈泡的功能。

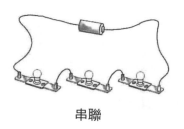

串聯

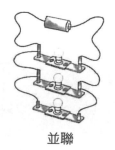

並聯

一般傳統出版流程（串聯）：傳統的出版流程就像燈泡的串聯，每一步驟都依時間先後次序完成，若其中有某一環節出了問題，就會delay到所有進度，效率低。如下圖所示：

計畫出版某書 ➜ 延攬作者 ➜ 寫企劃案 ➜ 校稿 ➜ 找推薦人 ➜ 設計版型 ➜ 美編排版 ➜ 設計封面 ➜ 申請書號 ➜ 送新書資料至各通路 ➜ 行銷廣告相關工作 ➜ 看印看樣 ➜ 製版印刷成書 ➜ 通路查補。

強調速度的出版流程（並聯）：強調速度的出版流程就像燈泡的並聯，可同時進行所有步驟，即使其中某一環節出錯，也不會影響其他流程的進度，效率較高，如下圖所示：

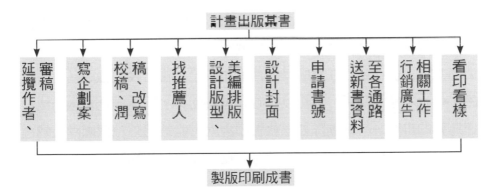

二十一世紀地球已被剷平，扁平化的並聯式流程正是提速的神兵利器！所謂「短板效應」與「杜拉克原則」之矛盾，其實只是串聯工序與並聯流程思維方式之不同罷了！

在團隊組織之中，你一定遇過這類型的員工，他會為了追求完美而讓工作停頓在零結果的狀態。例如你請他針對某件事提出方案報告，他為了做好報告，先去研究問題，不懂的部分就會在第一時間找資料、找人詢問，然後不知不覺中下班時間就到了，但你卻還沒有看

到他提出的報告。有些人認為這樣的員工沒有太大問題，他不會為了敷衍你就胡亂撰寫報告，雖然完成工作的速度不快，但至少交來上的報告是有意義的內容，而不是一頁頁的廢紙，那麼當你交付的工作任務是有時間限制的時候呢？

事實上，就執行力來說，員工這樣做是很有問題的，正確做法應該是什麼？不會做的先跳過，把會做的先做完，等全部做完之後，再回過頭把不懂的、不會做部分弄清楚，就算弄不清楚又到了工作完成時限，至少已經把大部分的內容都做完了，如果每次都只是為了弄懂一個部分，就讓後面的工作堆積起來排隊，這當然很容易讓工作做不完，毫無執行效率可言。

執行力的強弱體現的是一個團隊中所有成員的工作能力，而工作速度的快慢能夠從一個側面看出這個團隊的工作執行力怎麼樣。執行力的高低表現在執行任務時候的速度和效果，雖然我們強調品質的保證，但也不是說品質好就可以將時間無限延長。現在的社會是一個快速運轉的市場，一個團隊如果放慢腳步就可能被另外一個團隊超越過去，搶占市場和位置。所以我們可以在速度中真切地感受到時間就是金錢的真理。

在執行過程中，只有我們以最快的速度去行動才能夠超越對手，鞏固團隊的地位。當然，在堅持速度的時候也要保證品質，這一點是不容置疑的。只有有品質的執行才能夠獲得長久的市場和合作。而一個團隊要提升自己的執行力，就要在保證品質的前提下提高速度，把「快」作為評判團隊進步的一個標準。

所謂的「快」和「慢」其實是一種比較，只要比市場快，比同行快，就是快速；雖然只比同行慢一步，那麼再快都是慢。執行中的行

515034

動戰略就是「速度第一，不計完美」，面對工作任務時，不要問什麼不能做，而要問什麼能做，能做的先做完，當執行的結果逐漸增加，就是把許多的0.1加總累積起來大於1！

執行後：結果第一、不計理由。

不管是何種工作任務，執行之後，我們要的是什麼？是「結果」！但是為什麼很多人卻經常交出理由而不是交出結果，甚至還十分擅長為「執行沒有結果」這件事進行辯護？因為只有告訴你一堆理由才顯得他沒犯錯，才能證明他是無辜的、是冤枉的，然而就算證明了他沒犯錯，結果也還是交不出來。

正如鄧小平的貓論所說：「無論黑貓白貓，抓到老鼠的才是好貓。」這句話什麼意思？就是不管你是用什麼方法、你抱持什麼理論、你是什麼主義，我只管你抓到老鼠沒有？只要有抓到老鼠，怎麼樣都行。

這意味著對於結果的考核團隊領導人必須給予高度的重視，一個團隊的執行力是否值得誇獎就在嚴格的結果考察之中底定，那麼對於結果你應該從哪些方面來嚴格考核呢？一般而言，你可以從以下四個方向來審視團隊成員們的工作結果：

1. 產品品質：對於品質的考核應該是最重要，也必須是最嚴格的。如果沒有過硬的產品品質，那麼團隊在工作中享受到的空間就變成了產品品質不過關的罪魁禍首，而團隊的工作品質也可見一斑。所以考核一個團隊的績效，應該從產品品質著手，並且應該以非常嚴格的標準來執行。

2. 服務效果：除了產品的品質，服務的效果是否能夠達到預期，或是比預期的更好或者更差。這個也是考核一個團隊工作品質的標

準，服務效果好，就表示在工作過程中團隊中的成員每一個人都認真工作，如果效果差，那就表示整個團隊工作散漫，毫無效率和激情，得到的考核結果就應該是差。

3. 顧客滿意度：顧客的標準才是團隊評價工作成績的標準，只要顧客能夠認可，就可以肯定成績。如果顧客不認可，那麼就算是再好的成績也是零！任何團隊都應該以顧客的滿意度做為工作的最高指標，只有追求顧客滿意才是團隊奮鬥的目標。

4. 利潤大小：成績的好壞還應該從團隊成員為整個團隊創造了多少利潤來評價。其實這個世界很公平，如果你付出了心血的話就會收獲更多的成績，但是如果不付出，那麼也就不可能有更多的收穫。所有投機取巧的行為都只能僥倖獲得一次成功，不會有第二次！

當你的團隊成員習慣給你一大堆理由時，你必須讓他們知道，造成執行沒有結果的理由說得再合理、再動人，也無法改變零成果的事實，客戶並不想聽理由，所有的理由對客戶來說都是沒有意義、沒有價值的語言，客戶要的僅僅是結果，拿不出結果就不是真正的執行，所以執行後必須秉持的行動戰略，就是「結果第一，不計理由」，這就叫做結果論，這就叫做執行！

有些人可能人認為我講的內容並不深奧，相關道理也都很簡單，但我是以最大的使命感和責任感與很多人分享執行系統的理念，以及這濃縮成二十四個字的執行法則。正如我曾提過的關於

TSE於企業內訓中所頒發的羅文精神獎。

執行力的觀念：「凡是執行理論必須簡單，不簡單的注定不可執行。」執行理論一旦複雜了就學不會，在團隊組織中，不要去強調那麼多的理論，從今以後，你的團隊只需要有一個理論就夠了，就是這二十四個字的口訣。它能解決企業主都會面

筆者杜云安與《無敵談判》作者羅傑‧道森討論美國商業管理文化。

臨到的多數問題，例如團隊問題、服務問題、銷售問題、領導力問題等凡是執行理論，必須簡單！不簡單的事情與理論注定不可執行，注定不可被複製。

⚓ 當責：把事做完，還要做得更好

「當責」源於英文「accountability」一詞，據《當責》一書作者張文隆的定義，當責的人擁有一種能行使「one more ounce」（多加一盎司）的人格特質，不只是100％投注心力，且具有110％的專業與自發精神。

許多列名世界前五百大的企業，都將「當責」列入企業的文化價值觀當中。《哈佛商業評論》前總編輯史束（Nan Stone）更說：「『當責』將成為未來管理學的熱門用語」；而前Google全球副總裁李開復則說：「『當責』是最新管理理念的全方位視角。」

當遭遇困難時，當責的人不會掉入「受害者循環」，反而能正視

問題（see it）、擁有問題（own it）、解決問題（solve it）與著手完成（do it）。

但是，在要求員工承擔責任之前，上司必須先以身作則，交出成果。張文隆引述了美國個人當責顧問約翰‧米勒（John G. Miller）的著作《QBQ問題背後的問題》（The Question Behind the Question，QBQ）為工具，提醒主管們應該時時捫心自問：

1. 就算資源不夠充足，環境不能配合，我還可以多做什麼來改善？

2. 我該如何把今天的工作做得更好？

3. 我如何可以多支持他人一些？

4. 我可以做什麼來提升貢獻？

而不是充滿了抱怨，例如：「為什麼又是我做？」、「會有人來幫我嗎？」、「是誰出的包？」等等。

「這件事又不是我的錯……」、「這不應該怪我……」「能做的，我都做了！」你是否經常聽到有人說出這樣的話嗎？一旦有壞事發生時，員工們總會出示證據來證明並非是自己造成的，這很容易影響管理者的決策，會造成事後不一樣的結局。然而這些問題不但暴露出個人缺乏擔當，並直指許多問題的核心其實不在問題的本身，而是問題背後的問題，然而管理者是聰明的，他只希望經過處理，最後能產生對公司有益的結果。

一個人的能力有限，但態度卻無限。各人的能力有大有小，但表現出的態度卻可以無遠弗屆。不只是面對工作的態度，面對人生的態度也是一樣。好的態度利人利己，自己獲得成長、滿足，也讓別人獲得好處。愈卓越的態度表現，越能顯現人生的高度。

例如獲得美國《時代》雜誌最具影響力百大人物、《富比世》雜誌亞洲慈善英雄、《讀者文摘》亞洲英雄殊榮的陳樹菊，只是在台東擺攤賣菜，因為對人生有非凡的態度，就能成就非凡的志業。

陳樹菊認為：「錢，要給有需要的人才有用。」、「拿錢去幫助人，其實自己收穫很大。那種快樂的感覺，很平靜，是從內心裡發出的快樂。」、「因為碰到那些不好的人，反而激發了我的鬥志與骨氣、強化了我的耐力、增進了我的智慧、磨練了我的心智。他們改變了我的命運。他們就是我最大的恩人。我應該要謝謝他們對我不好。」

而陳樹菊面對工作的態度則是：「做生意時，我會打起全副精神，拿出最好、最漂亮的菜來給客人。這時候我連身上的痠痛、疲勞，全都會忘記。這就是我做生意的『誠意』。」、「生命最好的方式，就是完成我想要完成的事，然後在工作中倒下來。」

陳樹菊說：「大家都可以做，捨得與不捨得而已；只要有心，一定能做到。」那麼我們又是選擇用怎樣的態度來面對我們的工作、決定用怎樣的態度來面對我們的人生呢？

態度決定一切，每個人都應正面思考，努力達成一致的價值觀結果，團隊合作做起事來才能事半功倍，也才是改善組織、改進個人生活最有力、也最有效的方法。

《當責》一書作者張文隆指出，責任有三種等級：

第一級是「官僚」：只關心自己的工作方式，完全不在乎客戶需

要與成果如何。

第二級是「負責」：有責任感的人會確實執行被交付的任務及對自己所訂下的承諾，並產出結果，不過通常不願承擔額外的過失責任。

第三級是「當責」：不只交出成果，更常會「Under Promise，Over Delivery」，亦即提供給顧客意料之外的滿意。例如，電腦受損送回給原廠維修，客服人員告知你，維修時間需要七天，但三天後你就收到通知，說電腦已經維修完畢，這時你一定對於業者的服務品質大大加分。相反地，若是到了第七天還沒有回應，就算客服提出任何理由，客戶都是聽不進去的。

記住，對別人的承諾代表了你的信用，等到事情不如當初所承諾時，任何藉口都已太遲，「當責精神的產出目標不是100％，而是120％。」

在目前的企業文化中，個人責任感的缺失是非常普遍的現象，推諉、抱怨、拖延與執行不力等都是組織內部的通病，而缺乏責任意識的組織和個人將無法達成目標、無法在市場上與競爭對手一較長短、無法實現願景，更無法讓個人和團隊更上一層樓。

如果想在工作與生活中有所作為，就必須要有「個人擔當」，並且有具體可行的實踐方法。每個人都應該反思自己該如何貢獻一己之力？以及自己又要如何改變現狀？同時思考我們能多做些什麼才能把風險降到最低。

「當責」，就是說到做到，並能為自己做出的承諾承擔起責任，信任感就如此被建立起來，不只是對同事、員工如此，對顧客、事業夥伴等也是如此。

有時候，難免會發生預料外的事情，使得我們承諾的事情無法兌

現。然而就算在這樣的狀況之下，還是有「當責」的思維模式可以做出因應。當責的人會非常誠實地對於發生了什麼狀況做出解釋，這麼做的目的不是為了捍衛自己，而是為了維繫關係並尋求解決方案，最後的目的就是把事情做對、做好。

很明顯的，「當責」是務必要完成「自己承諾完成的事情」，也就是為結果負起完全的責任，就算有超出自己掌控的狀況發生，導致無法達成結果，也不能擺出一副「這不是我能控制的」的態度，仍然要負起責任，誠實說明，提出解釋，並且繼續積極地構思補救之道。

每個人都不該再有「受害者的心態」，別再拖延或者責怪所有造成你失敗的原因，因為你只能改變你自己，當下就去實行。你要能確定主要的人生目標及自己所扮演的角色，訂定每個角色的長遠目標，建立真正的價值觀，使你的生命產生意義。你想繼續找藉口還是思考問題背後的問題呢？選擇權操之在你。

因為我們問的問題，將使他人有不同的感受，並產生不同的結果。即使我們身處最惡劣的環境，仍然有「選擇」的自由，有能力、也有責任主動出擊，為自己負責。不要那麼容易說出：「這不是我的錯」、「我辦不到」，而是要積極採取主動，身體力行，關心周圍事物，擴大自己的影響力，發揮敬業精神，保持樂觀，散播活力的種子。

每個人都該學會「當責」的精神，使組織內的成員不再互相指責、推拖或者彼此對立，而是激發彼此的衝勁，以競合發揮綜效，圓滿達成組織的共同目標。

Chapter 7
勤奮將使你得到更多

收獲從不會憑空而降

為了金錢，還是為了事業與志業

與其抱怨薪水低，不如先好好幹吧！

有著小聰明的驢子

機會來自於充足的準備

「積極」有效打破僵局

忙碌起來，你將能得到更多

出眾的效率能展現個人價值

尊重工作，就是尊重自己

堅定的意志有助於成功

我們應當學習羅文的勤奮——熱愛工作，對工作有一種發自內心的榮譽感和自信心，因為工作不是為了別人，工作完全是為了自己！積極工作，享受人生，從工作中獲得快樂與尊嚴，這將會是一個值得期待且非常有價值的人生。

⚓ 收穫從不會憑空而降

　　我們從生活中能獲得什麼樣的報酬，完全取決於我們所貢獻的質量與數量，在《聖經》及許多科學家、心理學家和企業家，都指出了這個重要觀念。也就是「有播種，才有收穫」、「從工作中可以認清一個人」、「種瓜得瓜，種豆得豆」、「對於每一項行動，都會產生一種相等但對立的反應：作用力與反作用力」，以及最廣為人知的「天下沒有白吃的午餐」。

　　從前，有兩兄弟都是園丁，他們共同繼承了一塊土地，平分耕種，他們的感情很好，總是一起分享所有的東西。

　　其中，哥哥名叫約翰，他對什麼事情都十足好奇，並且具有演講才能，自詡為偉大的哲學家。所以，他終日研讀歷史書籍，並觀測天象、風向等自然現象。

　　不久之前，他的曠世才情使他異想天開，他想探究為什麼一粒豌豆能很快地產出幾萬顆豆子來？為什麼可以長成參天大樹的菩提樹種子，竟然比只能長兩尺高的蠶豆種子要小得多？而又是哪一股神秘的力量使得偶然播種在土裡的蠶豆，能找到合適的位置，順利地生根發芽呢？

　　他為此冥思苦想，為這些始終不能解開的疑惑而鬱悶。他太專注於那些未解的問題，因此忘了給菜園澆水，使得菠菜和萵苣都枯死了，而沒有受到保護的無花果樹也經不起寒風的侵襲，被凍死了。

　　他沒有水果、蔬菜可以拿到市場上去賣，錢包裡也沒錢了，這

位窮困的「哲學家」，不得不趕緊向他的兄弟求助。

他的弟弟，每天天剛亮就下農地勞動，並且經常心情很好地引吭高歌。他替那些果樹嫁接，為園子裡的每株植物細心澆水，從桃樹到小葡萄叢，每一株都不疏漏。對那些他不理解的奧祕，他向來也不多費腦筋去冥思苦想，因為為了能有個好收成，他得不停地努力耕種。

結果，他的園子果然繁茂似錦，水果、蔬菜、鈔票都有了。當哥哥前來求助時，他詫異地看著弟弟的園地，他感到十分的驚訝。他的弟弟對他說：「哥哥，我總是注重勞動，而你總是注重思考，但是你說誰更能獲利呢？當你在冥思苦想時，我雖然正在辛苦勞動，然而最後我能享受辛苦獲得的一切，你說哪一種結果更好呢？」

如果你朝著學習的方向努力，那麼，學習的機會就彷彿也會向你撲面而來；如果你朝著健康的方向努力，那麼，如何促進健康的各種訊息就會朝著你接踵而至。

能意識到這一點非常關鍵，因為一個人只要開始朝自己希望實現的目標方向而努力，那麼他會開始發現生活中千真萬確地存在著這種神奇的現象，他會發現世界總是樂於回報那些執著的追求者。

就像，你想得到財富，就得先付出努力，因為收穫不會憑空而降，不勞而獲的事就如徒然的空想，永遠不切實際。你如果要喝水，就得去打水、去煮水，沒有行動，就沒有水喝，這道理非常簡單。

我們有時候會需要使用一些道具來示範，例如一個老式的鍍鉻吸筒，希望你有機會使用看看這種老式吸筒，那會給你帶來難忘的經

驗。

　　有一次，這本書的原作者哈伯德先生的兩位朋友巴納德和吉米，他們在八月的大熱天裡，到阿拉巴馬州的丘陵地開車。後來，他們口渴了，巴納德找到了一所廢棄的農舍，碰巧院子裡有吸筒。於是他跳出汽車，跑到吸筒那裡，抓起手把就開始打水。

　　打了一、兩下之後，巴納德指著一只舊木桶，要吉米到附近的溪裡取一點水來灌注吸筒。因為打水的人都知道，必須要在吸筒的上面加一點水來裝填吸筒，打水時，水才會順利出來。

　　唯有工作，唯有勤奮地工作，才可以幫助我們實現所有的夢想，包括成為一個合法致富的富人。

　　在生命的旅程中，在你得到東西之前，也得要先放進一些東西。遺憾的是，有許多人會站在生命的火爐面前，對著火爐說：「請先給我一點溫暖，然後，我再給你加進一些木柴。」

　　員工往往會跑到老闆那裡說：「給我加薪，我就會做得更好。」

　　推銷員時常跑到老闆那裡說：「把我升為銷售經理，我的表現就會更出色，雖然我至今還沒有做出什麼。不過，一旦你給我職位，我就能做得更好。所以請讓我當主管，我一定會做出好成績。」

　　學生往往對老師說：「如果把這學期不及格的成績帶回家，父母會懲罰我。所以，老師，如果您這學期能先給我好成績，我答應您下學期絕對會更加努力用功。」

　　農夫對著上天禱告說：「如果讓我今年豐收的話，我答應明年更

515034

會好好地耕種。」

　　總而言之，他們說的都是：「給我報酬，然後我會好好工作。」

　　可惜的是，宇宙萬物並不是這樣運行的。宇宙的規則是：在你期望得到東西之前，必須付出相對的努力才行。現在，如果你把這種「常識」運用到各種方面，就能解決非常多的問題了。

　　農夫必須在秋季收獲之前，在春季先播種，在夏季先鋤草，付出辛苦和汗水；學生在獲得知識與畢業文憑之前，也要付出多年的寒窗苦讀；員工想成為經理，也要花相當多的額外時間更加熟悉工作；運動員想贏得金牌，更要流上許多汗水，甚至數不盡的淚水，為了得第一，埋頭苦練沒得抱怨；銷售員想成為業務經理，更要先懂得裝填吸筒的原理，以及追求更高一等的業績。

　　讓我們再回到哈伯德先生的故事，回到阿拉巴馬州：
　　這裡的八月天相當地炎熱，巴納德打水打了幾分鐘之後，已經是大汗淋漓。此時他不禁自問：「為了得到水，到底該做多少工作才划算？」他關心著他所花費的努力究竟能換回多少報酬。
　　過了一會兒，他說：「吉米，我不相信這口井有水。」吉米回答：「會有的，巴納德，阿拉巴馬州的井都是深井，深井都有甘甜、純淨的水。」

　　吉米其實是在談論人生，難道不是嗎？

　　到目前為止，巴納德已經疲倦至極，甚至開始不耐煩了，他停

住了手，對著吉米說：「吉米，這口井沒有水。」吉米很快地跑過來，抓住吸筒的手把，就繼續用力地打水，他說著：「現在不能停止，巴納德，如果你一停止，水就會往下倒流回去，那你就要從頭開始了。」

這好像也是人生的故事。不管你的性別、年齡或者職業，沒有一個成功的人會因為覺得那裡沒有水，就認為最好從現在開始就停止打水。

你無法從吸筒的外部看出，到底還要再打多少下，才會有甘甜的水流出來。

在生命的路途中，你也無法看出，到底要到哪一天，才會有重大的突破，或者僅僅只是還差一星期、一個月、一年或者更長的時間，才能獲得成功。

無論你正在做什麼，只要保持熱情，不斷地做下去，遲早會有收獲的，我們都應該堅定信心。如果你在某個階段貿然地停下來，就無法喝到幾乎要從吸筒流出來的水了。

幸運的是，一旦水流出來，只要再輕輕地壓，便能得到遠多於你所需要的水量，這也是生命中所有成功與快樂的故事最後的美好結局。

凡事都要以正確的態度和習慣來做，不論你正在做些什麼，最重要的是，你都應該不屈不撓地持續下去才行。經常只是差那麼幾下，水就能流出來，許多人卻直接放棄了。

成功與失敗的甘苦往往只是一線之隔，無論你是醫生、律師、學生、家庭主婦、工人還是推銷員，一旦你將水成功地打出來，就可以用更少的力氣繼續作業，水也能夠持續不停地流出來。

　　無論你是男性還是女性、過胖或過瘦、外向或內向，不論你是信奉基督教、佛教還是回教，全都一樣，你有權利憑著熱情和努力去得到你想要的一切事物。

　　當你努力邁向高峰時，一定要記住吸筒的故事，如果你在開始時僅僅只是偶爾為之，或者未盡全力，那麼你必然得一直在那裡耗下去，不知多久的時光，卻不會有任何的結果。

　　千里之行，始於足下，無論做什麼工作，首先都要將眼前的事情先做好，從每一件事做起，努力持續到最後。因為每個人都知道「不積跬步，無以致千里」的道理，因此，我們要一步步地做事，才能一步步地向目標前進。

　　千萬記住，要想收獲，必先付出，也就是「付出者收獲」是也！

⚓ 為了**金錢**，還是為了**事業與志業**

　　我們工作，是為了賺錢，這當然有道理，但是若是時時刻刻都將眼睛盯在錢幣上，往往會被短期的利益給蒙蔽了心志，使我們看不清個人未來發展的方向，這結果將使得即使我們日後奮起直追，振作努力，也無法超越當初所應達到的進度與高度，羅文上尉是為了金錢執行任務嗎？

　　英國著名科學家法拉第（Michael Faraday）當初想進皇家科學院工作，知情人士告訴他：「在那裡工作是十分勞累的，然而報酬卻很少。」沒想到法拉第毫不在意地說：「工作本身就是一種報酬。」

　　有兩個年輕人，珊卓和班森，他們兩人都不願意自己成為公司的犧牲品，這是他們的說法。

「我才不讓他們逼得我團團轉！」珊卓在工作幾年之後說。

班森當時的態度也和珊卓相似。

「我是我自己的老闆，」他邊調整領帶邊說，「這個地方可不是我的全部。」

關於他們個人思維的思考過程，我們做了以下簡短的摘要：

第一步──我需要錢。

第二步──我應該值更多的錢。

第三步──可是，公司是不會再給我更多錢的。

第四步──因此，我要減少我的工作量。

這些思考都很坦白，也許，多數人都會認為這種邏輯不但合理，而且還是正當的，就像是春去秋來、四季更迭一般，這種想法也是一步接著一步的。然而主要的問題在於，這並不是一種簡單的直線型想法，而是一種循環式的想法，因為這四個步驟無可避免地將導致……

第五步──現在我需要更多的錢。

也就是說，一旦人們對工作的態度由漠不關心轉變為習慣性的敵意之後，他們能從工作上獲得的滿足就會越來越少，與此同時，牢騷也會越來越多，公司給予的回報也將越來越少。於是，個人工作的目的與公司的目標就開始背道而馳了！

這樣的惡性循環，使得班森和珊卓的心理越發不平衡了，他們開始將工作視為浪費生命又不能獲得更多報酬的苦差事，唯有不工作的時間才可能是快樂的來源。

一想到要浪費任何休閒時間，他們就會感到沮喪，他們已經對工作徹底失去興趣，更別說是勤奮工作了。我們可以想像那些投入工作，最後終於表現傑出的人，他們的情形和以上提到的這兩位職場人

士正好相反。

　　實際上，班森和珊卓在就業後的十年當中，只是反覆地在這五個步驟裡鬼打牆，他們對工作不滿的程度逐步增加，但是，在競爭激烈的社會裡，他們並不敢輕易放棄現有的工作，而去尋找他們認為能賺到更多錢的工作。

　　事實上，像珊卓和班森這樣的年輕人大有人在，他們總是要求的太多而付出得太少。

　　哈伯德先生曾主持過一個名為「制訂生活目標」的討論會，他安排了一個主題為「如果我能從頭再來」的寫作會，這個寫作會的目的，就是要人們去思考「初衷」，我們為什麼要實現某些夢想，以及一起去思考如何實現這些夢想。

　　每一次在這種寫作會結束之後，哈伯德都會相當驚訝地發現，有許多人在真誠地檢討時，都會承認他們目前所從事的職業，並不是他們真正想要做的工作。

　　在有些人眼裡看來，最重要的是「想過理想的生活」但這必須要有錢才能做到，因此「有錢」是他們的目標，但是他們的工作態度卻正好相反。也就是說，他們因為需要錢，所以想得到錢，但是他們是否「應該」獲得那麼多錢，卻不在他們的考慮範圍之內。

　　因為通常他們都會很有自信地認為自己就應當得到更多，既然待遇不夠理想，他們就用一個辦法來扯平，也就是「不必那麼辛苦地勤奮工作」，這樣做雖然無法改變收入，但是卻可以減少投入工作的精力，這多少會讓自己心理平衡一點。

　　班森及珊卓之所以陷入了這種惡性循環，這當然與他們不正確的金錢觀念和工作態度有密切的關係。

剛到達工作崗位時，班森和珊卓並沒有表現得過於熱衷於追逐金錢，以便能與同事們打成一片，然而現在情況不同了，眼見著物價飛漲、房價飛漲，沒有錢要怎麼過上好日子呢？他們感到矛盾與沮喪，於是不自覺轉變了──他們突然變得除了錢以外，沒有興趣談別的事物。正如在學校時，只要談到成績，他們就感到不安，而在開始工作之後，談到錢卻能使他們變得狂熱。

　　毫無疑問，我們之中的多數人都無法享受到自己早先所預期的那種生活方式，儘管有些人還經常能得到家裡的部分經濟援助，但是他們距離自己所期待能過的物質生活，似乎已遙不可及了。多數人經常都會與同年的人們相比，如果在物質生活方面比不上別人，當然就會覺得沮喪、難受。

　　因此，由於個人經濟的情況不佳所引起的挫折，也就逐漸越來越困擾著他們，更糟糕的是，無論是成為富人、還是過更有品質的生活，都更加遙不可及，因為在短期內這種情形顯然無法得到改善。

　　此外，還有一件比「金錢」本身，更令他們心痛的事，那就是無法避開「金錢」這個話題。雖然他們已經學會如何忽視每個人所追求的目標，而與所有人和平相處，但是現在卻再也不能忽視錢的問題了。我們可以很容易地將自己的工作成績置之度外，因為說到底，考核和報告都只是短暫的事情，但是金錢可就是恆久的需求了。

　　就如同珊卓所說的：「在這個都市裡，你如果沒有錢，哪裡也別想去。」這在不久之後，便使他們體會出一個令人感到很不舒服的新真理──「賺錢是一個孤獨又痛苦的工作。」

　　職場上有許多人都是離開家鄉，到台北、台中、高雄或者是中國大陸謀求發展。他們可以利用薪水來想辦法解決這種孤獨感。除非能

了解他們在過去的生活中欠缺的是什麼，否則無法明白他們在開始工作的前十年內，強迫自己適應社會的情形。

在學校裡，他們努力賺到的是好成績，但是為了與一些老朋友親近些，成績可以放在一邊；然而工作之後他們賺到的是金錢，金錢非但不能棄之不顧，並且可以花錢接近一些新朋友。

有越來越多的人認為沒有必要熱衷於自己的工作，為之付出太多的勞累和汗水，因為想要在工作當中獲得滿足真是太奢求了。

在做員工調查的時候，我們最常聽到的是：「我想要的只是一個不太無聊而待遇適當的工作。」不過，受過大學教育的學生，不論在學校或畢業之後，所需要的都不只是這些，他們不是只想找一份工作，他們要的是「事業」，是一個「能滿足自己成就欲望的事業」。這個目標對他們來說意義非常重大，事實上可能比他們的理解和想像中的還要重大。

每一個人的工作，都是自己為自己畫的一幅畫作，是美麗還是醜惡、可愛還是可惡，都是自己一手畫出的。我們每個人的細微表現，都會在這幅畫上有所體現。為此，與其整天抱怨自己的工作，不如以一顆平常心去對待你的工作。

要相信，你的付出，終究會獲得豐厚的回報。如果還沒有，就是時候尚未到，或是你的努力仍不夠。

⚓ 與其抱怨薪水低，不如**先好好幹**吧！

對於一個剛踏入職場的新人來說，最寶貴的特質之一，就是在工作中充滿熱情，永不抱怨。它是未來成功的人士必備的人格特質，也

是贏得公司信任的關鍵。

在進入職場以後，也許你所面對的只是一些簡單的或是艱苦而單調的工作，你可能真的對這些工作毫無興趣，然而這正是考驗你的關鍵時刻。

我們可以將和珊卓和班森一樣的年輕人的經歷，劃分為三個階段，如下：

第一階段，這兩個年輕人開始工作之後，立刻就明白他們想過理想的生活，就需要錢。在以前他們並不是如此，學生時代他們所採取的方式和大多數的學生相同，一樣是有多少錢，就過多少錢的生活。那時候，同儕收入的差距並不會使彼此產生太大的隔閡，但是開始工作之後則不然，收入的差距使彼此產生了距離，學生時代的娛樂及服裝都很便宜，大家對於金錢也都只有著起碼的要求，便大致滿足了，因此只有少數學生認為，想要改善自己未來生活的前提，就是要擁有更多的金錢。

一旦每個人開始工作了，看法就馬上開始改變。

起初的兩年間，他們發現了要打入適合的社交圈，最急需的就是金錢。班森在就業第二年時，說：「我租的老公寓房子實在太簡陋了，每一次想帶較有身分地位的客人回家，都會覺得很難為情，但是我現在就是沒有能力改善。」珊卓也表示同意，她在畢業三年之後，說：「這年頭你得有錢才能去滑雪，才能夠認識那些你真正想結交朋友的人。」當然，結交一些新朋友，也許會改變你的命運。

追求完美的工作並非想像中那麼容易，然而至少他們現在瞭解自己為什麼失敗──並非他們不願意花時間或者是沒有興趣，他們已盡了一切的可能，也願意更進一步地去尋求。

　　但是事實很明顯，罪魁禍首就是「金錢」，顯然地他們並不是很富有，但這要怪誰呢？而又是什麼阻礙了他們的人生更上一層樓所需要的金錢呢？那當然是他們的工作。他們把一切的問題都歸咎於工作態度，於是就進入了危機的第二階段。

　　至此，他們不但有一個明顯的問題存在，同時也知道原因所在了。這個發現自然也影響了他們對雇主的態度，更加倍擴大了對公司的不滿。工作對於他們來說，已經缺乏激勵性和吸引力了，他們將工作視為追求一切理想的阻礙，最後終於變得憎恨公司了。

　　班森在開始第二個工作四年之後，將他的工作形容為「陷阱」、「監獄」和「一個使我無法享受自我成就的苦差事」。珊卓也表示了類似的看法：「這是什麼工作？什麼也不是！既沒有樂趣，也沒有升遷機會可言。」如果把這種抱怨的狀況歸咎於選錯了工作，認為只要換換公司、甚至另選行業就能彌補過來的話，那麼就大錯特錯了。

　　事實上，他們兩人換工作的次數遠比別人高得多，在他們開始工作之後的前十六年裡，每個工作都平均只做了二十五個月，也就是兩年多，而有些人換工作的頻率還可能更高。

　　當然我們在這裡並不是有意指責換工作的這件事，有時候，換工作是相當值得的事情，但是，除非我們了解班森、珊卓這些人對於工作的態度，以及為什麼會產生這樣的態度，否則他們將不會明白為什麼換工作對他們來說毫無作用。其實他們自己也了解，不管換過了多少工作，同樣的問題似乎一直伴隨著他們。

　　班森及珊卓從第一階段發展至第二階段時，出現這樣問題（從「收入太少」到「責怪別人、抱怨公司」）的過程也許並不重要，不過在這個案例中，就好像過河拆橋，毫無退路可走一樣。因為他們開

始輕視唯一可能解決他們苦悶的事──也就是「工作」。

班森在工作七年後，說：「這公司根本不懂品質！」他以此為藉口，開始放鬆自己對工作的嚴謹態度。四個月後，他又換了一家公司。同樣地，珊卓也將公司嘲笑了一番，她在畢業八年後，說：「我待在這裡實在是浪費時間，這些人只會做垃圾生意，我實在不應該將寶貴的時間放在這個工作上。」

這兩個人剛開始工作時，都沒有能夠和他們的工作真正地融合在一起，雖然他們起初都說希望有個事業，並且當時也有心要發展事業，但是最後他們所擁有的仍然只是一份工作而已。

他們與工作之間的距離，倒是使他們產生一種或許有用的觀點，不像那些一味埋頭於工作的人那樣地見樹不見林，看不清全局。但是珊卓與班森卻是遠遠置身於工作之外，一直將注意力集中在更長遠的發展上。

「我有個偉大的計劃！」班森經常這樣說。他常為一個他認為能使他一夜致富的計劃而費盡心力，而珊卓也一心一意地想找出一個能迅速爬上晉升之梯的方法。基本上，他們都視工作為麻煩事，希望能盡快地解決掉，並且認為──唯有找出一個能戰勝制度的方法，才能同時解決所有的問題。

他們將注意力轉移到服裝上，這實在是一個很「迷人」的轉變。起初我們都會假設，失去工作興趣的人在穿著上都會有著漸趨懶散的傾向，但是班森和珊卓卻不是如此。相反地，越是對工作不關心，他們越是開始注意穿著，因為他們認為「穿著是通往成功的祕訣」。班森不只說過一次：「對我來說，外表這方面很重要的。」而珊卓更是常說類似的話。

　　我們當然明白，給人一個良好的印象是很重要的，然而問題是他們兩人除了服裝之外，就沒有其他的有利條件可以支撐他們了。私底下，他們承認已不再對辦公室的每日工作感興趣，但是卻急著想要獲得升遷與加薪。如果真的無法用工作表現來爭取的話，就只好以服裝來取勝。班森甚至學會有技巧地放鬆領帶，他說：「只要稍微放鬆一點，看起來就像我正忙得不可開交一樣。」

　　前面我們討論了有害工作的三階段中的前兩個階段，看起來似乎都有些令人沮喪，不過第三階段卻是令人振奮而愉快的。

　　班森和珊卓當然不會年復一年地只是舐著自己的傷口，他們決定正面迎接第三階段危機的挑戰，也就是「打擊制度」。

　　當他們盤算著要如何打擊制度時，都會覺得心情愉快萬分。珊卓吹噓地說：「我可以預知老闆什麼時候要來，他來時，總是會看見我正在忙。」她開心地笑了起來，接著又說：「有時候，我還真想放個機器人在我的椅子上，當老闆經過時能夠騙住他，然後我自己溜到海邊去。」

　　班森也想出了一個刺激的小把戲來達到打擊制度的目的。公司在銀行為他開了一個專為支付出差費及應酬的帳戶，允許他每星期兩次帶客戶到附近的餐廳吃飯，當然公司是希望他能宴請那些對生意往來有幫助的客戶。不過，班森在四月份時，驕傲地說：「今年到目前為止，我宴請的沒有一位是客戶，也沒有人查我的帳戶收據，我只需要在信用卡的簽單上填入適當的名字就成了。」

　　三十歲以後，他們開始公開地談論要如何在管理層之中求得一席之地。

　　「從前我無法作這樣的要求，」班森三十二歲時說，「我那時看

起來太年輕了。」珊卓也覺得她已經到了可以開始要求管理職工作的年紀了。「你曉得，我在這裡也有好一陣子了，」她說，「我也該有資格作這樣的要求了。」對於這點，他們的看法很簡單——「年資就是晉升的資格」，工作了十年之久，現在已夠格晉升到管理階層了吧？

然而，儘管他們極力運作，並且在外表上下足工夫，在接下來的十年內，卻幾乎沒有任何適合他們的升遷機會，於是他們抱怨地更多，於是，他們仍然一事無成。

你覺得如何呢？

班森和珊卓是真的錯了！與其抱怨薪水太低，還不如先好好地幹，這才是職場上真正的硬道理！

所以，如果你覺得自己懷才不遇的時候，先不要抱怨，可以試著在公司裡尋求施展才能的機會，如果不能夠，或者換個環境，試著找到合適自己的位置。光只會發牢騷，只是百害而無一益，所謂「牢騷太盛防腸斷，風物長宜放眼量」，確是有識之論啊！

⚓ 有著**小聰明**的驢子

誰都不會信任不忠誠的人，不忠誠的人是無法得到他人重用的，這對於不具有忠誠品性或者不習慣忠誠行為的人來說，是相當危險的事，因為隱性地欺詐是每一個企業最大的敵人。

因為欺詐，你將失去與人長期和睦相處的可能，更無法獲得老闆的倚賴與重用，自己的發展和成功也就只能是白日夢。

有一個鹽販，每天都會趕著他的驢子到海濱，去批購鹽貨回來

販賣。在他往返海濱與住家的路上，都會經過一條小河。

有一天，當鹽販像往常一樣牽著驢子去買鹽回家，正路過這條小河時，驢子一時不留神，竟踩空了一步，跌到河裡去了！驢子背上背著的鹽，在牠跌到河裡時，被河水融化了不少，因此當牠從河裡再次爬上岸的時候，牠立刻感覺到自己的負擔減輕了不少！

不過，鹽販看到自己的損失慘重，當下決定立刻返回海濱，重新買了比先前更多的鹽。

有了這樣的經驗，這一次，當鹽販與驢子又再一次從海濱行經這條小河時，這頭驢子便使出詭計，故意讓自己在同樣的地方再跌到河裡去。自然地，牠背上所負的擔子，又如願地變輕了。驢子忍不住自鳴得意了起來。

這時，鹽販看穿了驢子的計謀，決定要將計就計。鹽販再一次地重新趕著這頭驢子回到海濱去。可是這次，他買的不是鹽，而是一大包的海綿！

在驢子第三次走到小河時，絲毫未察覺任何異狀的牠，又故技重施……

這一次，鹽販放在驢子背上的那一大包海綿，不但完全沒有溶於水，反而還在河裡吸滿了水，使得從河裡上岸的驢子，得背起比原本更多的重量！

還有一個關於驢子的寓言：

某日，一頭驢子爬上了屋頂，在那裡跳起舞來，將屋頂上的瓦片全都踏得粉碎。

驢子的主人看到這種情形，便立即設法將牠趕下屋頂，並順手拿起一根粗棍子，重重地打了這頭驢子一頓！

挨了打的驢子，忍不住委屈地對主人說：「昨天，我看到猴子這麼做，大家都笑得很開心啊。為什麼今天換成我，你們就生氣了呢？」

但是這頭驢子忘了，想要以此博取主人歡心的是自己（是驢子），並不是猴子呀⋯⋯而自己博取主人歡心的唯一途徑，就是勤奮的工作。

當面對外界的誘惑時，最有力的支持始終來自於你自己，我們內心堅定的自制力是抵抗外在誘惑的有力武器，能使人從無能為力的迷惘狀態之中解脫，恢復自我控制的能力，重新做自己的主宰。

⚓ 機會來自於充足的準備

「生活中並不缺少美，而是缺少發現美的眼睛。」知名的法國雕塑家羅丹（Auguste Rodin）如此說。同樣地，在現代職場中，並不缺乏機會，只是缺乏捕捉訊息、能夠抓住機會的專業能力。

機會從不會花費力氣去尋找那些浪費時間和偷懶的人，反而像總是落在那些忙得無暇照顧自己成就的人身上。就邏輯上來說，機會應該會找上那些時間充裕的人，然而事實上，機會卻是為那些忙碌於夢想和行動計畫的人而準備的。

人們總以為機會是活的、會動的，它會主動找到那些願意迎接機會的人。事實上，正好相反，機會只是一種想法和觀念，它只存在於

那些認清機會真面目的人的內心。因此，別老去問老闆：「為什麼我沒有獲得晉升？」而是應該去問那一個最清楚的人──也就是你自己。

世界上有許多貧窮的孩子，雖然他們的出身卑微，卻能成就許多偉大的事業。

羅伯特‧富爾頓（Robert Fulton）因製造出「克萊蒙特」號蒸汽輪船，被譽為「輪船之父」，成為美國最著名的工程師；法拉第曾是一名釘書匠，他經常利用客人還沒來拿訂好的書之前，趕快閱讀那本書，後來成了科學史上最優秀的化學實驗家；哈格里沃斯（James Hargreues）木匠出身，後來當了紡紗工人，一天不小心把妻子的紡車弄翻了，後來竟成了紡織機的發明人；貝爾（Alexander Graham Bell）用最簡單的器械製作出對人類文明最有價值的貢獻──電話，獲得了世界上第一台可用的電話機的專利權，創建了貝爾電話公司（AT&T公司的前身）。

古今中外的歷史上有著太多感人肺腑、催人淚下的故事，儘管主人翁在前進中遭遇了種種的艱難險阻，但他們仍以堅韌的意志力克服了一切困難，最終達到了個人目標，也獲得了名留青史的成功。

失敗者的藉口通常是：「我沒有機會……」他們將失敗歸咎為沒有人垂青他們，好職位總是讓他人捷足先登了。而那些意志力堅強的人絕不會找這樣的藉口，他們不會等待機會，也不會向他人哀求，而是靠自己的才能努力去創造機會，他們深信唯有自己才能拯救自己。

發明火車的英國機械工程師喬治‧史蒂芬生（George Stephenson），他出生於一戶窮苦的煤礦工人家庭。自幼失學

的他，卻從小就對機械有著相當的熱愛。十七歲那年，史蒂芬生在一家煤礦場擔任技師一職。

當上技師後的史蒂芬生，不但在工作中比以前更認真且詳盡地領會了機械的構造和修理，多年來對於機械研究的喜愛未曾有過減少的他，為了充實自己在機械理論方面的知識，更是每天不辭辛勞地在一整天的工作結束之後，前往夜校就讀，從基本的閱讀、寫字、算數等科目開始學起。

某日，煤礦場裡的一部機器突然無法運作，雖然每一位技師都竭盡全力地想方設法地去修好它，卻始終無人找得出這機器的問題究竟出在哪裡。原本只是站在一旁觀看的史蒂芬生忍不住開口詢問礦場主管：「請讓我試一試，好嗎？」這位主管平常就知道史蒂芬生對機械的熱愛，便答應了他的請求。

史蒂芬生走上前去，仔仔細細地將這部機器的每一個部分都拆開，輕輕地為每一個零件擦拭乾淨、調整位置之後，再依照次序，將它們一個個裝回去……在礦場裡的每個人都屏氣凝神之際，機器開始運轉了！

為此，史蒂芬生不僅被升為礦場的正職技師，日後也受到了公司的重用。

法國畫家保羅‧塞尚（Paul Cézanne）說：「你可能藉由機會獲得一份好差事，但是你卻不能憑機會去確保它。」世上的事總是變幻莫測，而人們各方面的學識與能力又是如此的有限，在人生路上積極向前的我們，若想緊緊把握住每一次難能可貴的機遇，無論是想讓自己更上一層樓，還是想藉此為自己的生命創造新的改變，關鍵都在於我

們得時時刻刻充實自己，讓自己擁有真金不怕火煉的真才實學才行。

被譽為是「現代物理學之父」的愛因斯坦（Albert Einstein）的故事總是能提點我們。一九〇〇年，愛因斯坦完成了大學學業，之後很長的一段時間裡，他都沒能找到任何有關科學研究的專職工作，連一個小小的職位都沒有……

直到兩年後，愛因斯坦才經由同學介紹，進入了位於伯恩的專利局，擔任一名處理及審核發明專利申請文件的小職員。儘管如此，愛因斯坦仍將自己工作之餘的所有時間與精力，全都用以研究自己最喜愛的物理學。

愛因斯坦不僅從未對自己的處境感到沮喪，反而如此看待自己在專利局的工作，他說：「以公務員為本職的人，閒暇時通常以下棋、打牌等活動作為調劑身心的消遣。我的本職是科學研究，所以，當我疲於研究的時候，我就會做做專利局的工作。這對我來說，是很適當的休息。」

試想一下，如果愛因斯坦也像前面所提到的珊卓和班森那樣，那麼他能夠一樣達到那樣留名青史的成就嗎？

當我們處於順境也好，遭逢逆境也罷，對每一個積極者來說，在生活與生命當中，唯一能由自己掌控的，永遠只有自身的努力和意志。

無論是讀書、工作、戀愛、看電視、玩遊戲等活動，如果我們總是漫不經心，在手上做著某件事時，腦子裡永遠想著另外一件事，甚至另外的好幾件事，此舉不僅無法讓自己得以充分享受眼下的樂趣，

更因心力有限，也無法長久地將正在進行的每一件事都做好。在生活中、生命中總是一心多用，以至於到最後，往往不能讓自己從這些行動當中，成就完整的幸福、愉悅與成功。相信這是每一個正擬定計畫積極向前、欲成就美好人生的人最不願意見到的事。

發明小兒麻痺疫苗的美國醫學家喬納斯·沙克（Jonas Edward Salk），其實他從高中開始，一直計畫著要攻讀法律。但是在上了大學之後，出於好奇，修了幾門科學的課程，沒想到他的興趣因此被引發出來。雖然因為家境因素，他必須打工賺錢以完成學業，但是這個問題並沒有讓他感到沮喪。

在他完成大學教育之後，沙克的願望是想從事醫學研究。他的指導教授直接了當地告訴他：「做研究工作，是沒有什麼金錢報酬的。」沙克回答：「生命中有許多事情是超越金錢的。」沙克為了自己的研究理想，不管外在世俗的價值判斷，因此，才能發現疫苗，造福世上許多人，包括你、我都免於遭受小兒麻痺病毒之苦。

台裔小提琴家詹曉昀（David Chan）從眾多角逐當中脫穎而出，就任紐約大都會歌劇戲院管弦樂團首席，也成為大都會樂團成立一百年來的第一位華裔首席，寫下了一項歷史紀錄。

詹曉昀出生於美國，四歲開始學琴，是臺灣大同公司董事長林廷生的外孫，數理成績相當優異，具有音樂天賦，十四歲就拿到美國聖地牙哥交響樂團協奏曲比賽一等獎。高中畢業時，詹曉昀的數理成績是全校第一名，隨即進入哈佛大學主修電腦，

515034

大學三年級時捨棄了炙手可熱的科系，專心開始他最熱愛的音樂事業，並投入茱莉亞音樂學院小提琴教母狄蕾門下，每隔兩周，詹曉昀都要從麻州哈佛大學搭車到紐約，只為了上一、兩個小時的音樂課，天資加上個人的勤奮、專注，使他獲得專業領域中絕佳成就。而臺灣的羅大佑則是在唸完醫學院，當上醫生之後，才放棄了炙手可熱的醫生工作，轉而擁抱他充滿熱情的音樂領域，因而發光發熱！

著名的法國文豪大仲馬（Alexandre Dumas）是《三劍客》的作者，在他的一生中，創作了許多精彩的經典作品，其生動的描述，經常令人如臨其境。但是如果你以為大仲馬是生來就有寫作的天賦，才能夠完成聞名世界的多部著作，那麼，你就錯了。天賦或許能夠幫助他在寫作時行雲流水，但若光是憑藉著天分而不認真、不勤奮、不努力，那麼是天才也是枉然。

蘇格蘭經濟學家亞當・斯密（Adam Smith）曾說：「再大的學問，也不如聚精會神來得有用。」這句話正是大仲馬的最佳寫照，大仲馬寫作十分認真，只要一提起筆，就會忘記吃飯這件事，就連朋友找他，他也不願放下手上的筆，他總會將左手抬起來，打個手勢以表示招呼之意，而右手仍然繼續寫著。

大仲馬是如此地專注於寫作，在他一生的創作當中，僅劇本就有一百部，如果加上其他作品，更是高達一千兩百部之多。這個數字，幾乎是英國劇作家蕭伯納（George Bernard Shaw）、美國暢銷書作家史蒂芬・金（Stephen Edwin King）等知名作家的十倍以上。

就像大仲馬一樣，無時無刻不專注在一件事上，那麼你體內蘊藏

的能力，必將能發揮到極致，機會在努力之中將垂手可得。

　　每一個員工都希望在職場上獲得老闆的重用、獲得成功的機會，但是機會又在哪裡呢？機會是一個沒有耐性的「傢伙」，它常常是來匆匆，去匆匆的。當機會敲了我們的大門時，我們可能還不敢去開門，我們更可能會反覆思考：敲門的是天使？還是惡魔呢？然而這時機會往往已經消失地無影無蹤了。

　　當機會來臨時，你應該打開大門去迎接，避免稍有遲疑，就讓你喪失即將到手的機會。有機會卻不去把握，你便永遠不會知道在前面等待你的是什麼樣的好運，就如同羅文最後成為了最佳軍人、員工典範。

　　機會只敲一次門，成功者總是積極準備，一旦機會降臨，便充分施展才能，最終達成目的，獲得成功。

　　有位年輕人聽說附近的深山裡有位白髮老人，若有緣與他相見，就能有求必應，肯定不會空手而回。

　　於是，年輕人連夜收拾行李，趕路上山去。

　　他在山上苦等了七天，終於見到了那個傳說中的白髮老人，他向老者求賜願望。

　　老人告訴他：「每天清晨，太陽還沒升起時，你到海邊的沙灘上尋找一顆幸運石。其他石頭都是冷的，而那顆『幸運石』與眾不同，握在手裡，你會感到溫暖，並且會發光。一旦你找到那顆『幸運石』，你的願望就會實現。」

　　年輕人便趕緊下山奔向海邊，他開始在海灘上尋找石頭，感覺不溫暖又不會發光的，他便丟下海去。日復一日，月復一月，

他在沙灘上尋覓了大半年，卻始終也沒找到那一顆溫暖發光的
「幸運石」。

有一天，他如往常一樣，在沙灘上撿石頭。一發覺不是「幸運
石」，他便丟下海去。一顆、二顆、三顆……

突然，「哇……！！！！」

年輕人大哭起來，因為他突然意識到，剛才他習慣性地扔出去
的上一顆石頭是多麼地重要……「幸運石」就被他丟回了大
海！

這樣的事實經常讓人們痛心疾首，當機會到來時，如果你麻木不
仁，就會與它擦肩而過。機不可失，錯過不再來，千百年來無數人的
經驗證明了這個淺顯而深刻的道理。

在職場上工作，如果你能在時機來臨前就準備好，在它溜走之前
就趕緊採取行動，那麼，幸運之神就會這麼降臨了。

一個員工是否幸運和倒楣，往往與其是否能把握時機有關。有些
員工在時機失去之後才搥胸頓足，那麼他注定是個十足的倒楣鬼；有
些員工明白時機稍縱即逝，因而能及時把握，所以，他的一生將比常
人更加一帆風順，心想事成。

當你失去了一次機會之後，切不可一蹶不振，否則永遠不會有新
的機會再次降臨。如果下定決心努力改變自己，第二次機會將會照樣
願意光顧你的門庭。

只要積極進取、充滿熱情、全力以赴，當我們全身心地熱愛所從
事的工作時，就能讓自己每天在工作當中能從中學到更多知識，累積
更多經驗，找到最多樂趣，掌握最多的機會，獲得最大的成就感，實

現人生的絕大價值。

⚓ 「積極」有效打破僵局

懶惰的人總是抱怨外在環境、抱怨自己沒有機會、抱怨自己連家人的溫飽都無法保證；而勤奮的人卻只是說：「我沒有什麼天資，只能拼命工作來換取麵包。」

「電學祖師」法拉第（Michael Faraday）從小家境貧困，他每天一大早起來，就開始外出送報賺錢，無法上學讀書。不過，在法拉第的小腦袋裡，卻總喜歡胡思亂想，對萬事萬物都極為好奇的他，只要腦海裡一出現任何自己不了解的問題，就會立刻開口發問。

十四歲那年，法拉第進入一家專職裝訂書籍的裝訂廠，成為學徒。由於裝訂廠裡有的是數也數不盡的書籍，於是，白天辛勤工作的法拉第，每晚都會偷偷拿了裝訂廠裡的書，一本又一本地閱讀⋯⋯

在這其中，法拉第最感興趣的領域莫過於「電學」。因此，除了閱讀有關電學的書籍，法拉第還從自己不多的工資裡拿出大部分的錢來購買許多器材，進行一個又一個的實驗。

一八一二年，英國皇家學會最負盛名的科學家——「無機化學之父」戴維（Sir Humphry Davy）正好受邀前來演講。這場演講的入場券的每張售價高達了一百英鎊，當天前往聽講的人們不是科學家，便是社會名流，個個光鮮耀眼。就在這場演講即

515034

將開始的時候，靠著省吃儉用買了入場券的法拉第穿著他的工作服趕到了演講廳外。

站在門口的警衛看到了與眾人格格不入的法拉第，感到非常奇怪，便叫住了法拉第，問：「您……請問您就讀於哪一所大學呢？」

「我，」法拉第大方地回答，「我是裝訂廠的學徒。」包括這位警衛在內，其他站在法拉第身旁的人，大家都用驚訝的目光打量著他。然而法拉第卻若無其事地自顧自地走進演講會場。

聽演講的時候，法拉第不僅一字一句都聽得非常仔細，同時也做了相當詳盡的筆記。在這場演講結束之後，回到家的法拉第心裡波濤洶湧，他想著：「若我終其一生都得在這裝訂廠工作，要怎能實現我的夢想呢？」他在心中下定決心，「要走上電學研究之路，我一定得去跟隨那位科學家才行！」

法拉第後來寫了一封信給戴維，內容不外是對戴維的崇敬，以及希望幫他介紹工作，同時他還附上三百八十六頁的筆記，做為他專心聽講的證據（這份筆記現在仍保存在英國皇家學會）。

這封信寄出之後彷彿石沉大海，日子一天天地過去了，法拉第始終沒有等到任何回應。對此失望至極的他，忍不住垂頭喪氣地對自己說：「看來，我的美夢是破碎了……或許，我一輩子都只能待在裝訂廠了吧。」

當時最偉大的科學家，怎麼肯花時間為一個窮苦的釘書匠回信呢？就在法拉第沮喪至極，甚至想將自己所有的書籍與儀器全部丟掉時。一天，一輛車在裝訂廠門口停了下來，來的正是戴

維的助理——他將戴維寫給法拉第的親筆信函帶給他。

戴維真的回信了，並且經由他的介紹，法拉第得以擔任皇家學會的實驗室助手，從此展開他的研究歷程。雖然戴維只是允許法拉第在自己的實驗室裡當個打雜的，但是，早已等待多時的法拉第仍然一口答應了。法拉第從此獻身於他熱愛的電學事業，獲得了巨大的成就，並留名歷史。

美國作家愛默生（Ralph Waldo Emerson）曾說：「凡人皆為其自身命運之製造者。」無論我們在生活中、在生命中遭逢再艱難、再困苦的境遇，或者遇上的是進退兩難的困境，如果置身其中的我們，仍懷抱著自己早已立定的美麗夢想、遠大志向，那麼，上帝一定會為我們開啟另一扇前進的門。

不主動打破停滯不前的境況，便只能被動的等待，與屈就於別人的安排。當你面臨人生轉折，猶豫不決、遲遲無法下定決心的時候，不妨品讀這句印度格言——「只要你願意，天堂之門永遠為你開啟。去除苦惱與問題，引導靈魂走向精神領域。謹慎行事，履行責任，不必為後果擔憂。要主導事件的發展，不要被事件擺布。」

愛迪生（Thomas Alva Edison）這位超級發明家，小時候不但未表現出過人的一面，反而以健忘聞名，在校成績差的一塌糊塗，連老師們都嫌他愚笨……如此不被人看好的愛迪生，為什麼能在日後成為發明家呢？這當然要歸功於他個人的積極勤奮。

一次，愛迪生到納稅機關繳稅，他一邊排隊，一邊思考科學問

286
515034

題，沒想到輪到他繳稅時，他竟然一時說不出自己的名字。他站在櫃檯前拼命的思考，偏偏就是想不起自己是誰，最後還得靠鄰居告訴他，才記起自己的名字是愛迪生。

愛迪生經常夜以繼日地待在實驗室做研究。有一天早上，佣人將早餐送進實驗室，見愛迪生因為前一晚不眠不休地做實驗，累得睡著了。佣人不忍心將他吵醒，便先將早餐放在桌上，愛迪生的助手們見狀起了玩笑之心，他們偷偷地將早餐收起來，只留下一個空盤子。當愛迪生醒來時，看到旁邊的空咖啡杯和少許麵包屑的盤子，竟以為自己已經吃過早餐了，便又繼續工作，直到他的助手們笑彎了腰，他才知道自己被助手玩笑地捉弄了。

愛迪生就是這樣一個勤奮努力的人，他致力於發明的苦心不但沒有白費，更給全世界留下了巨大的福祉，然而當初他還曾被老師懷疑智力有問題呢！

臺灣經營之神王永慶，他的財富是從在米店推銷白米開始累積的。一個賣米的小人物是用什麼方法成為億萬富翁的呢？王永慶賣米的方法和別人完全不一樣，他不是等到顧客家的米缸空了，他們來到店裡買米，才開始做生意。

他總是細心地記錄著每一家的食米量，並且預計在米缸空之前，就會先把米送到顧客家裡，並會先替顧客洗好米缸，倒上新米之後，再倒上剩餘的舊米。如此一來，他不僅不用坐著等顧客上門，因為十足貼心的作法，還得到越來越多的生意機

會。

如果有機會，每個人都會願意接受加薪。但是，多數願意接受加薪的人會希望責任不要增加，這卻是一個不切實際的態度。大多數時候，能夠加薪、提升層級是因為個人過去的努力和對未來的期望。經理們想透過這種方式說：「我們衡量了你的價值，想讓你以後忙個不停，因為過去你表現得很優秀。」

你要如何才能贏得公司對你的信任與好感呢？我們不要求你向前面幾位卓越人物那樣地積極刻苦，但以下的幾點你是可以做到的：

首先，你每天要早到公司幾分鐘。每天早到十五分鐘對你的工作效率將有驚人的影響，它使你在一個正確的起點開始工作，並且老闆會注意到這一點。早到比晚到要好的多，這是因為有時候會產生一些突發狀況，需要你延長工作時間才能完成，當然，這種情況並不常發生，但可能性卻是有的。

其次，你需要認真地完成任務，即便是細小的任務。雖然每項任務並不會讓你立即升職，但是累積的效果卻是可觀的。在盡力做好每一項工作時，你就會樹立起一個積極的名聲，這能有效地保護你自己，也是未來能夠升官加薪的保證。

最後，你需要做的是對你做的事表現出足夠的熱情，讓他們能感受到你臉上的微笑。文雅的舉止和樂觀的態度，再加上你日益深化的知識與日益提高的技能水準，這些都十分吸引人的。

不要貪圖安逸，那只會讓你變得墮落，整日遊手好閒只會讓你退化。只有勤奮工作能帶給你人生真正的樂趣與幸福，當你明白這一點時，請試著去改正你身上的所有惡習，努力去找一份適合自己的工

作，你的人生發展將因此而改變。

⚓ 忙碌起來，你將能得到更多

工作，占了人們生命中清醒時的大部分時間，工作是人生運轉自如的軸承，影響了人的一生。如果我們在工作時無法得到尊敬與樂趣，那我們的人生就會是黑白的，並了無生趣，工作沒有尊嚴，人生又如何能幸福快樂呢？

有一次，在加州某個地方，距離飛機起飛還有一個小時的空檔。本書的原作者哈伯德走到了一個奶酪攤子旁，點了一杯他喜歡的優酪乳，是巧克力奶凍加上新鮮草莓調合而成的。當奶酪攤的老闆娘為哈伯德調配飲料時，她認真的工作態度讓哈伯德留下了深刻的印象。最後，她給了哈伯德一杯完美比例調製而成，看起來絕對美味的優酪乳。

喝完優酪乳之後，哈伯德和老闆娘攀談起來，她有著東方血統，來自臺灣，在美國已經待了十七年。哈伯德問她：「剛來美國找工作時，花了多久時間？」她微笑地說：「一天。」哈伯德說她真是一個令人感到快樂、熱情、能幹的人。她給了哈伯德一張名片，上面印著「朱大衛和朱凱莉」，老闆娘自豪地說這張名片上印著他們開的餐館地址，店名是「朱氏湖南餐館」。

在和她愉快的短暫交談之後，哈伯德不斷地回想她告訴自己的這

些事情。

　　朱凱莉剛來美國時，美國的經濟並不景氣，但是她第一天就找到工作了。現在，她的丈夫擁有一家餐館，我們並不知道餐館經營的如何，但是如果她的丈夫也有她的工作態度和積極精神，那麼餐館生意一定是很好的。朱凱莉是一個快樂的人，喜歡她的事業，並為她的機遇心存感激。

　　要是人們都有這位老闆娘的工作態度，像她一樣地面帶微笑工作，盡力地將工作做好，我相信，每個人都會過得更好。

　　有許多經典名作都用樸實的話語講述了許多關於工作和態度的真理，例如「當我們和你在一起時，我們教你這條規矩，誰不工作，誰就沒有飯吃。」還有「努力工作，並為你的工作而快樂……」等等。

　　羅克德‧馬丁公司的執行委員會主席諾曼肯‧沃格斯汀說了一個案例：

　　　　有一位業務經理雄心勃勃地準備撥打無數通電話，他強調地說：「你打越多電話，你就能賣掉越多的商品。」因此，他要求每個業務員打的電話量超乎平常的多。
　　　　第一個星期結束時，有一個業務員撥打的電話數量超過了三百通，這位經理深深地受到感動，邀請那位業務員站起來說明他是如何做到的。於是，這位業務員大方地說出他的祕密：「那其實不成問題，如果不是很多人打斷我，向我提問的話，我可能撥打得更多。」

　　永遠不要忘記你的目標，要運用你的常識和你自己，無論從事任

51503A

何工作，無論你在哪裡，都記得忙碌起來。誰知道呢？許多你意想不到的加薪、獎金、分紅、升等獎勵就可能會來到。勤奮一點，努力一點，你什麼都不會失去，反而能得到更多。

福勒是美國路易斯安那州一個黑人佃農家的孩子，五歲時就開始幫忙家務，九歲之前就以趕騾子為生。這其實不是什麼特別的事，因為多數佃農家的孩子都是很早就開始工作的，但是小福勒和他的朋友有一點不同，他有一位不平凡的母親。

他的母親不肯接受這種只能糊口的生活，她知道自己貧困的家庭被一個繁榮興盛的世界所包圍著，她無法接受這個事實，相信其中必有原因。過去，她時常與兒子談論她的夢想：「福勒，我們不應該貧窮。我不願意聽到你說，我們的貧窮是上帝的旨意。我們的貧窮不是由於上帝的緣故，而是因為你的父親從來就沒有想過變成富有的一天。我們家庭中的成員都沒有人想過有出人頭地的一天。」

「從來就沒有想過變成富有的一天……」這個觀念在福勒的內心深處留下了極深的烙印，以至於改變了他的一生。他開始想走上致富之路，他總是把他所需要的東西放在心中，而把不需要的東西拋到九霄雲外。後來，他致富的願望就像是火花一樣地爆發出來，他決定將經商作為致富的一條途徑，最後，他下定了決心經營肥皂業。

於是，他挨家挨戶地推銷肥皂長達十二年之久，後來他獲悉供應他肥皂的那間公司即將拍賣出售，這間公司的售價是十五萬美元，他在銷售肥皂的十二年當中，一點一滴地積蓄了二萬五

千美元。最後雙方達成了協議，福勒先繳付二萬五千美元的保
證金，然後他必須在十天的期限之內，付清剩下的十二萬五千
美元。協議規定，如果扶勒不能在十天之內湊齊這筆款項，他
就必須喪失他所繳交的保證金。

福勒在他當肥皂商的十二年當中，獲得了許多商人的讚賞和尊
敬，他去找他們幫忙，他也從有私交的朋友那裡借了一些錢，
也從信貸公司和投資集團那裡獲得了些許資助。終於，在第十
天的前夜，他湊齊了十一萬五千萬美元，也就是說，還差一萬
美元。

當時，福勒已經用盡自己所知道與所能動用的一切貸款來源，
此時夜已深了。他在幽暗的房間裡跪下來禱告，祈求上帝帶他
去見一個會及時借給他一萬美元的人，他自言自語地說：「我
要開車走遍第六十一號大街，直到我在一棟商業大樓裡看到第
一道燈光。」

晚上十一點鐘，福勒開始開車沿著芝加哥六十一號大街去。開
過了幾個街區之後，他看見一間承包商事務所亮著燈光。他走
了進去，在那裡，一張辦公桌旁邊坐著一個因深夜工作而疲憊
不堪的人，福勒似乎認識他，福勒突然意識到自己必須勇敢一
點。

「你想賺一千美元嗎？」福勒直接了當地問。

突然的說話聲，使得這位承包商嚇到直接往後倒去。「什
麼？！……是呀，我當然想！」他回答。

「那麼，請開給我一張一萬美元的支票，當我奉還你這筆借款
時，我將另付一千美元的利息。」福勒對他說，並把其他的借

515034

款人名單給這位承包商看，同時詳細地解釋了這次商業交易的情況。

福勒在離開這間事務所時，口袋裡已經裝了一張一萬美元的支票。之後，福勒不僅在那家肥皂公司，更在其他七間公司：包括了四間化妝品公司、一間襪子貿易公司、一間標籤公司和一間報社，都獲得了控股權，這些公司共同構成了福勒企業集團。

談起福勒成功的祕訣時，他用母親多年前說過的話，說：「我們是貧窮的，但這並不是因為上帝，而是因為你們的父親從來沒有想過致富的願望。在我們的家庭中，從來沒有人想要改變自己目前的處境。」

「如果你知道自己需要什麼，那麼，當你看見它的時候，你會一眼認出它。例如，當你讀書時，你將會遇到好時機來幫助你獲得你所需要的東西。」

工作不是為了別人，工作完全是為了自己！積極工作，享受人生，從工作中獲得快樂與尊嚴，這將會是一個值得期待且非常有價值的人生。

⚓ 出眾的**效率**能展現**個人價值**

中國有個神話，說一個名叫愚公的老者面山而居，當他九十歲高齡時，決定開山修路，於是譜寫了一曲子孫相繼、不畏艱難的悲壯故事。愚公用自己的力量改變了自己與家族的命運，愚公精神也鼓舞了

華人的數百代人。

　　社會的進步以不可預料的速度向前發展，二十一世紀，若還以「愚公」的速度開山闢路，無疑已經難以適應現代社會的發展。速度和效率已成為企業一個重要的核心競爭力。以下故事明確地說明了「效率」對企業的重要性：

　　獅王要毛驢負責開墾一塊五百畝的荒廢窪地。

　　毛驢接到命令之後，馬上行動起來，牠率領眾毛驢們摸黑起早，工作得非常認真。

　　過了幾天，獅王前來察看，看完後卻對毛驢說：「一段時間了，為什麼還沒開墾出來？要抓緊時間，爭取下個月完工。」毛驢一聽傻了眼，自己跟大家沒日沒夜地做，還被數落不是、數落太慢，現在要下個月完成？這怎麼可能呢？這麼大的一片地！

　　於是毛驢整日愁眉不展，茶飯不思，加上日夜操勞，已經瘦了一大圈。一天，一隻狐狸悄悄地跑來對毛驢說：「毛驢兄，你忙碌也要講究點效率，你沒看見獅王每次來，都只是在公路上轉一圈就走嗎？牠什麼時候進去窪地裡看過！你聽我的，先把路邊的地開墾好，至於窪地裡的，你再慢慢做！」

　　「唉，也只好如此了！」毛驢無奈，聽從了狐狸的意見，先將路邊的地開墾出來，並種上了農作物。

　　一個月之後，獅王又來視察了，牠看見地已開墾出來，農作物也已長出了小苗，非常高興，當下獎勵了毛驢十萬元。

　　毛驢用這筆錢租了幾十台機械，將剩下的荒地也都開墾了出

515034

來。

第二年，毛驢就因「業績優異」，被調到了獅王府做業務主管了。

也許多數人都從開始工作的那一天，就抱持著相當勤奮的態度，時時刻刻都投入在工作裡，甚至忘了喝口水、去個洗手間。但是在工作中卻經常會遇到像「小毛驢」這樣的情況：吃力不討好。為什麼呢？因為不夠有效率。

因為對老闆來說，看得到的「業績」才是真正的目的，出眾的工作業績更能證明你的工作能力，展現出你的個人價值。

事實表明，若能與老闆同舟共濟，業績又能表現優異的員工，是最令老闆傾心的員工。如果你在工作的每一個階段，都能找出更有效率、更省錢的作業方法，就能提升自己在老闆心目中的地位。你將可能被提拔，並被長遠地委以重任。因為出色的業績已使你變成一個不可取代的重要人物。

如果你只是忠誠，卻沒有任何業績的話，那麼儘管忠誠一輩子，也不會有什麼起色，老闆不可能重用你，因為如果把重要而困難的事交給你，他也不放心。更進一步來說：因為公司利潤的驅使，再有耐心的老闆，也絕對難以忍受一個長期沒有出色業績的員工。到時候，即使你忠貞不貳，永不變心，老闆也會變心，他會寧願捨棄有忠誠、無業績的你，留下業績優異的員工。

有兩個女孩的不同遭遇，清楚地說明了這一點。

小惠、筱方均受雇於某公司，當老闆的助手，替他拆閱、分類

信件。兩個女孩都對公司忠心耿耿，但是小惠忠心有餘，做事卻不講究效率，眼看著忙碌一天，卻連自己份內的事都做不完，結果不到兩個月便被解雇了。

另一個女孩筱方頭腦靈活，經常想辦法提高工作效率，老闆交代給她的工作都能很快地完成，還會多做一些非自己份內的工作。例如，替老闆給人回信，她經常認真研究老闆說話的語氣，以至於這些回信和老闆自己寫的一樣好，有時甚至更好。她一直堅持這樣做，並不在意老闆是否會看到自己的努力。終於有一天，老闆的祕書因故辭職，這個女孩便順利當上了祕書。

故事並沒有結束，筱方的能力如此優秀，也引起了同行的關注，其他公司紛紛提供更好的職位與薪資邀請她跳槽。為了讓她留在公司，老闆多次調高她的薪水，與最初當一名普通員工時相比，已經高出了四倍。儘管如此，老闆仍深感「物超所值」，因為筱方出色的工作效率表現，已遠遠超過四倍的薪水所能相比的。

總是埋頭犁地的老黃牛，勤懇賣力，可是不抬頭看路，如果走錯了方向，那麼一天辛辛苦苦的工作豈不是付之東流。要勤奮，也要講效率，這才是現代社會所追求的。

每一個老闆都希望自己的員工能創造出長紅的業績，絕不希望看到員工工作賣力但是卻成效甚微。即使你費盡了全部的力氣，然而卻沒有半點成績，那也是沒有用的。只會埋頭苦幹、不問績效的「老黃牛」時代已經過去了，企業更需要能插上效率翅膀的「大工蜂」。公

司輝煌業績的背後，一定有一群能力卓越、忠心耿耿、業績優異的員工，沒有這些優秀員工，公司的事業將無法持續下去，因為「業績產生的利潤才是企業生存和發展的真正關鍵」。

⚓ 尊重工作，就是尊重自己

一個熱愛、珍惜自己工作的人，最根本的一點就是對工作有一種發自內心的榮譽感和自信心，這種驕傲是打從內心喜愛這份工作，這種喜愛的態度可以讓你將對工作的熱情全都激發出來，你會特別地在乎你的工作，願意為工作付出非常多。

無論你貴為君王，還是身為平民，無論你是男、是女，都得尊重你的工作。如果你認為自己的工作是沒什麼了不起的，那麼你就犯了一個巨大的錯誤。

哲學家亞里斯多德（Aristotle）曾說過一句讓古希臘人蒙羞的話，他說：「一個城市要想管理得好，就不該讓工匠成為自由人。那些人是不可能擁有美德的，他們天生就是奴隸。」

今天，同樣有許多人認為自己所從事的工作收入低，並且也不光鮮亮麗。他們身在其中，卻無法認同這份工作的價值，只是迫於生活的壓力才不得不去做。他們輕視自己所從事的工作，自然無法全心地投入工作。他們更可能在工作中敷衍了事，推卸責任，因此更難以在工作中作出成績。

然而，所有正當合法的工作都是值得尊敬的。

北京曾有個著名的掏糞工人，名叫時傳祥，也許你會看不起這

樣的工作，但時傳祥在自己的工作崗位上始終兢兢業業，獲得了中國人民的尊敬，他曾說「工作無貴賤，行業無尊卑；寧願一人髒，換來萬人淨」的口號。當時，中國國家領導人劉少奇還親自接見他，他成為了中國相當著名的勞動模範。

只要你誠實地工作和付出，沒有人會貶低你的價值，關鍵在於你如何看待自己的工作。如果連你都看不起自己的工作，還有誰會看得起你呢？那些只知道要求高薪，卻不想承擔責任的人，無論對自己，還是對企業來說，都是沒有價值的。

社會分工，就註定有些人得從事行業中某些看起來較不高雅的工作，但是，請不要無視一個事實：「有用」才是偉大的真正準則。在許多年輕人眼中看來，公務員、銀行行員或大公司的高階白領才稱得上是上得了檯面的職業，其中一些人甚至願意在漫長的時間內處於失業狀態，目的就是去考取一個公務員的職位。但是，在同樣的時間裡，他也完全可以透過自身的努力，找到適合自己的職涯，發現自己另一種的價值。

工作本身並沒有貴賤之分，但是人們對於工作的態度卻有著高低之分。看一個人是否能做好事情，只要看他平常工作的態度即可。而一個人的工作態度，又與他個人的性格、本質有著密切的關係，一個人所做的工作，就是他人生態度的表現，一生的職業就是他志向的表示、理想之所在。因此，了解一個人的工作態度，在某種程度上就是了解了那個人的心中之所想。

如果一個人輕視自己的工作，把它當成煩悶無聊不重要的事情，那麼他也決不會尊重自己。正因為看不起自己的工作，所以倍感工作

艱辛、煩悶，自然工作也不會做得好。現代社會，有許多人不尊重自己的工作，不把工作看成創造一番事業的必經之路與未來發展的踏板，而只視為食衣住行的一種供給，認為工作是生活的代價，是無可奈何、不可避免的忙碌，這是一種很可惜的錯誤觀念。

那些看不起自己工作的人，往往是一些被動適應生活的人，他們不願意努力打拚，靠自己去改善自己的生存環境。對他們來說，公務員更體面、更有權威，生存更容易。他們也不喜歡服務生、銷售員，不喜歡體力勞動類的工作，自認為應該活得更體面，有一個更好的職位，工作時間也更自由。他們總是固執地認為自己在某些方面比他人更有優勢，能有更寬廣的前途，然而事實上並非如此。

那些瞧不起自己工作的人，實際上像是人生的懦夫。與輕鬆體面的公務員工作相比，商業和服務業需要付出更艱辛的勞動，需要更實際的專業能力。因為當人們害怕接受挑戰時，就會主動去找許多藉口，久而久之就變得更瞧不起自己的工作了。這些人在學生時代可能就非常懶散，一旦通過了畢業考試，便將書本拋到一邊，以為所有的人生平坦路途都已經向他展開了。他們對於什麼是理想的工作始終有著許多不切實際的認知。

然而，如果人們只追求高薪和公教職位是非常危險的，它代表了這個民族的獨立思考精神已經枯竭，或者說得更嚴重一些，一個國家的國民如果只是苦心地追求這些職位，將會使整個民族像奴隸般地生活。

熱愛自己的工作是一種責任、一種承諾、一種精神、一種義務。只有熱愛自己的工作，敬業地堅守崗位，尊重自己所從事的工作，才能精通工作中的所有業務，在自己所從事的行業中做出一番成績。

⚓ 堅定的意志有助於成功

　　任何目標的實現，都需要一點一滴地付出，持之以恆地堅持，這種付出和堅持的過程可能很艱辛，但是如果你堅持下來了，那就是「成功」，如果你無法堅持，那麼成功的可能性就會很小。

　　著有《不帶錢去旅行》一書的美國記者麥可（Mike Mclntyr），曾經徬徨地站在人生的道路上，他覺得自己對任何事情都非常恐懼，包括了自己穩定的感情是否要進入婚姻階段。於是，他決定要征服自己的恐懼，他給了自己一個穿越美國大陸的行程，目的地是一個叫做「恐懼角」的地方。在這段路程當中，他不帶錢，也沒有交通工具，他要靠著勞力或是其他人的自願幫助，走完這段旅程。

　　一路上，他遇到許多令他害怕的人和事，但是，當他一步一步地更加接近「恐懼角」的時候，他便相信，自己已經越來越有能力對付自己內心的恐懼。

　　最後，當他來到「恐懼角」時，他實在不知道為什麼這個地方會叫做「恐懼角」，因為對他來說，已經沒有什麼事情值得恐懼了。因為他的勇氣已經在這個歷練的過程中增強許多，甚至影響到他周圍的人。他的女朋友受到他的影響，也決定去壯遊，給自己挑戰自己的機會。

　　「你對別人最大的幫助，不是和人分享你的財富，而是讓人看見他們自己的財富。」英國首相班傑明·迪斯瑞利（Benjamin Disraeli）

說。

　　美國人向來做事急躁，這種民族特性或許可說得到了世界的公認。這種凡事求快的個性被冠上了「全世界最沒耐心的人」。戰爭時期，我們經常發現缺乏耐心是士兵們的致命弱點，他們不能沈著應戰，因此經常無謂地暴露在敵人的炮火之中。

　　商場上也是如此，我們經常要求在最短的時間內簽約成交，太過於急功近利，時常不能從容地全盤考慮。由於缺乏耐心，急著想要得手，反而很有可能將重要的優勢拱手讓給那些願意稍作等待的競爭對手。

　　美國著名政治家班傑明・富蘭克林（Benjamin Franklin）說：「有耐心的人，無往而不利。」耐心需要特別的勇氣，能對理想和目標全身心地投入，需要不屈不撓、堅持到最後的精神。這裡所說的耐心是動態的，而非靜態的，是主動的，而非被動的，是一種主導命運的積極力量。

　　這種力量其實在我們的內心源源不絕，但必須嚴密地控制和引導，以一種幾乎是不可思議的執著，投入到既定的目標當中，才能實現人生的目標。

　　唯有堅忍不拔的決心才能戰勝所有困難，一個有決心的人，任何人都會相信他，願意對他付出全部的信任。一個有決心的人，能隨時隨地獲得別人的幫助。反之，那些做事三心二意、缺乏韌性和毅力的人，沒有人會願意信任和支持他，因為所有人都知道他做事不可靠，可能隨時都會面臨失敗。

　　多數人最終沒有成功，並不是因為他們的能力不夠、誠心不足或者沒有對成功的渴望，而是缺乏「足夠的耐心」。這種人做事時往往

虎頭蛇尾、有始無終，做起事來也是東拼西湊、草草了事。他們總是對自己目前的行動產生懷疑，永遠都生活在猶豫不決當中。有時候，他們看準了一個工作，但是上班了一個月後，又覺得還是另一個工作可能更妥當。他們有時信心百倍，有時又低落沮喪，這種人也許可能在短時間內取得一些成就，但是，從長遠的人生來看，最終可能還是一個失敗者，因為世界上沒有一個遇事遲疑不決、優柔寡斷的人能夠真正成功的。

成功有兩個最重要的條件：一是「堅定」，二是「忍耐」，從羅文上尉的性格中也可看出。

通常，人們往往相信那些意志堅定的人。意志堅定的人當然也會遇到困難，遭遇到障礙和挫折，但是即使他失敗，也不會一敗塗地，就此一蹶不振。

我們經常聽到別人問這樣的話：「那個某某某還在努力嗎？」也就是說：「那個人還沒有放棄他的夢想吧？」

如果在對公司的前景做了種種的慘淡描述之後，仍然不為所動，意志堅決，同時，言談舉止之中還能夠做到處處謹慎大方，並能表現出忠誠可靠、富有勇氣個性的人，這樣的人才是許多大公司所要推崇、所要尋找的最佳人才。沒有足夠堅強的心靈，無論才識如何淵博，也難以獲得老闆的認同。

有一位經理在描述自己心中的理想員工時，是這麼說的：「我們急需的人才，是意志堅定、工作起來全力以赴、有積極奮鬥精神的人。我發現，最能幹的多數是那些天資一般、也沒有受過高等教育的人，他們擁有全力以赴的做事態度和永遠進取的工作精神。成功的人當中，大約有九成靠的是做事時的全力以赴，而剩下一成的成功者，

靠的就是他們的天資過人。」

　　這種說法代表了多數管理者內心的用人標準，也就是除了「忠誠」之外，還應加上意志堅強。具有韌性的人能夠經歷挫折，決心固然寶貴，但有時會因為力量不足、能力有限而受阻，然而唯有借助韌性，才能持續地長驅直入，直到無人能敵的境界。

　　永不屈服、百折不撓的精神是獲得成功的基礎，然而，許多年輕人的失敗都可以歸究於其恆心的過度缺乏。的確，多數年輕人頗有才學，具備成就事業的各種優秀能力，但是他們的致命弱點經常是缺乏恆心、沒有忍耐力，所以終其一生，只能從事一些平庸的工作。

　　如果你想達成目標，做出自己的一番事業，就必須為自己贏得美譽，讓周圍的人都知道，一件事如果到了你的手裡，就一定能夠完美的達成。

　　一旦你樹立了你個人的意志堅定、富有忍耐力、頭腦靈敏、做事敏捷的良好個人品牌之後，無論在哪裡，你都能找到一個適合你的好職位。相反地，如果你連自己都看不起，至今只是糊裡糊塗地過日子，總是一味地依賴別人，那麼遲早有一天會被社會徹底淘汰。

　　成功其實很容易實現的，它與天分無關。有許多天資聰明的人最終平淡無奇，然而也有很多被公認為笨蛋的人最後卻創造了奇蹟。

　　成功的必要條件其實只是「堅持」，只有持之以恆的人才能看到登頂後最美的風景。

消除恐懼，
為你的工作找樂趣

我們應當學習羅文轉化壓力為助力——當心中充滿喜悅時，自然而然會感受到手上的工作也有樂趣，學會在工作中找快樂，即使在痛苦時亦能獲得樂趣，便能進入良性循環，終日樂此不彼，那將成為你邁向成功人生的一大祕訣。

⚓ 行動有效消除恐懼

　　如果有著堅定不移的自信，那麼即使是一個平凡的人，也能做出驚人的事業來；而缺乏自信的人即使有良好的天賦、出眾的才華、高尚的品格，也很難成就偉大的事業。

　　在現實中，我們不難發現，那些日子過得最快樂、最能適應環境的人，都是相信自己能夠透過工作控制與改善生活的人，他們總是能夠平衡生活與工作。他們似乎能夠對任何事情產生最適宜的反應，並且很能去面對那些不可改變的事實。他們能從過去的錯誤中記取教訓，而不是重演這些失敗，他們著眼於現在，而不是浪費寶貴的時間去擔心未來將會發生什麼倒楣事。

　　有一些人特別相信占卜、運氣、命運、不祥之物、錯誤的時間與地點、星象、星座等神秘領域的事物，並且口頭上經常會說這麼一句話：「你不能去對抗未知的力量。」言外之意是指：你所有的一切都是命中註定、不可改變的。他們很容易向懷疑與恐懼讓步，結果就產生了過度龐大的負面情緒，影響工作、影響健康、影響生活，痛苦萬分。他們認為自己是目前這個社會制度的受害者，能否成功，完全得靠運氣，就像是擲骰子的遊戲那般。

　　恐懼主要會表現在三個方面：「恐懼遭到拒絕」、「恐懼改變」以及「恐懼成功」。

　　想要自立自強，就需要用知識和行動來代替內心的恐懼。

　　一份密西西比大學的研究報告指出，在我們的恐懼當中，有60%完全沒有正當理由；有20%早已成為過去，那已不是我們所能控制的範圍；另外則有10%的小事，這完全發揮不了任何實際作用。而剩下的

515034

10%恐懼當中，只有4%至5%是真正且有正當理由的恐懼。

結論是，在這些恐懼當中，有一半是我們完全束手無策的，而剩下的那一半，也就是大約有45%是我們可以輕易解決的。當然，我們必須不再猶豫，立即採取對策。恐懼多半是心理作用，但是它確實存在。

當你感到恐懼的時候，親友們經常會好心地安慰你說：「不要擔心，那只是你的幻想，沒有什麼可怕的。」但是你我都知道，這種治療恐懼的安慰藥方根本發揮不了效果。這種安慰可能可以暫時減消你的恐懼，但是並不能真正地幫你建立起信心，根治恐懼。因為「那只是你的幻想」的老式安慰療法是「假設恐懼根本不存在」，但是，恐懼並不是幻想，而是真實的。因此，在我們克服它以前，得先要承認它的存在。

恐懼是成功的頭號敵人，它將阻止人們把握機會；恐懼會消耗人們的精力、破壞人們身體器官的功能，使人生病，縮短壽命；恐懼會在人們想要說話的時候，硬是封住他的嘴巴。

恐懼使人猶疑不定、缺乏信心，恐懼確實是一股強大的力量，它會用各種方式阻止人們從生命中獲得他們想要的事物。

但是恐懼多半是心理作用，例如：煩惱、緊張、困窘、恐慌等都是起源於消極的想像。但是僅僅知道恐懼的病因，並不能根除恐懼的產生，正如醫生發現你身體的某個部分受到感染，並不會就此了之，而是會進一步去治療，但有效的治療必須對症下藥。

首先，你要有這樣的一個認知——信心不是天生就有的，但是經過後天的訓練，完全可以建立起來。你所認識的那些能克服憂慮、無論何時何地都泰然自若、充滿信心的人，全都是一路上磨練出來的。

二次世界大戰期間，美國海軍要求所有的新兵一定要會游泳，這些年輕健康的新兵被只有幾英尺深的水嚇得裹足不前。有一項訓練是從一塊離地六英呎高的木頭跳板跳進（不是潛進）八英呎或者更深的水中，同時有幾位游泳教練在旁邊監督。

那樣的畫面算是挺「殘忍」的，這些新兵們的臉上、身體上不住地顫抖，所表現出的本能恐懼是極其真實的，但是他們唯一能做的、也是唯一能逼退恐懼的方法，還是只能「縱身一跳」。好幾個人不小心被教練推了下去，吃了幾口水，沉了幾下，結果似乎就不再那麼害怕了。

這是許多海軍士兵所熟悉的經歷，這告訴我們——行動的確可以治療恐懼，而猶豫、拖延，則只是助長恐懼、加重恐懼。

請你再一次地記住這句話——「行動可以治療恐懼。」

「行動」確實可以治療恐懼，曾經有一位四十歲左右的經理來找哈伯德，他負責一個大規模的零售部門，但是他卻很苦惱地說：「我恐怕快要失去工作了，我有預感我離開這間公司的日子不遠了。」「為什麼呢？」「因為統計資料對我不利，我管理的部門的銷售業績竟然比去年降低了7%，這實在太糟糕了，特別是全公司的總銷售額增加了6%的時候。最近，商品部副總曾把我找去，責備我跟不上公司的業績進度，我從未有過這樣害怕的感覺。」

他繼續說，「我已經喪失了掌控的能力，連我的助理也感覺出來了，其他的主管可能也察覺到我正在走下坡，我就像一個快要淹死的人，旁邊站著一群旁觀者等著看我滅頂。我想我是無

能為力了，但是我仍抱持著一點希望，希望能有轉機。」

哈伯德反問他：「只是希望就夠了嗎？」停了一下，沒等經理回答，就接著問：「為什麼你不採取行動來支持你這一點希望呢？」

「請您繼續說下去。」他說。

「有兩種行動似乎可行。第一，今天下午就想辦法將那些銷售數字提高，這是現在必須立刻採取的措施。你的部門營業額下降一定有原因，趕緊把原因找出來。你可能需要一次廉價的大清倉活動，以便買進一些較新穎、特別的貨品，或者重新布置櫃檯的陳列，或者你的銷售員可能需要更多的熱忱。我並不能準確地提出提高營業額的方法，但是方法總是有的，最好能私下與你的商品部副總商談一下，雖然也許他正打算把你開除，但是如果你告訴他你的構想，並徵求他的意見，他一定願意再給你一些時間、再給你一次機會的。只要他們知道你能趕緊找出解決的辦法，是不會做賠本的事情的。」

哈伯德繼續說：「你還應該使你的助理重新打起精神來，你自己也不能再像一個快淹死的人了，你得要讓你周遭的人都知道『你還活得好好的』。」

說到這裡，經理的眼神終於又露出了光芒。他接著問道：「剛才你說有兩項行動，那麼第二項是什麼呢？」

「第二項行動是為了保險起見，請你去留意更好的工作機會。我並不認為在你採取積極的改進措施、提高銷售額之後，工作還會保不住。但是騎驢找馬，總比等你失業了再找工作容易得多。」

幾個月之後，這位一度遭受到嚴重挫折的經理打電話給哈伯德：「自從我們上次談過以後，我真的非常努力去改進，最重要的步驟就是改善我的基層銷售人員的士氣，我以前都是一週開一次會，現在則是每天早上開會，我真的使他們又重新充滿了幹勁，大概是看我有心努力改革，他們也願意與我一起努力。成果當然也出現了，我們上週的週營業額已經比去年同期高得多了，並且比所有部門的平均業績也好得多。順帶一提，有個好消息，在我們談過以後，我就得到了兩個新的工作機會，當然我非常地高興，但是我都先回絕了，因為這裡的一切又變得十分美好。」

克服恐懼的方法是，當我們遇到棘手問題時，一定要積極採取行動，否則事情永遠不會有轉機。「希望」是個開端，但是必須要靠「行動」才能達成目標，希望得勝的人，絕對要運用「行動可以治療恐懼」的原則，無論是職場，還是生活，都非常地實用。

如果你感受到恐懼時，哈伯德為我們提供了有益的建議，那就是不論輕或重，請你先冷靜，然後再尋找「我該採取什麼行動，才能克服恐懼？」的答案。

有兩個步驟可以幫助你有效地克服恐懼，重新建立起信心：

首先是「隔離恐懼」，防止它再擴大，同時，還要搞清楚一件事，那就是「你到底在害怕什麼？」

其次是「採取行動」，每一種恐懼都有一套方法可以應付，並且絕對要記住：猶豫只會擴大你的恐懼，所以你一定得要果斷地立刻採取行動。

　　以下列舉的是一些常見的恐懼，以及可能的「醫治」行動。

　　當你「為儀表感到害羞」時，很簡單，改進它。到美髮沙龍去、到理髮廳去，並清洗你的鞋子，擦亮你的皮鞋，洗淨你的衣服。整齊清爽，並不代表就得要買新衣服。然後，開始立志減肥塑身！

　　當你「怕失去一位重要的客戶」時，很簡單，改進它。請你現在就加倍努力提供更好的服務給客戶，並且改進任何會使客戶對你喪失信心的缺點。

　　當你「怕考試不及格」時，很簡單，改進它。請你現在就將煩惱的時間用來學習。

　　當你「怕事情完全超出預料」時，很簡單，改進它。請你將注意力轉移到全然不同的事情上，例如：去看電視，到陽台為盆栽澆水，跟孩子一起玩，或者去看場電影等都可以。

　　當你「怕別人會怎麼想、怎麼說」時，很簡單，改進它。只要確信你計畫要做的事是正確的，那就去做。不管是誰做任何有價值的事，都會有人批評的。

　　當你「不敢投資事業或者買房子」時，很簡單，改進它。分析各種原因，然後下決心，並且要堅持到底。要相信你自己的判斷。

　　當你「對人感到恐懼」時，很簡單，改進它。請你試著給他們適當的評價。記住，其他人只是跟你很相像的另一個人。

　　上帝給予我們強大的力量，鼓勵我們去開創偉大的事業，而這種力量就潛伏在你我的大腦深層，能使每個人都有著宏韜偉略。如果我們還不對自己的人生負責，在最關鍵、最可能成功的時候，還沒有將自己的本領盡量地施展出來，對這世界來說也是一種損失。

　　這個時代和世界都仍在不斷地變化，醫治你的恐懼和焦慮，去創

造你的夢想吧！

⚓ 在工作中尋找樂趣

很顯然地，環境本身並不能使我們快樂或者不快樂，我們對周遭環境的「想法」和「反應」才能決定我們最後產生的感覺。但是工作就是工作，它永遠不可能像休閒渡假一樣充滿了新奇、放鬆和喜悅，關鍵在於我們如何在其中尋找並創造出樂趣。

人們在從事自己所喜愛的事物時，總能感受到一種莫名的興奮感和滿足感。可能沒有人會有古羅馬皇帝圖密善（Domitian）這樣的嗜好，他的嗜好是捕捉蒼蠅；馬其頓國王特別喜愛製作燈籠，法國皇帝喜歡製鎖，明朝一位皇帝熱愛做木工，這都算得上是令人尊敬的愛好。即使是有一些壓力的那種日常機械式地的重複工作或職業，對一個人的興趣來說也是一種寬慰和快樂。工作之餘的一點間歇，勞動之餘的一點消遣或休息，都是因為有工作、勞動的存在而顯得更加有趣，因為幸福和快樂往往在於勞動過程之中，而不在於結果。

最好的興趣愛好當然是求知欲旺盛，那些精力充沛、頭腦聰穎的人們在完成日常工作之餘，可以從事自己的嗜好，有的人鑽研科學，有的人鑽研藝術，有的人則是喜歡文學創作，擁有這種業餘愛好的人是相當有益處的，甚至可能對自己的工作有很大的幫助。

當然，任何事都要講究分寸，對知識的追求和愛好也不能任其自由發展，如果縱之過度，就會使人精疲力竭、精神委靡不振，份外之事不能做到專業，而份內之事又做不好，這就是標準的本末倒置了。

但是我們可以看到許多偉大人物善於平衡思考和實作這兩方面，

舉例來說，英國物理學家、數學家和天文學家牛頓（Sir Isaac Newton）就是一位十分傑出的鑄幣局局長；英國著名天文學家赫歇爾（Sir John Frederick William Herschel）擔任同一職務，也做得十分出色；洪堡兄弟（Humboldt）無論在文學、哲學、語言學、文學、文獻學、採礦業還是外交、治國等方面都表現優異，被認為是德國文化史上影響最深刻和最偉大的人物之一。

著名歷史學家尼布爾（Karl Paul Reinhold Niebuhr）也是一位成功的企業家。丹麥政府曾派遣他出任駐非洲領事館祕書兼會計，尼布爾果然不負眾望，工作相當認真、負責。在職期間，他的成績斐然。後來，他被推舉為丹麥政府金融管理委員會委員，不久他辭去此一職務，出任一家駐柏林銀行的聯合經理職務。在繁忙的政務、公務、家務活動之餘，他還擠出了時間研究羅馬歷史，並先後掌握了阿拉伯語、俄羅斯語和其他斯拉大語言。他所著的三卷《羅馬史》書籍在史學界一直享有盛譽，後人往往認為尼布爾只是一位純粹的歷史學家，殊不知研究歷史只是他的業餘愛好而已，當然，他也「順便」賺了不少錢。

成功學之父拿破崙‧希爾（Napoleon Hill）很重視「快樂成功法則」，他曾說過這樣的故事：

不久以前，在我所開設的「快樂成功之道」的課堂上，談到了把熱情帶進工作裡的原則，有一位坐在教室後面的年輕小姐站了起來，她說：

「我是和我先生一起來的，你說的那些對一個有工作的男人也許不錯，但是對家庭主婦來說卻沒有用。男人每天都會在職場

上遇到新奇有趣的挑戰，但是家庭主婦就不一樣了，家務事的問題是⋯⋯實在太單調了！」

這對我來說也是一個挑戰，當然許多人的工作也很「單調」，如果我們有辦法幫助這位年輕小姐，也就可以同時幫助那些認為工作是例行公事，單調得可以的人。

於是我問她，是什麼事情讓她覺得家務事這麼單調呢？她回答：「才剛把床單鋪好，馬上就弄髒了；才剛把碗盤洗好，用餐時又用髒了；才剛把地板擦乾淨，馬上又被踩髒了。做這些瑣碎的家務事很辛苦，但是最後還是會被弄亂弄髒，就像是我什麼也沒有做一樣。」

「這聽起來還真是讓人感覺無力呢！」我也很同意，於是我又問她：「那麼，有沒有喜歡做家務事的女性呢？」

「呃⋯⋯或許有吧。」她說。

「她們發現了什麼樂趣，才能這麼興致勃勃呢？」

這位小姐想了一會兒，說：「也許是她們的態度吧？她們並不覺得自己的家事工作很無聊，她們好像發現了『例行公事』之外的『東西』。」

是的，這就是問題的關鍵了！

找到工作樂趣的祕訣之一，就是：「看到例行公事以外的『東西』」。

每個人都知道自己的工作是「朝一個目標而去」，因此，無論你是家庭主婦或者文書處理員，是加油站的工讀生或者公司的大老闆，情況都一樣。只要你把例行性的公事看成通往目標的墊腳石時，就能在工作中獲得滿足。

因此，我給這位小姐的回答是，找一個她真正喜歡的目標，並且想辦法讓所有的家務事都能幫她達到這個目標。於是，她又談到，她總想和全家人一起去國外旅行。

「很好啊！」我說，「我們就來想辦法吧！現在妳先訂出一個期限，妳想要什麼時候出發呢？」

「等孩子十二歲時，」她說，「但這還要再過六年。」

「好，這可需要好好準備。妳需要有錢、需要有個旅遊計畫、需要研究妳想去的國家。那麼妳能不能想個辦法，把舖床、洗碗、擦地、煮飯等工作變成走向目標的墊腳石呢？」

幾個月之後，課堂中的女主角回來看我。她走進來的那一剎那，我們都感受到這是一位自信又開朗的女性。

「真的很不可思議！」她告訴我們，「這個『墊腳石』的辦法太好了！我還找不出哪一件事情不適用的，我把大掃除的時間拿來思考和計畫；買東西時，更是擴展眼界的好機會，我盡量買些外國的食品，就像是我們會在旅途上吃的食物。我還利用吃飯時間去上課，例如我們要吃亞洲麵食，我就閱讀相關風土人情的資料，然後在晚飯時，說給全家人聽。」

「現在我做家務事時，已經不像以前感覺那麼無聊辛苦了，以後也不會了，這真是要感謝『墊腳石』理論。」

無論工作有多麼地單調、多麼地累，如果在它的盡頭看得到自己的目標，那麼不管是什麼工作都能帶給你滿足。

不過有時候，某些工作也許需要付出極大的代價才能達成目標，如果你的工作正是這種類型，倒不如換一個工作，因為你對工作的厭

倦，會滲透到生活中的每一個角落去。

　　話又說回來，假使這個工作值得你去做努力，但你卻始終悶悶不樂時，那麼就要想辦法「化不滿為靈感了」。

　　查爾斯・貝克是「富蘭克林人壽保險公司」的總經理，他說：「我倒是鼓勵你去『不滿意』，不是不快樂的那種不滿意，而是另一種『神經質的不滿意』。這種不滿造成了整個世界的真正進步和改革。我希望你永遠都感到不滿意，希望你經常產生一種強烈的欲望，不僅把自己改善地更完美，而且還要改善四周的環境，使它更為理想。」

　　「化不滿為靈感」可以激發你的鬥志，愛因斯坦不滿意，因為牛頓的定律並不能解答他的疑問，因此他不斷地研究自然科學和數學，終於建立了相對論。由於這個理論，這個世界才發展出原子分裂的方法，並了解能量和物質相互轉變的祕密，進而征服太空，以及完成各式各樣原本不可能做到的事情。

　　當然，並非人人都是愛因斯坦，即使是我們努力化不滿為靈感的結果，也不見得就能改變這個世界，但卻能改變我們自己的世界，使我們朝向自己的目標而努力。柯瑞・藍哲就不滿意自己的工作，我們先談談他的遭遇吧！

　　柯瑞多年來都是俄亥俄州坎頓的巴士司機。有一天他早上醒來之後，覺得自己真的很不喜歡這個工作，它太單調了，他對這個工作簡直厭煩死了，他已經不滿到極點了。

　　柯瑞上過「快樂成功之道」的課，學會「只要自己想快樂，做什麼都會快樂」的方法，只需要採取正確的態度即可。於是柯

瑞決定從理智的觀點來觀察自己的處境，看看應該怎麼辦才好。

「我要怎麼才能高高興興地做這個工作呢？」他問自己，然後他真的想出一個好答案。他認為如果使別人快樂，那麼自己也會快樂。他的工作可以使許多人快樂，因為他每天在車上都會遇到許多乘客，他向來很和氣，因此他想：「那麼，我要發揮這種特質，讓每個坐車的人，一天比一天開心。」

柯瑞的想法非常好──至少乘客都這麼認為，他們很喜歡柯瑞的關心和開開心心的態度。由於他的親切和體貼，乘客都比以前更開心了，柯瑞自己也一樣。但是他的主管的看法正好相反，他把柯瑞叫到辦公室裡，警告他立刻停止這種過度的關心。然而柯瑞並不理會，因為讓乘客快樂，他真的很開心。雖然對他和乘客來說，是一件很棒的事情，但是柯瑞最後卻被開除了。

柯瑞因此遭遇到了挫折，他認為應該請教拿破崙・希爾，看看自己的問題究竟該如何解決，他們約好隔天下午碰面。

「我上過『快樂成功之道』的課，但我一定是走錯路了。」柯瑞把自己的遭遇告訴希爾，「現在我應該怎麼辦呢？」他問。

希爾笑了起來，說：「我們來看看你的問題吧。」他說，「你不滿意以前的工作情形，但是你卻做對了！你發揮了自己最寶貴的優點，友善而殷勤的個性，把工作做得更好，使自己和別人從這個工作中都獲得了更多的滿足。問題的根源在於你的主管目光太短淺，看不出你做這件事情的價值。不過這樣好極了，為什麼？因為你現在可以運用自己的個性，去計劃更大的

目標了！」

希爾又指點柯瑞，如果他運用自己優異的能力和友善的個性去當推銷員，結果一定會比當巴士司機要好得多。於是柯瑞向「紐約人壽保險公司」申請業務工作，當起了保險推銷員。柯瑞拜訪的第一個客戶就是巴士公司的總經理，他將自己個性上的優點發揮地淋漓盡致，離開辦公室時，居然得到了一張十萬美元的投保單。

當希爾最後一次見到柯瑞時，他已經成為「紐約人壽」成績最好的業務人員之一。

如果你的工作並不能讓你得心應手，而且讓你感受到自己內心的強烈排斥，別人就會說你是「圓孔裡的方釘」。在這種不愉快的情況下，你不妨改變自己的工作，重新投入一個自己喜歡的環境裡。

也許換一個工作並沒有那麼容易，但是你可以多做調整來配合個人的性格和能力，使自己在工作中找尋到快樂。

如果你能培養強烈的欲望這麼去做，便可以用新看法和新習慣改變原有的工作態度。只要有充分的動機，你也可以「把方釘變圓」，不過在改變自己的看法和習慣以前，要先做好對心理和道德衝突的準備。

但是只要你願意付出代價，就一定可以獲勝，就像也許你會覺得支付每一期的分期付款很吃力——尤其是前幾期，然而一但等你付清了所有的款項，新的個性就會發揮控制力量，使舊有的習性自然地消失。你就能快樂起來，因為你做的正是天生順手的事。

學會在工作中找快樂，即使在痛苦時亦能獲得樂趣，那將成為你

邁向成功人生的一大祕訣。心中充滿喜悅時，自然而然會感受到手上的工作也有樂趣，終日樂此不彼，便能進入良性的循環，感受到工作中極大的快樂。

⚓ 不再為過去的事懊悔

只有卸下身上過多的包袱，我們才能開始更好的新生活，但是這麼簡單的事情卻往往會被人們所忽略。多數人總是習慣將過去的事情，無論是成功還是喜悅、是失敗還是煩惱、是後悔還是痛苦，都將它全放在大腦裡，不忍拋棄，最後使得自己的身心負載過重，影響了心力、健康，還影響了自己的事業不能持續地快速發展。

人際關係學大師戴爾・卡內基（Dale Carnegie）曾經說過這樣一件事：

「有一天早上，我們和平常一樣走進了科學實驗室。我們的老師——保羅・布蘭德溫教授已經在那裡，我們發現布蘭德溫教授的桌上放著一杯牛奶。我們都坐下了，大家開始看著那杯牛奶，每個人都想不通，這和科學實驗課有什麼關係。突然，布蘭德溫教授揮了手將杯子打翻，杯子直接掉落在水槽裡，只聽見他喊著：『不要為打翻的牛奶哭泣！』接著，他讓我們站在水槽邊，說：『你們好好看看，』布蘭德溫教授告訴我們，『因為我想讓你們記住這人生的一堂課。牛奶已經流光了，你們可以看到，牛奶現在已經都流進了排水道。你們要永遠記得：不管你怎麼難過、怎麼擔心、怎麼抱怨，都不可能把牛奶

再接回來。如果你們能在做任何事之前，都預先動動腦筋，加以防範，那麼牛奶就可能不會被打翻，但是現在已經太遲了。當事情已經發生，我們唯一能夠做的，就是忘掉它，然後開始計畫下一件事。』」

有些讀者也許會想，天啊！花這麼多篇幅來解釋那麼一句老話——「不要為打翻的牛奶哭泣！」未免有些無聊，也許你已經聽過上千遍了。但是，不可否認地，這句話中包含了多少年所累積的智慧，是人們經驗智慧的結晶，是世世代代流傳下來的。

如果你能讀遍各個時代許多偉大學者所寫的有關憂慮的書，相信我，你不會再看到比「船到橋頭自然直」和「不要為打翻的牛奶哭泣」更基本、更有用的老生常談了。

也可以說，你可以設法改變三分鐘以前所發生的事情產生的後果，但不可能改變一分鐘之前已發生的事情。而唯一能使過去發生的事情變得有價值的辦法是，以平靜的態度分析當時所犯的錯誤，並從錯誤中得到刻骨銘心的教訓——然後再把錯誤忘掉！

做到這一點，需要勇氣和動腦筋。

入選美國棒球名人堂的著名球員康尼·馬克（Connie Mack）曾談過他對於輸球的煩惱：「過去我經常這樣，會為了輸球而煩惱不已。但是現在我已經不幹這種傻事了，既然那已經成為過去，何必再沉浸在痛苦的深淵呢？流入河裡的水，是不能取回來的。」

沒錯，流入河裡的水是不能取回來的，打翻的牛奶也不能再重新再收集起來，但是你卻可以現在就消除你心頭的不愉快，順便消除導致胃癌的因素。

　　曾出席TED大會演講的錯誤研究專家凱薩琳・史秋茲（Kathryn Schulz），她從不為自己過去做的事感到後悔，當然並不是因為沒犯過錯，是因為她相信自己在當下已經盡了全力，或者已經做了最好的決定。更何況，為了過去已發生的事而感到痛苦、難過、沮喪、懊悔，其實是在浪費現在當下的時間，人們應該盡早脫離這樣的情緒。

　　據史秋茲的調查，在後悔的事件排行榜當中，多數人最後悔的事情是「教育」，占了32%，每個人都希望自己過去能多學習，或者希望過去學習的是另一種領域。而在排行榜第二名之後，分別是「職業」、「感情的選擇」、「育兒的方式」、「對自我的評價」、「休閒時間的管理」、「所得與支出的分配」、「與家人的關係」等等。

　　很多人都會以為「經濟」是人們最容易感到後悔的事，例如，經常苦惱於為了薪水選哪份工作、要花多少錢買什麼等等，但是其實人們對金錢感到後悔的部分，連 3% 都不到，幾年之後，我們都會遺忘自己為了某個與金錢有關的決定煩惱過。

　　當然，後悔會讓人們感到痛苦，在無法挽回的情況下，史秋茲於TED大會提出了三個方法能讓人們好過一些：

　　首先，那些讓你感到後悔的事都並非只有在你身上發生，只要到處詢問、甚至在網路上搜尋，你會發現讓自己感到後悔的事情，其實多數都在每個地方、每個人身上發生過，你做出的決定並沒證明你比別人愚笨，所以就別太放在心上了。

　　試著自我解嘲，笑一笑，讓不愉快就此消失。其實在經歷過那些後悔的痛苦之後，許多人已經發現，對自己幽默，甚至黑色幽默，是幫助我們撐過去這段難受時間的好方法。所謂「一笑泯恩仇」是也。

　　最後，請你讓時間帶走一切，時間的力量極其強大，能撫平感

受、讓人們遺忘，許多事發當下難以承受的事，隨著四季更迭，那些激動的情緒都能冷靜下來。

不必憂慮和悲傷，也不必流眼淚。在這個世界上，人們難免要有失策和愚蠢的行為，但那又怎麼樣呢？誰都會犯錯，就算是戰神拿破崙也有失敗的時候。莎士比亞（William Shakespeare）有一句名言：「聰明人永遠不會坐在那裡為他們的損失而嘆息，卻寧願去找辦法來彌補他們的損失。」

一般來說，會讓我們感到後悔的那些事，都沒有我們想像中的那麼糟。其實讓人們耿耿於懷的關鍵，只是那一個無法放下痛苦、繼續前進的自己。

後悔能夠教導我們的是，提醒自己，要從錯誤中獲得教訓，找出改善的方法，讓每一次不同的後悔事件，都能成為我們成功人生的墊腳石，幫助自己在下一次面臨抉擇時，能做出更好的決定。

人生，是一個不斷放棄，又不斷創造的過程，所以，不要為已經打翻的牛奶感到可惜，只有放下了過去，你才能重新開始，迎接新生。

⚓ 自信使人堅強並實現目標

許多人在踏入社會之後，不可避免地會遭遇到挫折和困難，然而這正是考驗我們自信的時候。如果，面對這些困境你能夠從容不迫，沉著冷靜地面對與處理，那麼在未來的人生道路上，就沒有什麼東西可以阻擋你的了；如果你被這些不順遂嚇倒，那麼只能等著無所作為的結局，因為從沒有一個缺乏自信的人能獲得成功。

　　自信就像是生活中的一片陽光燦爛的天空，在這片天空當中，挫折將化為泥土，滋養我們的心田；困難可以化為風雨，伴隨我們左右；荊棘可以化為花朵，映襯在我們身邊。重拾自信，你的生活、工作都將有一個全新的面貌。

　　有一個飽受苦難的孤兒，他向一位智者請教：該如何獲得幸福？

　　智者指著一塊璞石對他說：「你把它拿到市場上去賣，但是，無論誰跟你買，都不要賣出。」孤兒按照智者的話去做，剛開始前兩天無人問津，第三天終於有人來詢問，第四天，石頭已經能賣一個好價錢了。過了幾天，智者又對他說：「你把石頭拿到石器交易市場上去賣，但還是要記住，不論誰買，都不要賣。」同樣的，前兩天還是無人問津，第二天有人圍過來問了，後來，石頭的價錢已經高出了一般石器的價格。

　　又過了幾天，智者對孤兒說：「你再把石頭拿到珠寶市場上去賣。」結果是，石頭的價格被抬得跟珠寶一樣高了。

　　如果你認定自己是一塊璞石，那麼你可能就會像璞石一樣，無法得到人們的賞識；如果你堅信自己是一顆寶石，那麼你可能就會成為一顆寶石。也就是說，你自信能夠成就什麼事業，才有可能獲得什麼樣的成功，反過來說，沒有自信，你一定不能成功。

　　自信能夠使你堅強，不向困難低頭。有一位著名公司的總裁在向他的員工演講時，提到自信對於克服困難的神奇作用，他說：「自信能夠克服你所遭遇的困難，只是需要你付出時間，付出精力，就像是

一日三餐，你只需要坐在餐桌前，張開嘴巴，你就能吃飽。從不要把困難看得有多麼可怕，「困難」就是一塊麵包，就是一塊牛排，只要你有自信能夠吃掉它，你就一定能吃掉它。」

自信能夠幫助你堅定地實現目標。有一位保險業務員，在每天早上出門工作之前，都會先在鏡子面前，用五分鐘的時間看看自己，並對自己說：「你是世界上最好的保險業務員，今天你就要證明這一點，明天也是如此，一直都是如此。」他還叮囑他的妻子，在他出門時要這樣告別：「你是世界上最好的業務員，今天你就會證明這一點。」後來，這個業務員憑著非常優秀的銷售業績晉升為業務經理，並將自己這套訓練自信的方法傳授給了公司的每一個業務員，使每一個業務員的心理素質都明顯地提高，每天都能堅定地去實現自己的業績目標。

如果你覺得自己的自信心不足，就一定要加強培養，只有這樣才能使你身上的潛能有獲得釋放的機會，並能更堅定不移地去實現個人的目標，最終能使你成功達成夢想。

凱撒大帝（Gaius Julius Caesar）說：「如果我是塊泥土，那麼我這塊泥土，也要預備給勇敢的人來踐踏。」如果你在表情和言行舉止上經常顯露出卑微，在任何時候都不相信自己、不期待自己，那麼自然也很難獲得他人的尊重。

⚓ 將**壓力**轉為自信的**助力**

有許多醫生提出過，有相當多的病症是由於挫折、憤怒，或者是恐懼、焦慮、無助等情緒引發或加劇的，這些病症輕微的像胃痛、飲

食過量、吸菸和飲酒過量，嚴重的則包括了心臟血管病變、慢性免疫系統失調，甚至癌症，而很多的癌症病人並不是疾病導致了他們的死亡，而是「恐懼」加速了他們的死亡。

現代社會中，人們花在工作上的時間往往要比其他方面都多，而嚴重的是，也由於每個人的家庭幸福、個人財富和社會地位，往往也取決於事業的成功與否，因此工作場所就成了一個造成多數人心理失衡的重要因素。此外，由於社會變革的快速、經濟持續不穩定、大環境的不景氣，使得工作場所中存在的懷疑、恐懼、挫折和其他相關的負面情緒也逐漸增加。

社會上有一些天生的英才，他們在事業上不斷地超越自我，創造巔峰，然而這種人畢竟是少數，在社會金字塔中，越靠近頂端的部分，人數越少，而大多數的工作者，都還在金字塔的底部追求高薪、職等，努力地加快自己向塔尖攀登的速度。

如果我們不把建立自信的根源，由外在轉移到內心層面，那麼不管你採用什麼方法，都很容易會遭受到全盤失敗，身體的疾病會增加醫療費支出，讓你沒辦法趕上工作進度，也可能沒辦法上班；酗酒和吸毒會影響你的工作表現，損害你的健康；心理上的挫折和焦慮會影響你的各種外在表現。當工作上的壓力入侵家庭之後，很容易便會導致家庭失和，使個人的生活情況更為惡化。

在現實中，有很多人在各種壓力之下不堪重負，他們對自己的健康缺乏積極的態度，極端一點的人，可能開始自我毀滅，然而有些人意識到自己遭遇到的危機，會主動地尋求外界的幫助，以擺脫不利的局面。

當情緒低落的人面臨無法獲得任何自我肯定機會的時候，他們很

容易會開始採取一種消極的防衛態度，他們變得愛批評、報復心強、自私、不關心別人，並且不願意和別人分享。這種負面的態度和行為，對於旁人的生活和工作表現都有著很大的影響。當一個人內心的緊張狀態形成之後，他們可能會出現胃潰瘍、高血壓、神經緊張和偏頭痛的症狀，這樣的人會給身邊的同事帶來極大的痛苦，然而他自己卻可能不會意識到。

當他們本身是主管的時候，員工們會更害怕將自己的個人業績向上呈報，這時，組織的氣氛開始轉變得異常，組織中所追求的效率將變得毫無意義。美國總統林肯曾說：「內鬥的家庭無法長存。」在工作場所也是一樣，每一個工作組織就是一個團隊，就像是目標要在運動比賽中獲勝一樣，團隊精神比什麼都重要，那些情緒上的施壓、洩恨、嫉妒、惡性競爭、互相輕蔑，甚至是公報私仇，都會嚴重地破壞團隊精神，性別和種族歧視等，都會嚴重影響團體的整體工作表現，破壞組織裡的和諧，長期下來，將使整個公司陷入困境。

不過，也有許多人認為自己在公司裡受到上司和老闆的壓榨和奴役，事實上可能並非真的如此，真正壓榨和奴役他的並不是上司和老闆，而是他們自己。仔細想想，這些人整天抱怨，說自己像奴才一樣地受人使喚，他的內心裡就會逐漸產生這種低人一等的心態，開始自暴自棄，最後就真的變成了一個他所想的奴才。

那麼要如何避免如此呢？請定期反省自我，敢於正視你內在的心靈，不要對自己過度地放鬆要求。我們一定會發現，自己的心裡隱藏著很多負面的想法和欲望，以及沒有多加思考就順從的習慣或者行為，這些在我們日常的行為當中到處都是。

改正這些缺點，改變心態，從不再做自己的奴隸開始，這樣就沒

有人能真正「奴役」你了。一旦重新建立了信心，就能戰勝自我，你將有勇氣克服所有的逆境，困難也將會迎刃而解。

　　請試著擺脫自私與狹猛的想法，去追求無私和付出的境界。擺脫自己是「受害者」的錯覺，嘗試去深入了解自己的內心，你將會進一步地認知到，傷害自己的人，其實就是你自己。

　　哈伯德先生曾應邀前往一家大公司參加年會，並被邀請在會上發表演說。

　　會中，有一位老者當場宣布退休，公司的董事長首先站起來做一次例行性的談話，說一些哈利先生對公司多麼地有價值、有貢獻，以及現在他要退休，我們對他將有多麼懷念的話。

　　在午會結束之後，哈利先生好像被人遺忘了一樣，他用手背輕輕地碰觸了哈伯德一下，對他說：「你能給我三十分鐘的時間嗎？我有話對你說，順便發洩一下我心中的鬱悶。」

　　哈伯德無法拒絕這樣的請求，便帶著他來到自己下榻的旅館套房，並點了一些飲料和三明治。

　　「在公司待了那麼多年，可以說是勞苦功高，今天晚上光榮退休，真是一個值得紀念的日子。」哈伯德主動打開話題，但是哈利先生卻說：「我今天並不快樂，我真的不知道該怎麼說才好，這是我一生中最悲傷的夜晚。」

　　「為什麼？」哈伯德問道。哈伯德想要讓他覺得自己很吃驚，然而其實哈伯德並沒有感到吃驚。

　　「今晚，我只是坐在那裡面對我慘痛的一生而已，我覺得自己一事無成，徹底失敗了。」

「你準備做些什麼呢？」哈伯德問道，「你現在才六十五歲。」

「還能做什麼呢？我要搬到老人村裡去了，住在那裡直到老死為止，我有一筆不少的退休金和社會保險金，這些錢應該足夠我養老了。」他痛苦地說，「我希望這樣的日子很快就會來臨。」

哈利先生陷入了一陣沈默，然後他從口袋裡取出剛才才拿到的退休紀念錶，說：「我想把這件禮物丟掉，我不希望留下這些痛苦的回憶。」

漸漸地，哈利先生放鬆下來，他繼續說：「今天晚上，當喬治先生（該公司的董事長）站起來致辭時，你可能無法想像我當時有多麼地悲傷。喬治先生和我同期一起進這家公司，但是他很上進，職位節節高升，我卻不然。我在公司領到的薪水最高不過七千二百五十美元，而喬治先生卻是我的十倍，這還不包括各種紅利和其他福利在內。每當我想起這件事，我總會認為喬治先生並不比我聰明多少，他只是真的很不怕吃苦，經得起磨練，能完全地投入工作，而我卻不能做到這一點。公司內外有很多機會，我都可能獲得晉升的，就像是我在公司待了五年之後，有一次公司要我到南方去掌管分公司，但是我因為感到自己無能為力而拒絕了，每次當有這種絕好的機會到來時，我總是找一些藉口推託掉。現在，我退休了，一切都已經過去了，我什麼也沒有得到，往事真是不堪回首啊！」

哈利的一生，內心始終一直游移不定，可以說沒有任何實際的目

328
515034

標。他懼怕真正地面對生活，也害怕挺身而出，承擔所有的責任，只是推著自己一天天地往前走。因此，戴爾‧卡內基才會說：「自信是成功的第一祕訣。」一個人，只要把潛藏在身上的壓力，由自信的方式表現出來，時時刻刻保持著強大的自信心，就會更容易獲得成功。

每個人都有自己的夢想，每天汲汲努力付諸實現。然而在奮鬥的過程中，不乏其他強勁對手出現，隨著競爭越趨激烈，壓力也隨之而來。

「壓力」一詞本身是中性的，並沒有好壞之分。它有如調味的佐料，適度添加，能激發自我潛能，向上提升；但若過量，則會戕害身心健康，降低成事效率。如果想讓一顆靜止充滿氣的小皮球彈高，就須施加力道於球上；施力越大，球就跳得越高。

然而，若是在沒氣的皮球上施力，不但怎麼也無法彈起，還會被壓得越來越扁。人也是如此，我們必須先自我激勵打氣，調整好自身的壓力承受度後，才能善用壓力，向更高的目標挑戰。因此，成功者研發出一套壓力方程式：

壓力（動力）＋激勵（助力）＝成功（完成目標）

孟子云：「生於憂患，而死於安樂也。」人是有惰性的，在沒有壓力的安逸狀態下，我們常會過度放鬆身心，時間一久，不僅思想鬆懈，意志消沉，甚至還會鈍化原有的技能。

相反地，若能常懷憂患和壓力意識，就能發憤圖強，達成夢想。因此，沒有壓力便沒有動力，沒有動力就發掘不出潛力和爆發力，也就變得碌碌無為，一生只能在平庸中虛度年華，永遠無法成功。

現代人的生活處處充滿緊張與忙碌，種種的壓力環繞在我們身邊。雖然壓力常讓人感到窒息，但適度的壓力卻可以壓抑人的惰性。

例如，學生面臨考試時，平時一晚只能讀一個章節，但在考前一週卻能一口氣讀完所有考試範圍；或是職場上將工作目標訂高一些，能夠促進同事間彼此良性競爭，帶來進步；又如運動員在大型體育競賽中屢次突破世界紀錄等等，均足以證明適度的壓力是成長的動力。

人在面臨壓力時，會有三種不同的應對方式——「拒絕和逃避」壓力、「接受與解決」壓力、「創造並享受」壓力。絕大多數人是採取排斥或消極接受的態度，讓自己深陷於消沉不安的困境中。但也有不少人會積極迎戰壓力，甚至設法創造壓力，激發前進的鬥志，奮力一搏，締造出許多超越自我的奇蹟。

根據歷史經驗顯示，諸多著名的哲學家、科學家、藝術家、文學家、企業家，當他們處在壓力最大的時候，往往也是創造力、觀察力、專注力和個人成就最高峰的時期。樂聖貝多芬（Beethoven）在生命即將結束的數年間，遭逢心靈上的孤獨、身體上的殘廢、經濟上的匱乏等，面對種種不幸的際遇，卻能創作出永垂不朽的d小調第九號交響曲。

歷史見證了那些將壓力轉化為動力的成功案例。因此，我們應當善用壓力之特性，為自己設定經一番努力後方可達成的目標，以創造壓力，激發自我潛能，展現「超水準」的表現。

壓力是成功的跳板，但若能巧妙地借力使力，利用能量轉換定律，將壓力轉化為動力，則會讓我們行得更穩，產生更強的鬥志，從心底湧出源源不絕的能量，邁向成功勝境！

⚓ 永遠保持對**生活**、對**工作**的**愛**

　　生活本身不是一個目標，只是人們走向某個目標的過程。而目標的實現要靠一步步地走，如果每一步都能有愛的滋潤，就能變得踏實而有意義。

　　曾經有一個遭遇了失業、卻一直找不到新工作的年輕人，當他在公園裡徘徊著，心情沮喪到極點，準備要自殺時。沒想到，正當他產生了自殺念頭的時候，卻聽到公園裡的另外一個角落，傳來了啜泣的聲音。他心裡感到有些害怕又覺得好奇，心裡想著，反正自己都快要死了，還有什麼好怕的呢，就決定去看看到底發生了什麼事。

　　後來，他發現了一個傷心的女孩坐在那裡哭泣，年輕人仔細一看，發現這女孩打扮樸素，感覺相當乖巧，應該是個普通的女孩，他鬆了一口氣後，決定去問個究竟。他想著：「反正我都快死了，也沒有別的事，就多管一次閒事吧。」

　　原來，那個傷心的女孩因為失戀，對人生感到非常絕望，經過曾經與對方約會過的公園，忍不住就哭了出來，覺得這世界已沒有她留戀的地方了，打算要自殺一走了之。於是，這個年輕人開始勸起這個女孩，他告訴她：「事情真的沒有妳想得那麼糟，而且世界上的好男人多不勝數，妳這麼年輕，還長得非常可愛，一定可以遇到更好的人，為什麼要在這裡就放棄了呢？」最後，那個女孩在年輕人的勸說之下，終於破涕為笑。女孩向年輕人說：「這位先生，你真是好心，還願意抽出時間

關心我這樣一個陌生人。」年輕人這才想到，沒錯，自己當然有時間，因為失業很久了，根本找不到事情做，其實也想著要自殺……可是，像自己這樣沒用的人，居然還可以讓一個失意而想要自殺的女孩回頭，也算是發揮了一點功用。

年輕人想著：「是不是失去的工作和失去的愛情一樣，失去了，其實也還會找到更好的呢？」於是這個失業的年輕人打消了自殺的念頭，決定振作起來，改頭換面，他認真地重新找工作。終於，因為他充滿自信與熱情的態度，贏得了許多面試官的心，也順利地找到新的工作。

也許有些人看過一部名為《巴黎公寓，紐約沙發》（A Couch In New York）的愛情喜劇，故事敘述一位紐約的著名心理分析師，亨利，一個四十歲出頭的精神分析師，住在紐約曼哈頓的高級住宅區。規律的生活，一成不變的工作，因為突如其來的婚姻挫敗，也受不了自己滿腦子都是病人的抱怨聲，這使得他陷入完全的疲乏當中，於是他決定在報紙上刊登一則「交換公寓」的廣告，想體驗不一樣的人生步調。

一位住在巴黎的女舞者碧翠絲，正好想擺脫混亂的生活秩序，也受不了充滿追求者的生活，最後和亨利交換了公寓。兩個受不了自己生活中過多的干擾而變得冷漠的人，居然因為換了生活的場景，而開始關心起周圍的人事物，最後，甚至遇見了本以為不可能的愛情。

對於原本不屬於自己的生活，為什麼他們又變得熱情了起來呢？也許因為那是他們內心想像中的屋主應該有的樣子，於

是，他們決定要幫對方盡到這個義務，但是，他們卻從來沒想過要如何解決自己生活的困境。最後，透過對於陌生人的惻隱之心，他們解決了對方的問題，同時，也讓自己的心重新找到了愛的感覺。

每個人都有愛的能力，但並不是每個人都有愛陌生人的能力，而後者才是愛的真諦。就從現在開始做起吧！這種時刻不是永恆的，它一旦消失就不再復返。很多人都會停留在對過去的反悔之中度過一生，即使是今天，也仍有千百萬人在重蹈這個覆轍。

有人說，如果給愛下一個定義的話，唯一能夠概括全部含義的字就是「生活」，因此，你一旦失去了「愛」，也就失去了「生活」。

記住，付出愛，事實上也正是得到「愛」，也得到「生活」的開始。

Chapter 9
它說明了一切

布希的推薦

極致管理的背後是「信念文化」

不變的結果定義

商業的本質是價值交換

我們應當學習羅文的永不放棄——我們都需要懂得，在公司裡，我們需要的不是「做事」，而是「做事的結果」，而對「結果」，哪怕有一萬個困難，你都要對自己說：「如果客戶、公司不原諒我們，那麼我們就不能夠原諒自己。」

⚓ 布希的推薦

在喬治‧華克‧布希（George Walker Bush，又稱為小布希）當選州長的那一天，他在一本小硬皮書裡簽上了自己的名字，並且把他送給了自己的新任助手。

這本小硬皮書的尺寸只有支票簿的大小，又窄又小，這本書就是《把信送給加西亞》，它現在還放在布洛根辦公室裡的一張茶几上。布希的簽名上還有這樣一句話——「你是一個信使！」

大家都知道，布洛根後來真的成了布希政府行政部門其中的一個信使。

有幾個月的時間，政府新聞機構的職員在牆上釘了一張紙，要求所有讀過《把信送給加西亞》的人在上面簽上自己的名字，到隔年春天，這張紙上已經簽滿了人們的名字。

布希並在一封電子郵件的回覆當中寫道——「我把它獻給那些在政府建立之初與我們攜手並肩的人們，我在尋找那些能把信送給加西亞的人，讓他成為我們團隊中的一員。那些不需要其他人監督、果斷而正直的人，就是可以改變歷史的人！」

事實上，《把信送給加西亞》只是一篇僅有二十四個段落的文章，它的封面和裝訂都很簡單。

《把信送給加西亞》在一八九九年首次出版，文章敘述了勇猛無畏的上尉安德魯‧薩姆斯‧羅文在一八九八年進入古巴，為加西亞將軍送信的經過。

當時，美國很快就要向西班牙宣戰，因此麥金利總統派羅文上尉前去尋找加西亞將軍，加西亞將軍則是古巴反對西班牙統治的反抗軍

515034

首領。

羅文沒有問任何人該怎麼去、在哪裡能找到加西亞，他只是接過信就出發了。

最後，他找到了加西亞將軍，並返回華盛頓，向麥金利總統彙報了反抗軍的力量和位置，以及西班牙軍隊的情況。

在開戰前夕，這些情報是至關重要的。各家報紙熱烈地讚揚羅文上尉為完成任務而不懼艱險的精神，羅文一下子聲名遠播。

在這個故事的啟發之下，紐約北部的一個印刷商就這個故事寫了一篇文章。沒想到，這篇文章竟然成為世界上銷量最好的出版物之一，它成了老闆們激勵員工的指導手冊。一個世紀以後，它又成了布希總統和他年輕的共和黨幹部們的工作方針。

這一位出版商和評論家阿爾伯特‧哈伯德這樣寫道：

「我想說的是，威廉‧麥金利總統讓羅文上尉把信交給加西亞將軍的時候，羅文只是接過信，連一聲『他在哪裡？』都沒問，當夜就出發了。」

「像羅文上尉這樣的人，他的形象應該被雕塑成永垂不朽的銅像，矗立在每一所大學的門前。它不是年輕人從書本上可以學到的，也不是各級各類教育機構所擬定的政策，而是能讓我們的意志變得更堅強、信念更堅定、行動更迅速、精力更加集中的一種精神──『把信送給加西亞』。」

他們並不會將哈伯德的這段結論當成軍歌一樣傳唱，不過，布希的部屬賈斯汀‧賽非卻說：「新聞機構裡的每個人都應該閱讀這篇文章，這會是一個很好的指導。我經常會告訴自己：在完成任務的過程中，不要陷入障礙的泥沼，要獨立自主地完成任務。所有的高級官員

都應該閱讀這篇文章。」

那麼，布希又是如何讀到《把信送給加西亞》這本書的呢？

肯‧瑞特是佛羅里達州奧蘭多的一名律師，他曾經為布希和他已離任的前總統父親喬治‧赫伯特‧華克‧布希（George Herbert Walker Bush）工作。一九九八年，在布希競選州長的時候，瑞特就把這本書送給了布希。

瑞特在文章中寫道：「我從不允許抱怨，我的人生準則就是：如果你擁有了一份工作，你就要為這份工作全力以赴。」瑞特準確地回憶了自己當時推薦布希這本書時的對話。

「我把這本書給布希，布希說：『我真的對這些新世紀的東西不感興趣。』」

「於是我對他說，讀一讀這本書，它只需要占用你喝一杯咖啡的時間，它不是新世紀的東西，它和我們國家的歷史一樣悠久。」

「當我再碰到布希的時候，他告訴我他已經讀過這本書了，正如我所預料的，他對我說：『這本書太厲害了，它說明了一切！』」

⚓ 極致**管理**的背後是「**信念文化**」

古往今來，全球有諸多商業組織、宗教組織、政治組織，以及各種類型的團隊組織，但有些組織的團隊成員特別具備了強悍的執行力，他們的執行力強悍到什麼地步？強悍到以實際行動發動政變、發動革命、建立新政權，甚至最後還把自己的生命都奉獻出去了。

一個人或一群人到底要經過什麼樣的訓練、抱持著什麼樣的想法，才會在明知道可能失去生命的狀況下依然堅定地執行任務？就像

本書主羅羅文上尉。

綜觀古今中外歷史，具有強悍執行力的組織必然懷抱了一種近乎信仰的信念，那種信念的重要性往往讓組織成員願意付出一切代價去維護它、去實踐它，這也意味著當一個群體為了實踐或維護內心所相信的信念時，他們就會高度執行那些符合信念的行動。換言之，如果我們能為團隊內部建立起一種信念，並且讓它成為大家的行動「母法」，凡與其抵觸者一律無效，凡行動必體現其精神，團隊執行力自然會穩固提升。

有句話說得好：「以一流的信念與文化管理成員，就是一流的管理。」什麼叫文化？文化就是內心裡面的一種環境，內在精神上的一種約定、一種默契，我們必須讓團隊成員浸淫在組織內部的信念文化上，並且共同堅定地追求它、實踐它，當內心有所追求，行動就會有戰略，執行力自然提升。

人類的本能也可以說人性是好逸惡勞、趨吉避凶的，身處競爭激烈的職場，許多人都盼望自己的工作能輕鬆一些，而薪水與福利多一點，所以上班族都在追求「錢多、事少、離家近」的工作，不用當一隻忙得轉不停、嗡嗡叫的小蜜蜂。

如果讓員工撰寫工作願望清單，他們的願望除了「加薪、加假、加福利」之外，可能還包括老闆最好不要管事、上司最好不要每天盯進度、小組不要經常開會、讓工作會報從世界上消失，於是，你會發現員工們期待的許多事情，幾乎都會摧毀團隊或公司的既定目標，因為只要沒有團隊目標了，他的本能中的舒適與快樂才會實現。

無論是企業主還是團隊領導人，基於組織發展與營運獲利的立場，必然需要有明確的執行目標與發展願景，但組織成員未必在意這

些，當你在台上熱情高喊奮鬥目標，台下的人可能只想著到時要如何敷衍了事。這並不是要老闆以最大的惡意去看待員工，也不是要團隊領導者以最嚴苛的手段管理成員，而是人性的本能容易導致人們態度怠惰，迴避工作，推卸責任，這意味著我們必須用智慧去面對「人性」問題，採取有效的因應舉措，而非硬碰硬地去挑戰、去壓制。

　　企業要發展，人就要不斷行動，如何讓你的團隊成員願意行動、確實行動，提高他們的工作意願與執行力呢？最好的方式就是在事情一開始的時候，制定好一個「最終結果」（也就是把信送給加西亞）的成功標準之定義，協助他們做出行動規劃。

 不變的**結果定義**

　　當我們在談提升執行力之前，對於執行力的「結果」要先清楚定位，無法清楚定位自己要的最終結果是什麼，執行就容易偏離方向，最後的結果自然不符合理想。

　　例如，每年的一開始為各個部門主管訂定好今年的總目標，公司的總目標分解成為部門主管的目標，全年的總目標分解成四季的目標，四季的目標分解成十二個月的目標，十二個月的目標分解成五十二週的目標，而五十二週的週結果累積成月結果，月結果累積成季結果，季結果累積成年結果，部門結果累積成整個公司的結果，這一套目標體系我們稱為「結果定義」。

　　凡事沒有以結果定義做為入口，執行就會沒有方向。

　　事實上，很多企業主或團隊領導人都會遇到一種情況，就是員工執行的結果跟自己想要的結果不一樣，但在指責員工辦事不力之前，

請先思考你是否有為他們的工作任務做好「結果定義」，因為有不少員工同樣也會遇到一種困擾：天啊，我不知道老闆到底想要什麼結果？我該怎麼辦？很多時候這種挫敗感是雙向打擊，老闆跟員工都不快樂，可是回到事情的根源，領導人是否為工作任務做出明確的結果定義，往往直接了影響組織成員的執行成效。

這就像一個會場的大門要往哪個方向開，規劃會場的設計師一定會詢問業主：「你希望這個會議廳的動線是什麼樣的？人往哪裡走、從哪裡離開？」業主提出明確想法後，設計師就畫出設計圖讓大門往某個方向開，於是開好了這個大門之後，人們就會按照業主一開始規劃的動線採取行動，這個過程就是「結果定義」，意即門往哪裡開，人就往哪裡走。

同樣的道理，身為團隊領導人，你希望團隊成員有什麼樣的工作表現、可以達成何種任務成果，就要制定出一套他會往目標方向行動的工作方法，並且加上管制措施，通常這些提早預先想到的結果，在制定好措施之後，他們就會主動朝你設計的方向前進，這就是「結果定義」的整體效應。因此，請趕快審視一下貴公司的KPI是否為一種「結果」吧！

分享一個「如果目標沒有實現，我就出局」的故事──高恩如何拯救日產：

二〇〇〇年，全球汽車市場一片蕭條，日產Nissan公司也因此陷入了困境。危機關頭，公司高層空降了法國有「行銷大師」之稱的卡洛斯‧高恩（Carlos Ghosn）空降來到日產，期待他妙手回春拯救日產。

大家都知道，日本公司通常都是非常排外的公司，在卡洛斯·高恩到日產上任之前，歷史上還沒有任何一個外國人在日本一流公司擔任過CEO的職位。

高恩是如何做的呢？他完全可以謙虛地說「我不敢保證多好的結果」，「我盡力而為」，一定做到「問心無愧」之類，但卡洛斯·高恩並沒有這樣說，他正式上班第一天，面對日產公司的所有股東和員工，面對眾多的新聞媒體，他提出了一個驚人的目標──「一八○」計畫。

「一」、「八」、「○」這三個數字分別代表了日產將實現的三個目標：「一」指的是，截至二○○四財務年度，全球汽車銷售量增加一百萬輛；「八」指的是，運營利潤率達到8%；「○」指的是，汽車業務的淨債務為○。

「我要實現這三個目標，任何一個目標沒有實現，我就出局！在這三個目標前，我不需要任何『假如』：假如有了團隊的支持，假如經濟環境良好，假如日圓匯率降低……？我這樣做的目的是表明我已經決定承擔責任，這是我的承諾。」

看到高恩這樣一個百分之百承擔責任的承諾，我們相信很多人都會覺得，這不是太過激進的口號嗎？不切實際的狂妄嗎？試想，他真的不需要條件嗎？如果團隊不支援他，他如何實現目標？如果經濟環境一直惡劣下去，他如何將經營狀況逆轉？如果日圓匯率持續上升，公司的成本如何降低？高恩是如何回答的呢？

他說：「因為我承諾了一個沒有後路的結果，而且這個結果很簡單，誰都能明白，誰都可以去衡量我做得如何，於是人們對

我的態度就積極起來，人們會說：『OK，這很公平，給他一個機會吧！他按承諾執行，我們按承諾努力，沒有任何藉口，一切為了結果。』事實上，他們對了，他們給了高恩機會，高恩則給了他們最出色的結果，現在的日產就像變了一家公司一般，成為了日本乃至世界一流的公司。」

當高恩這樣承諾的時候，他不知道困難嗎？在開始的時候，人們是持懷疑態度的。他們認為高恩這個外來人根本不了解日本，不了解日本文化，不了解日產。他能夠使公司有多大的起色呢？高恩說：「我不怕人們有這種懷疑態度，但是我不希望有反對力量和抵制情緒，因為我希望結果成為對我的支持，我希望信心建立在事實之上，信任建立在事實之上，這並不是說說就可以實現的結果。制定日產復興計畫是我們邁出的第一步，我們要對計畫的實施結果做出承諾，並負責到底！」

「當我承諾了他們想要的結果，那就是，我作為公司的總裁，我承諾公司明年要實現盈利，運營利潤率要有一定幅度的成長，債務要得以削減。」

「承諾就意味著如果達不到目標的話，我就辭職，你不能再做第二個計畫，也沒有第二次機會。你只有一次機會嘗試，成功了就好，如果不成功你就要辭職，由其他人來接替。一開始情況就很明確，所有的人都知道，我要完全參與到這個計畫中，而且所有的經營委員會成員也要參與進來。因為我們不會有第二個計畫，第二個計畫只能由其他人來做。」

如果團隊不支持、環境不好、匯率上升，業績都有可能不好，你

也會因此被人們原諒，但結果是什麼？「我們不會有第二個計畫，第二個計畫只能由其他人來做」，你承諾也好，不承諾也好，只要業績不好，股東就一定會換掉你。問題是你想被換掉嗎？

既然你不想被換掉，那你就要對結果負百分之百的責任，這個責任就是：明確客戶想要的結果是什麼，對這個結果，沒有任何藉口，你只需要充滿勇氣地執行。

這就是世界一流企業家給我們上的一堂課，讓員工懂得，在公司我們需要的不是做事，而是做事的結果，而對結果，哪怕有一萬個困難，你都要對自己說，如果客戶不原諒我們，那我們就不能夠原諒自己。

⚓ 商業的本質是價值交換

當我們和企業的員工們聊天時，會經常聽到如下的苦惱：

「為什麼我拼命工作，主管卻總是不滿意？」、「為什麼我辛苦了一年，公司對我的評價卻是只有苦勞，沒功勞？」、「為什麼我每天工作忙得不可開交，卻看不到工作成績、看不到自己的成長、沒有成就感？」員工似乎忙忙碌碌，但是老闆依舊不滿意。

老闆們經常聽到的員工說辭是：

「我已經按要求做了……」、「我已經照你說的做了……」、「我已經盡最大的努力了……」

老闆永遠在找那個「辦事得力」的員工，但是尋覓許久，那個能「把信送給加西亞」的羅文上尉總是在案例中才會出現。

我們看到，一方面是老闆抱怨員工做不好工作，一方面是員工抱

怨無論怎麼做老闆都不認可，那麼到底是什麼環節出了問題？是老闆太挑剔，還是員工能力不強？還是兩者缺乏溝通？……

如果我們也用這種外部思維來設想發生在企業內部的問題時，會有一種豁然開朗的感覺：老闆為什麼鬱悶？因為他的員工不能給他提供他想要的服務和產品，不能提供結果；員工為什麼鬱悶？他不知道老闆到底想要什麼，給老闆的不是老闆所要的，自己辛苦半天還得不到認可。

因此，我們的結論是，老闆和員工鬱悶的根源在於：管理層時刻關注著公司的盈利，而盈利是由客戶決定的，客戶只要結果，不要過程。結果是由過程創造出來的，所以，員工認為在這一過程中，只要自己盡力了，自己沒有做錯，那麼，結果不好也不是自己的錯。

可是，客戶並不要我們的過程，客戶只要結果。所以，管理層就很痛苦，因為客戶只認結果，沒有結果，客戶就不會付錢，沒有錢，員工的薪水從何而來？但員工認為只要自己盡力了，沒有結果不是他的錯，你怎麼能夠不給他薪水？

這個看似矛盾的結果，其實並不矛盾，因為這樣想的員工忘記了，當結果不好的時候，客戶不會買帳，客戶不買帳，企業就沒有收益，企業沒有收益，哪有錢給員工發薪水？結果就是企業虧損、員工被資遣，最後受害的仍然是自己，不是嗎？

也許你會說，那麼轉職到別的公司不就行了？但這樣的員工到任何一家公司，若依然還是只管盡力於過程，不關心結果，那麼，肯定也是做不長久的。

商業的本質就是「價值交換」，一個員工無論多麼努力，但如果提供的是不能與客戶交換的價值，那麼這樣的努力就毫無意義。

這是美國著名員工激勵專家鮑伯‧尼爾森在《不要只做我告訴你的事，請做需要做的事》一書中虛擬的一封信，該書被許多公司作為員工培訓的核心讀本。在此分享給大家——

親愛的員工們：

我們之所以聘僱你，是因為你能滿足我們一些緊迫的需求。如果沒有你也能順利滿足要求，我們就不必費這個勁了。但是，我們深信需要一個擁有你那樣的技能和經驗的人，並且認為你正是可以讓我們實現目標的最佳人選。於是，我們給了你這個職位，而你欣然接受了。謝謝！

在你任職期間，你會被要求做許多事情：一般性的職責，特別的任務，團隊和個人項目。你會有很多機會超越他人，顯示你的優秀，並向我們證明，我們當初聘僱你的決定是多麼明智。然而，有一項最重要的職責，或許你的上司永遠都會對你秘而不宣，但你在任職期間要始終牢牢地記在心裡。那就是企業對你的終極期望——「永遠做非常需要做的事，而不必等待別人要求你去做之後才去做」。

是的，我們是聘請你來工作的，但更重要的，是讓你為了公司的最大利益而隨時隨地思考、運用你的判斷力並立即採取行動。如果此後再也沒有人向你提及這個原則，千萬別誤以為它不再重要了或者我們改變了看法。我們有可能是在處理繁忙的日常業務、在應對沒有止境的市場變化、在種種爭分奪秒的競爭中抽不出身來。我們日復一日的工作實踐或許會讓你覺得這個原則已不再適用了，但是，不要被這種表象所蒙蔽。一刻都

515034

不要忘記公司對你的「終極期望」。在你和我們的雇傭關係存續期間，讓它始終伴隨你左右，成為你積極主動工作的一盞指路明燈，時時刻刻鞭策著你思考和行動。只要你是我們的員工，你就擁有我們的許可：為我們共同的最佳利益而積極主動地行動。

在任何時候，如果你感覺到我們沒有做對事情，沒有做對我們大家都有益的事情，請明白地說出來。你擁有我們的許可：有權在必要的時候直言不諱，陳述己見，提出你的建議，或是質疑某項行動或決定。這並不意味著我們必定會認同你的看法，或是必然改變我們現有的做法；但是，我們將始終樂於傾聽在你看來什麼將有助於更好地達成我們所追求的成效和目標，並在這一過程中創造一種自助、助人的成功經驗。

如果你想尋求對既有工作流程的改變，你必須先努力了解既有的工作流程是如何運作的（及其原因）。先努力嘗試著在既有的體系下開展工作，但如果你覺得這些體系需要改變，請毫不猶豫地告訴我們。

對於這封信所表達的主題，歡迎你隨時和我以及公司中的其他成員展開討論，或許我們都將因此更好地實現企業的終極期望。

你的真誠的經理 敬上

P.S.像其他許多很好的建議一樣，終極期望也是簡單不過的常識。但是，請不要就因此認為聽起來簡單，等同於做起來簡單。請將這一原則銘記在心，並有效地貫徹到你的工作中。一

旦你明白了公司的終極期望，你就必須在每日的工作中加以實踐。再也沒有比接受這個挑戰對你獲得工作、事業以及人生的成功更至關重要的了。

讀完這封信，相信你和我們的感覺是一樣的：企業的終極期望，不僅僅是要求員工完成任務（老闆告訴你的事情），而是要求員工主動做出結果（需要做的事）。

一位人力資源部主管在對應徵者進行面試時，除了提出有關專業知識方面的問題外，還問了一個沒有什麼難度的問題，但也正是這個簡單的問題讓很多人被拒於公司的大門之外。題目是：「在你面前有兩種選擇。第一種選擇是，挑兩擔水上山給山上的樹苗澆水，你有這個能力完成，但會很費勁；第二種選擇是，挑一擔水上山，你輕鬆自如就能完成，而且你還能有時間回家睡一覺。你會選擇哪一個？」如果是你，你會怎麼選擇？

很多人都選擇了第二種，於是人力資源部主管問道：「你選了挑一擔水上山，那麼你有沒有考慮過你的樹苗可能還是很缺水？」遺憾的是，很多人都沒設想到這個情況。終於有一個應徵者選了第一種做法，人力資源部主管問他為什麼會選第一種，他說：「挑兩擔水雖然很辛苦，但這是我能做到的，既然能做到的事為什麼不去做呢？何況，讓樹苗多喝一些水，它們應該就會長得更好。」最後，這個應徵者被錄取了，而其他的人沒有通過這次面試。

人力資源部主管是這樣解釋的：「如果你有能力，而且只要付出一些努力就能獲得圓滿的工作結果，為什麼不這麼做呢？當你一心只想輕鬆完成工作，對於工作結果並不抱高度期待，很容易就會對工作

應付了事，這樣的人就算再有才幹，也不會得到認可和重用。」

　　人力資源部主管提問的題目看似簡單，背後卻蘊含著重要的道理。對於老闆來說，一個盡本分完成工作任務的員工未必會成為出色的員工，但一個會在工作中不斷提升自己的標準、力求有圓滿工作結果的員工，必然能夠為企業創造出更多的價值，所以在擇才任用上，自然傾向錄用以「結果」為工作導向的員工，並且願意加以培養，而對於員工來說，當他為老闆帶來工作收益，甚至創造超越老闆期待的工作結果，他不僅能獲得本職薪資，也將擁有更多職場發展機會，這意味著「追求工作結果」這件事對雙方來說都是有益處的。

　　在任何一家企業裡，最受老闆歡迎的永遠是能夠為企業貢獻價值的員工，而當老闆考慮要不要為員工升職加薪的時候，衡量的標準往往不是員工有沒有善盡本職工作，而是員工對於工作任務的「執行品質」好不好，這也就是說老闆看重的是工作結果，只有當所有的工作任務都能確實執行、都能贏得好結果，公司才能夠保持優勢生存，締造常青基業的根本保障，如果老闆或員工都放棄了對「結果」的堅守，就等於是放棄了公司生存的底線。

　　我們可以說工作「結果」是一種指標、是一種方向、是一種價值的印證，是企業組織不斷走向卓越的新起點，身為企業主或團隊領導人都應該要時刻保有「結果思維」，並且讓團隊成員有意識地去追求「執行品質」，這也就是說無論執行過程多麼辛苦、勞累，都不能替代最終結果的存在意義。信到底送到了加西亞將軍手上了嗎？

　　很多員工在聽到別人要求他們做一件事的時候，不管對方是客戶還是主管，或者是老闆，經常會以為對方要求他們執行這件任務的意思，僅僅只是希望他們去做這件事，所以他們認為事情有去做就好

了，至於執行的結果如何，是不是令人滿意似乎就與他們無關了。

然而，事情一旦沒做好，客戶會抱怨、主管會不滿、老闆會不悅，他們自己會覺得很冤枉、很委屈：「你叫我做的事我做了，事情的結果我又不能夠操控，你怎麼埋怨起我了？」可是老闆或客戶的內心真正要的不是只有你去做這件事，而是你執行任務後要做出結果！儘管有時候客戶或是老闆不會準確地說出他要的那個最終結果，但是執行的人要去思考，其實對方希望的不是只有你去做這件事，而是希望你做了這件事情之後，能給予他設想中的最終結果，要不然雙方最後都會不開心。

那些收入最高的人，就像前面說的那個祕書，甚至那些領導層、決策層、那些頂尖的人物、那些生命中有巨大成就的人，他們都很清楚：無論是自己要做的事，還是別人要求他做的事，每一件事都得要做出一個最終的結果，沒做出結果，他就不認為完成這件事了，因為成功者的腦子裡都知道：「任務不等於結果」。

但是一定有很多人心裡有疑問：「通知他開會，他卻遲到了，那我有什麼辦法呢？他晚出門，關我什麼事？不能什麼事沒結果都怪我啊，總有很多是我能力範圍之內控制不到的事情吧？」很多人會這樣想，覺得自己很冤枉。沒錯，有些事不能怪你，有些事在你的能力範圍裡控制不了，但你必須先提出事前確認，確認你為了做出這個結果，你已經將事情前後的所有細節都考慮到了，如果最後還是沒辦法做出理想結果的話，那就不能怪你。然而，如果你沒有進行這些準備工作與確認的動作，你就不能說「不關我的事、我已經做了、我盡力了」，那樣無法讓人接受。

什麼叫做事前準備與確認呢？例如，你發E-mail出去，你必須要求

對方確認收到，而你有沒有要求對方回覆呢？你晚上有沒有再次確認呢？你知不知道對方住的地方離會議地點很遠？你有沒有提醒對方幾點出發與規畫交通路線？如果都沒有，那你就說：「我通知啦，他不到關我什麼事。」你當然可以推卸給他遲到，但是問題是老闆要求九點準時開會，老闆要的結果很清楚，你有沒有為了這個結果多做一些？事實上，這其中完全可以多做「非常多的事前措施」去確保這個結果的達成，如果你沒做到這些，認為發了E-mail就算交差了、打完電話就完畢了，那就叫做敷衍了事。

　　身為團隊領導人或員工都應該認知到「任務不等於結果」，企業主或團隊領導人更要設計好職務工作和相應結果是什麼，例如你的公司在做電話行銷，那麼「打電話是任務，成交是結果」，假設你的公司是一個需要經常開會談銷售的公司，那麼「開會是任務，賣出產品是結果」，只有團隊成員從上到下都明確知道「任務不等於結果」的不等式，才能有意識地去追求工作的最終結果，進而提高團隊執行力。這就是「把信送給加西亞」的真諦。

參考網站及圖片來源

＊台北：中研院——當大學生菲傭遇見台灣新富雇主：跨國語言資本中介的階級畫界過程——藍佩嘉《流轉跨界：跨國的台灣，台灣的跨國》，王宏仁、郭佩宜編，頁35-71。
http://homepage.ntu.edu.tw/~pclan/documents/papers/09_college_student.pdf

＊天下雜誌【英語島專欄】——Concall免緊張！7個單字聽懂印度腔
http://www.cw.com.tw/article/article.action?id=5059561

＊維基百科——關達那摩灣拘押中心
https://zh.wikipedia.org/wiki/%E5%85%B3%E5%A1%94%E9%82%A3%E6%91%A9%E6%B9%BE%E6%8B%98%E6%8A%BC%E4%B8%AD%E5%BF%83

＊台灣WORD——美西戰爭
http://www.twword.com/wiki/%E7%BE%8E%E8%A5%BF%E6%88%B0%E7%88%AD

＊維基百科——美西戰爭
https://zh.wikipedia.org/wiki/%E7%BE%8E%E8%A5%BF%E6%88%98%E4%BA%89

＊壹讀——美國為什麼發動美西戰爭
https://read01.com/RPQMzy.html

＊台灣WORD——普拉特修正案
http://www.twword.com/wiki/%E6%99%AE%E6%8B%89%E7%89%B9%E4%BF%AE%E6%AD%A3%E6%A1%88

＊維基百科——緬因號戰艦
https://zh.wikipedia.org/wiki/%E7%B7%AC%E5%9B%A0%E8%99%9F%E6%88%B0%E8%89%A6_%28ACR-1%29

＊台灣WORD——古巴獨立戰爭
http://www.twword.com/wiki/%E5%8F%A4%E5%B7%B4%E7%8D%A8%E7%AB%8B%E6%88%B0%E7%88%AD

*維基百科──華納‧馮‧布朗

　https://zh.wikipedia.org/wiki/%E6%B2%83%E7%BA%B3%C2%B7%E5%86%
　AF%C2%B7%E5%B8%83%E5%8A%B3%E6%81%A9

*蘋果日報Apple Daily──蘋果深度分析：糾葛一世紀美國古巴恩怨情仇

　http://www.appledaily.com.tw/infographic/timeline/uscuba/20160321/

*維基百科──古美關係

　https://zh.wikipedia.org/wiki/%E5%8F%A4%E7%BE%8E%E9%97%9C%E4%
　BF%82

*台灣WORD──關達納摩監獄

　http://www.twword.com/wiki/%E9%97%9C%E5%A1%94%E7%B4%8D%E6%
　91%A9%E7%9B%A3%E7%8D%84

*MBA智庫百科──敬業精神

　http://wiki.mbalib.com/zh-tw/%E6%95%AC%E4%B8%9A%E7%B2%BE%E7%
　A5%9E

*TOPCO崇越論文大賞──主管支持、員工工作敬業心與工作績效關係之研
　究：跨層次驗證

　http://thesis.topco-global.com/TopcoTRC/2014_Thesis/H0041.pdf

*yam蕃薯藤新聞──老闆最希望員工具備的10種特質

　http://history.n.yam.com/yam/fn/20150617/20150617098071.html

*維基百科──亞伯拉罕‧林肯

　https://zh.wikipedia.org/wiki/%E4%BA%9A%E4%BC%AF%E6%8B%89%E7%
　BD%95%C2%B7%E6%9E%97%E8%82%AF

*維基百科──宗毓華

　https://zh.wikipedia.org/wiki/%E5%AE%97%E6%AF%93%E5%8D%8E

*維基百科──赫伯特‧胡佛

　https://zh.wikipedia.org/wiki/%E8%B5%AB%E4%BC%AF%E7%89%B9%C2%
　B7%E8%83%A1%E4%BD%9B

＊維基百科──富蘭克林‧皮爾斯

https://zh.wikipedia.org/wiki/%E5%AF%8C%E5%85%B0%E5%85%8B%E6%9
E%97%C2%B7%E7%9A%AE%E5%B0%94%E6%96%AF

＊維基百科 ──哈瑞‧杜魯門

https://zh.wikipedia.org/wiki/%E5%93%88%E9%87%8C%C2%B7S%C2%B7%
E6%9D%9C%E9%B2%81%E9%97%A8

＊維基百科──克里米亞戰爭

https://zh.wikipedia.org/wiki/%E5%85%8B%E9%87%8C%E7%B1%B3%E4%B
A%9A%E6%88%98%E4%BA%89

＊維基百科──亨利‧克萊

https://zh.wikipedia.org/wiki/%E4%BA%A8%E5%88%A9%C2%B7%E5%85%
8B%E8%8E%B1

＊天下雜誌──丹尼爾高曼：從靜坐呼吸開始鍛鍊你的專注力

http://www.cw.com.tw/article/article.action?id=5055468#

＊維基百科──滑鐵盧戰役

https://zh.wikipedia.org/wiki/%E6%BB%91%E9%93%81%E5%8D%A2%E6%8
8%98%E5%BD%B9

＊中文百科在線──富爾頓

http://www.zwbk.org/MyLemmaShow.aspx?zh=zh-tw&lid=117405

＊維基百科──亞歷山大‧格拉漢姆‧貝爾

https://zh.wikipedia.org/wiki/%E4%BA%9A%E5%8E%86%E5%B1%B1%E5%
A4%A7%C2%B7%E6%A0%BC%E6%8B%89%E6%B1%89%E5%A7%86%C2
%B7%E8%B4%9D%E5%B0%94

＊維基百科──喬治‧史蒂芬生

https://zh.wikipedia.org/wiki/%E5%96%AC%E6%B2%BB%C2%B7%E5%8F%
B2%E8%92%82%E8%8A%AC%E7%94%9F

＊Google Doodle──小兒麻痺疫苗發明人喬納斯・沙克

http://zitolife.pixnet.net/blog/post/396167342-google-doodle--%E5%B0%8F%E5%85%92%E9%BA%BB%E7%97%BA%E7%96%AB%E8%8B%97%E7%99%BC%E6%98%8E%E4%BA%BA-%E5%96%AC%E7%B4%8D%E6%96%AF%E2%80%A2%E6%B2%99

＊臺美史料中心──David Chan詹曉昀, Violinist

http://taiwancscamericanhistory.org/blog/307-david-chan-%E8%A9%B9%E6%9B%89%E7%9B%B7-violinist-201510/

＊維基百科──大仲馬

https://zh.wikipedia.org/wiki/%E5%A4%A7%E4%BB%B2%E9%A9%AC

＊科學名人堂──法拉第

http://www.bud.org.tw/muscum/s_star09.htm

＊維基百科──戴爾・卡內基

https://zh.wikipedia.org/wiki/%E6%88%B4%E5%B0%94%C2%B7%E5%8D%A1%E8%80%90%E5%9F%BA

＊tedxtaipei──常常覺得後悔嗎？試著從其中學到一些其他東西吧

http://tedxtaipei.com/articles/kathryn_schulz_don_t_regret_regret-2/

＊汪大之──QBQ！問題背後的問題

http://www.mingdao.edu.tw/principal/letter/staff/0003.pdf

＊《經理人月刊》編輯部──為「最終成果」負「完全責任」

http://www.managertoday.com.tw/articles/view/1932

＊Cheers雜誌138期──當責不讓，不再沒肩膀！

http://www.cheers.com.tw/article/article.action?id=5030792

＊科技報橘──跟你想得不一樣！天才不錄取，Google董事長：寧願要有毅力的人

http://www.businessweekly.com.tw/KBlogArticle.aspx?id=8374

＊FOUNDATIONS MAGAZINE──How I Carried The Message To Garcia
http://www.foundationsmag.com/rowan.html

＊台灣WORD──黃熱病
http://www.twword.com/wiki/%E9%BB%83%E7%86%B1%E7%97%85

＊圖片來源──安德魯・薩姆斯・羅文（Andrew Summers Rowan）
http://americanhistory.si.edu/westpoint/history_4b2_pop1_l.html

＊圖片來源──加西亞（Calixto García Iñiguez）
http://1.bp.blogspot.com/-b2rjNe6mkSI/Viccx90ABTI/
AAAAAAAABx4/9SVh5I6XRfI/s1600/Calixto%2BGarci%25CC%2581a%2BI
%25CC%2581n%25CC%2583iguez%2Bretrato%2Bcolor%2Bcinefotografiando
%2Bpara%2Bweb.jpg

＊圖片來源──阿爾伯特・哈伯德（Elbert Green Hubbard）
https://en.wikipedia.org/wiki/Elbert_Hubbard

密室逃脫創業育成

Innovation & Startup SEMINAR

體驗創業➡見習成功➡創想未來

創業的過程中會有很多很多的問題圍繞著你，團隊是一個問題、資金是一個問題、應該做什麼樣的產品是一個問題⋯⋯，事業的失敗往往不是一個主因造成，而是一連串錯誤和Ｎ重困境累加所致，猶如一間密室，要逃脫密室就必須不斷地發現問題，解決問題。

創業導師傳承智慧，拓展創業的視野與深度

由神人級的創業導師——王晴天博士親自主持，以一個月一個主題的博士級 Seminar 研討會形式，透過問題研討與策略練習，帶領學員找出「真正的問題」並解決它，學到公司營運的實戰經驗。

創業智能養成 ╳ 落地實戰技術育成

有三十多年創業實戰經驗的王博士將從——價值訴求、目標客群、生態利基、行銷＆通路、盈利模式、團隊＆管理、資本運營、合縱連橫，這八個面向來解析，再加上最夯的「阿米巴」、「反脆弱」⋯⋯等諸多低風險創業原則，結合歐美日中東盟⋯⋯等最新的創業趨勢，全方位、無死角地總結、設計出12個創業致命關卡密室逃脫術，帶領創業者們挑戰這12道主題任務枷鎖，由專業教練手把手帶你解開謎題，突破創業困境。

保證大幅提升您創業成功的機率增大數十倍以上！

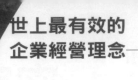

世上最有效的
企業經營理念——

創業/阿米巴經營

**讓你跨越時代、不分產業，
一直發揮它的影響力！**

2010 年，有日本經營之聖美譽的京瓷公司（Kyocera）創辦人稻盛和夫，為瀕臨破產的日本航空公司進行重整，一年內便轉虧為盈，營收利潤等各種指標大幅翻轉，成為全球知名的案例。

這一切，靠得就是阿米巴經營！

阿米巴（Amoeba，變形蟲）經營，為稻盛和夫在創辦京瓷公司期間，所發展出來的一種經營哲學與做法，至今已經超過 50 年歷史。其經營特色是，把組織畫分為十人以下的阿米巴組織。每個小組織都有獨立的核算報表，以員工每小時創造的營收作為經營指標，讓所有人一看就懂，幫助人人都像經營者一樣地思考。

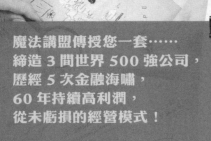

魔法講盟傳授您一套……
締造 3 間世界 500 強公司，
歷經 5 次金融海嘯，
60 年持續高利潤，
從未虧損的經營模式！

☑ 如何幫助企業創造高利潤？
☑ 如何幫助企業培養具經營意識人才？
☑ 如何做到銷售最大化、費用最小化？
☑ 如何完善企業的激勵機制、分紅機制？
☑ 如何統一思想、方法、行動，貫徹老闆意識？

阿米巴經營＝
經營哲學×阿米巴組織×經營會計

**將您培訓為頂尖的經營人才，
讓您的事業做大・做強・做久，
財富自然越賺越多！！**

開課日期及詳細授課資訊，請上 *silkbook*○.com
https://www.silkbook.com 查詢或撥打真人
客服專線 02-8245-8318

當責力：提升你的職場能見度

作者／王晴天

出版者／ 魔法講盟 委託創見文化出版發行

總顧問／王寶玲　　　　　　　　主編／蔡靜怡
總編輯／歐綾纖　　　　　　　　美術設計／蔡瑪麗

台灣出版中心／新北市中和區中山路2段366巷10號10樓
電話／（02）2248-7896　　　　傳真／（02）2248-7758
ISBN／978-986-271-884-1
出版日期／2020年6月

全球華文市場總代理／采舍國際有限公司
地址／新北市中和區中山路2段366巷10號3樓
電話／（02）8245-8786　　　　傳真／（02）8245-8718

全系列書系特約展示門市
新絲路網路書店
地址／新北市中和區中山路2段366巷10號10樓
電話／（02）8245-9896
網址／www.silkbook.com

本書採減碳印製流程，碳足跡追蹤並使用優質中性紙（Acid & Alkali Free）通過綠色環保認證，最符環保需求。

國家圖書館出版品預行編目資料

當責力：提升你的職場能見度 / 王晴天著. -- 初版. --
新北市：創見文化出版, 采舍國際有限公司發行
,2020.06 面；公分--（MAGIC POWER；09）
ISBN 978-986-271-884-1（平裝）

1.職場成功法

494.35　　　　　　　　　　　　　109005114

斜槓職涯新趨勢──

超級好講師，徵的就是你！

最好的斜槓就是當講師

★ 你渴望站在台上辯才無礙，為自己創造下班後的斜槓收入嗎？

你經常代表公司進行一對多教育訓練，希望能侃侃而談並成交客戶嗎？

你自己經營個人品牌，卻遲遲無法跨越站上舞台的心理障礙嗎？

你渴望站在台上發光發熱，躍升成為眾人矚目、受人景仰的專業講師嗎？

你想以講師之姿，跨入兩岸多地的培訓市場，利用年假賺人民幣並順便壯遊嗎？

不論您從事任何行業，都應該了解海軍式的會議營銷技巧，以講師斜槓幫助本業！

1

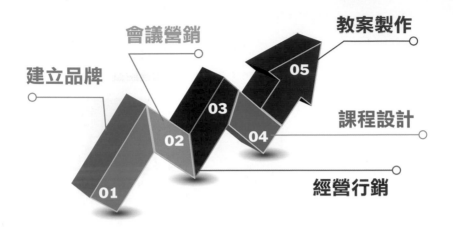

建立品牌　會議營銷　教案製作

01　02　03　04　05

課程設計

經營行銷

只要你願意，

魔法講盟幫你量身打造成為超級好講師的絕佳模式，

魔法講盟幫你搭建好發揮講師魅力的大小舞台！

只要你願意，

你的人生，就此翻轉改變，你的未來，就此眾人稱羨，

別再懷疑猶豫，趕‧快‧來‧了‧解‧吧！

課程說明

　　講師可以手拿麥克風，站上演講台，一邊分享知識、經驗、技巧，還可以荷包賺得滿滿，又能讓人脈源源不絕聚集而來，擴大影響半徑並創造許多合作機會，是很多人嚮往的身分。

　　世界上最重要的致富關鍵，就是你說服人的速度有多快，說服力累積到極致就會變成影響力，影響力來自於說服力，而最極致的說服力就來自於一對多的演說。

聲音
- ·音量音質
- ·語氣語調
- ·話速話量

文字
- ·用字遣詞
- ·關鍵字句
- ·講題內容

肢體
- ·臉部表情
- ·手勢儀態
- ·穿著服飾
- ·裝扮道具

38%

7%

55%

　　如果您想要當講師，背景能力不限，魔法講盟可以一步步協助您做好所有基本功，經過反覆練習後，找到合適的主題，開創自己的講師舞台，助您建構斜槓新人生！

　　如果您是公司老闆，企業規模不限，魔法講盟將協助您培養完善的表達力，在員工和客戶面前侃侃而談，更有效地領導員工並成交客戶！

　　如果您是組織領袖，團隊大小不限，魔法講盟將協助您培養一對多演說的能力，進而建立內部培訓體系，更輕鬆地打造能賺大錢的戰鬥型萬人團隊！

　　如果您是培訓講師，講師年資不限，魔法講盟可以擴充您的授課半徑，擴大您的演說舞台，讓您不僅能把課講好，還能提高每場課程的現場成交業績！

☑ 我們有銷講公式、hold 住全場的 Methods 與演說精髓之 Tricks，
　 保證讓您可以調動並感染台下的聽眾！

☑ 我們精心研發了克服恐懼與成為講師的 CCA 流程，是培訓界唯一真正正確闡明 73855 法則，並應用 BL 式 PK 幫您蛻變的大師級訓練！

☑ 我們擁有別人沒有的平台與舞台：亞洲八大名師、世界華人八大明師、魔法週二講堂……保證讓您成功上台！

☑ 我們有最前沿的區塊鏈培訓系統，可賦能身處於各領域的您，讓您也能成為國際級區塊鏈講師！更培訓您具備區塊鏈賦能之應用實力。

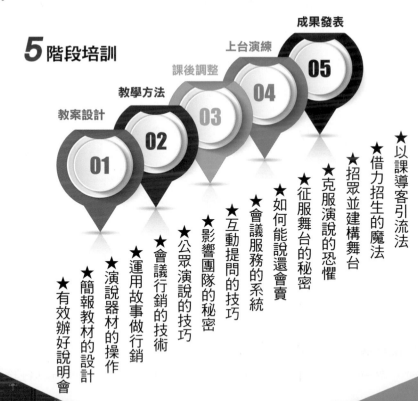

5階段培訓

教案設計　　01
教學方法　　02
課後調整　　03
上台演練　　04
成果發表　　05

★以課導客引流法
★借力招生的魔法
★招眾並建構舞台
★克服演說的恐懼
★征服舞台的秘密
★如何能說說還會賣
★會議服務的系統
★影響團隊的秘密
★互動提問的技巧
★公眾演說的技巧
★會議行銷的技術
★運用故事做行銷
★演說器材的操作
★簡報教材的設計
★有效辦好說明會

以課導客

現在是個「人人都能發聲」的自媒體時代，企業如果想要生存並突破發展困境，用最少的資源達到最大的收益，就必須要學會一種能力，叫做以「**課**」導「**客**」！也就是利用課程，來帶動客人上門，這些來上課的學生，要不就是未來的客戶、或能為你轉介紹客戶，要不就是成為你的員工、投資人、供應商、合作伙伴，多個願望均可藉一對多銷講一次達成。

當然，開辦一個有品質的專業課程，吸引潛在顧客自動上門學習，適用於各行各業，例如⋯⋯

賣樂器的，可以開辦音樂課程；

賣精油的，可以開辦芳香療法的課程；

賣美妝保養品的，可以開辦彩妝課程；

賣衣服的，可以開辦服裝穿搭課程；

賣書的，可以開辦出書出版班課程；

保險業務人員，可以開辦健康理財或退休規畫課程；

不動產仲介人員，可以開辦買房議價或換屋實戰課程；

傳直銷業者，可以開辦健康養生課程或WWDB642之培訓⋯⋯

企業培養專屬企業講師，創業者將自己訓練成能獨當一面的老師甚至大師，運用教育培訓置入性行銷，透過一對多公眾演說對外行銷品牌形象、提升企業能見度，將產品或服務賣出去，把用戶吸進來，達到不銷而銷的最高境界！

6.持續追蹤   1.課前準備

SUCCESS

TEAMWORK

SOLUTION

5.成交主張   2.精準客戶

MARKETING

STRATEGY

4.課程互動   3.塑造價值

培訓對象

★ 正在經營個人品牌的部落客、KOL、創業家

★ 擁有講師夢的人

★ 已有演講經驗，想要精進技巧的人

★ 沒有演講經驗，想跨出第一步的人

★ 想擁有下班後第二份收入的人

★ 想提升表達技巧者

★ 教育訓練及培訓人員

★ 企業主管與團隊領導人

★ 對學習講師技巧有興趣者

★ 有志往專業講師之路邁進者

★ 本身為講師卻苦無舞台者

★ 不畏懼上台卻不知如何招眾者

★ 想營造個人演說魅力者

★ 想成為企業內部專業講師

★ 想成為自由工作的明星講師

★ 未來青年領袖

★ 想開創斜槓人生者

　　魔法講盟開辦一系列優質課程，給予優秀人才發光發熱的舞台，週二講堂的小舞台與亞洲八大名師或世界八大明師盛會的大舞台，您可以講述自己的項目或是魔法講盟代理的課程以創造收入，協助超級好講師們將知識變現，生命就此翻轉！

輕鬆自由配

　　魔法講盟為各位超級好講師提供各種套餐組合，幫助您直接站上舞台，賺取被動收入，完整的實戰訓練＋個別指導諮詢＋終身免費複訓，保證晉級 A 咖中的 A 咖！

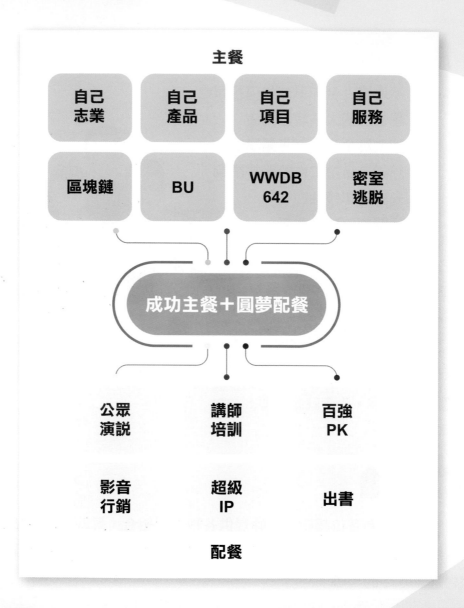

主餐

| 自己志業 | 自己產品 | 自己項目 | 自己服務 |
| 區塊鏈 | BU | WWDB 642 | 密室逃脫 |

成功主餐＋圓夢配餐

公眾演說　　講師培訓　　百強PK

影音行銷　　超級IP　　出書

配餐

　　魔法講盟開辦一系列優質課程，給予優秀人才發光發熱的舞台，週二講堂的小舞台與亞洲八大名師或世界八大明師盛會的大舞台，您可以講述自己的項目或是魔法講盟代理的課程以創造收入，協助超級好講師們將知識變現，生命就此翻轉！

成功主餐

自己的志業／產品／服務／項目

區塊鏈授證講師

由國際級專家教練主持，即學・即賺・即領證！一同賺進區塊鏈新紀元！特別對接大陸高層和東盟區塊鏈經濟研究院的院長來台授課，是唯一在台灣上課就可以取得大陸官方認證機構頒發的四張國際授課證照，通行台灣與大陸和東盟 10 ＋ 2 國之認可。課程結束後您會取得大陸工信部、國際區塊鏈認證單位以及魔法講盟國際授課證照，魔法講盟優先與取得證照的老師在大陸合作開課，大幅增強自己的競爭力與大半徑的人脈圈，共同賺取人民幣！

Business&You 授證講師

Business & You 的課程結合全球培訓界三大顯學：激勵・能力・人脈，專業的教練手把手落地實戰教學，啟動您的成功基因。魔法講盟投注巨資代理國際級培訓系統華語權之課程，並將全部課程中文化，目前以台灣培訓講師為中心，已向外輻射中國大陸各省，從北京、上海、杭州、重慶、廈門、廣州等地均已陸續開課，未來三年內目標將輻射中國及東南亞 55 個城市。15 Days to Get Everything，BU is Everything ！

💡 WWDB642 授證講師

　　為直銷的成功保證班，當今業界許多優秀的領導人均出自這個系統，完整且嚴格的訓練，擁有一身好本領，從一個人到創造萬人團隊，十倍速倍增收入，財富自由！傳直銷收入最高的高手們都在使用的 WWDB642 已全面中文化，絕對正統！原汁原味！從美國引進，獨家取得授權 !! 未和任何傳直銷機構掛勾，絕對獨立、維持學術中性 !! 結訓後可自行建構組織團隊，或成為 WWDB642 專業講師，至兩岸及東南亞各城市授課，翻轉人生下半場。

💡 密室逃脫創業育成

　　在台灣，創業一年內就倒閉的機率高達 90%，而存活下來的 10% 中又有 90% 會在五年內倒閉，也就是說能撐過前五年的創業家只有 1%！然而每年仍有高達七成的人想辭職當老闆！密室逃脫創業秘訓由神人級的創業導師—王晴天博士主持，以一個月一個主題的 Seminar 研討會形式，帶領欲創業者找出「真正的問題」並解決它，人人都有老闆夢，想要創業賺大錢，您非來不可！

圓夢配餐

💡 公眾演說

　　好的演說有公式可以套用，就算你是素人，也能站在群眾面前自信滿滿地開口說話。公眾演說讓你有效提升業績，讓個人、公司、品牌和產品快速打開知名度！公眾演說不只是說話，它更是溝通、宣傳、教學和說服。你想知道的「收人、收魂、收錢」演說秘技，盡在公眾演說課程完整呈現！

💡 國際級講師培訓

　　教您怎麼開口講，更教您如何上台不怯場，保證上台演說＆學會銷講絕學，讓您在短時間抓住演說的成交撇步，透過完整的講師訓練系統培養授課管理能力，系統化課程與實務演練，協助您一步步成為世界級一流講師，讓你完全脫胎換骨成為一名超級演說家，並可成為亞洲或全球八大名師大會的講師，晉級 A 咖中的 A 咖！

💡 兩岸百強講師 PK 賽

　　禮聘當代大師與培訓界大咖、前輩們共同組成評選小組，依照評選要點遴選出「魔法講盟百強講師」至各地授課培訓。前三名更可站上亞洲八大名師或世界華人八大明師國際舞臺，擁有舞臺發揮和兩岸上台教學的實際收入，展現專業力，擴大影響力，成為能影響別人生命的講師，讓有價值的華文知識散佈更深、更廣。凡是入選 PK 決賽者皆可獲頒「兩岸百強講師」的殊榮，為您的個人頭銜增添無上榮耀。

💡 出一本自己的書

　　由出版界傳奇締造者王晴天大師、超級暢銷書作家群、知名出版社社長與總編、通路採購聯合主講，陣容保證全國最強，PWPM 出版一條龍的完整培訓，讓您藉由出一本書而名利雙收，掌握最佳獲利斜槓與出版布局，布局人生，保證出書。快速晉升頂尖專業人士，打造權威帝國，從 Nobody 變成 Somebody！魔法講盟的職志不僅僅是出一本書而已，而且出的書都要是暢銷書才行！保證協助您出版一本暢銷書！不達目標，絕不終止！此之謂結果論 OKR 是也！

💡 影音行銷

　　在消費者懶得看文字，偏愛影音的年代，不論你的目標對象是企業或是一般消費者，影音行銷相對於文字更具說服力與渲染力，簡單又簡短的影片行銷手法，立即完勝你的競爭對手。不用專業拍攝裝備，不用複雜影片剪輯技巧，不用燒腦想創意，只要一支手機就能輕鬆搞定千萬流量的影音行銷術，您一定不能錯過。

💡 打造超級 IP

　　魔法講盟整合業務團隊、行銷團隊、網銷團隊，建構全國最強之文創商品行銷體系，擁有海軍陸戰隊般鋪天蓋地的行銷資源，協助講師拍攝個人宣傳影片、製作課程文宣傳單、廣發 EDM 宣傳招生，為講師量身打造個人超級 IP。

開課資訊

🏠 **上課地點**

新北市中和區中山路二段 366 巷 10 號 3 樓　中和魔法教室

🕐 **上課時間**（全年課程只收一次場地費 100 元！ CP 值全國最高！）

3/20（五）晚晴天（出書出版）	3/27（五）晚宥忠（區塊鏈賦能）	4/14（二）晚晴天（賺錢機器）	4/24（五）晚晴天（密室逃脫）	4/29（三）晚Jacky(超級好講師)
5/15（五）晚宥忠（區塊鏈創業）	5/15（五）晚宥忠（區塊鏈創業）	5/29（五）晚晴天（賺錢機器）	6/23（二）晚宥忠（區塊鏈證照）	6/30（二）晚晴天（密室逃脫）
7/10（五）晚Jacky(超級好講師)	7/24（五）晚晴天（出書出版）	8/28（五）晚晴天（密室逃脫）	9/8（二）下午宥忠（區塊鏈賦能）	9/22（二）晚晴天（賺錢機器）
11/10（二）晚Jacky(超級好講師)	2021/1/12（二）晚宥忠（區塊鏈創業）	4/13（二）晚晴天（賺錢機器）	7/13（二）下午宥忠（區塊鏈證照）	10/26（二）晚Jacky(超級好講師)
12/14（二）晚宥忠（區塊鏈賦能）	★下午課程 13:50～18:00		★晚上課程 18:30～20:30	

每堂課的講師與主題不同，建議您可以重複來免費學習，更多課程細節及明確日期，

請上新絲路官網 silkbook○com 新‧絲‧路‧網‧路‧書‧店　www.silkbook.com 查詢最新消息。

魔法講盟 • 專業賦能，超級好講師，真的就是你！

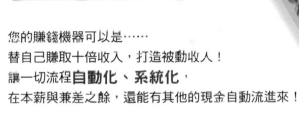 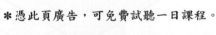

15

魔法講盟

區塊鏈國際
認證講師班

錯過區塊鏈，將錯過一個時代！馬雲說：「**區塊鏈對未來影響超乎想像。**」錯過區塊鏈就好比 20 年前錯過網路！想了解什麼是區塊鏈嗎？想抓住區塊鏈創富趨勢嗎？

　　區塊鏈目前對於各方的人才需求是非常的緊缺，其中包括區塊鏈架構師、區塊鏈應用技術、數字資產產品經理、數字資產投資諮詢顧問等，都是目前區塊鏈市場非常短缺的專業人員。

魔法講盟 特別對接大陸高層和東盟區塊鏈經濟研究院的院長來台授課，**魔法講盟** 是唯一在台灣上課就可以取得大陸官方認證的機構，課程結束後您會取得大陸工信部、國際區塊鏈認證單位以及魔法講盟國際授課證照，取得證照後就可以至中國大陸及亞洲各地授課＆接案，並可大幅增強自己的競爭力與大半徑的人脈圈！

由國際級專家教練主持，
即學・即賺・即領證！
一同賺進區塊鏈新紀元！

課程地點： 采舍國際出版集團總部三樓
魔法教室

新北市中和區中山路 2 段 366 巷 10 號 3 樓
（中和華中橋 CostCo 對面）🚇 中和站 or 🚇 橋和站

查詢開課日期及詳細授課資訊・報名
請掃左方 QR Code，或上新絲路官網 新・絲・路・網・路・書・店 silkbook○com www.silkbook.com 查詢。

創見文化，智慧的銳眼
www.book4u.com.tw　www.silkbook.com

創見文化，智慧的銳眼
www.book4u.com.tw　www.silkbook.com